基坑工程设计方案技术论证与应急抢险应用研究

广州市建设科学技术委员会办公室
广州市设计院　　　　组织编写

王　洋　韩建强　黄俊光　　编著

U0392818

中国建筑工业出版社

图书在版编目（CIP）数据

基坑工程设计方案技术论证与应急抢险应用研究 /广州市
建设科学技术委员会办公室等组织编写. —北京：中国建筑
工业出版社，2018.9

ISBN 978-7-112-22485-2

Ⅰ.①基…　Ⅱ.①广…　Ⅲ.①基坑工程-工程设计-研究
Ⅳ.①TU46

中国版本图书馆 CIP 数据核字（2018）第 170665 号

责任编辑：付　娇　王　磊
责任校对：党　蕾

基坑工程设计方案技术论证
与应急抢险应用研究

广州市建设科学技术委员会办公室
广州市设计院　　　　　　　　组织编写
王　洋　韩建强　黄俊光　　编著

*

中国建筑工业出版社出版、发行（北京海淀三里河路 9 号）
各地新华书店、建筑书店经销
北京建筑工业印刷厂制版
北京京华铭诚工贸有限公司印刷

*

开本：787×1092 毫米　1/16　印张：14¾　字数：353 千字
2018 年 9 月第一版　　2018 年 9 月第一次印刷
定价：**60.00** 元
ISBN 978-7-112-22485-2
（32566）

本书编委会

主　编：王　洋　　韩建强　　黄俊光

编　委：胡芝福　　李伟科　　葛家良　　张晓伦　　姜素婷

　　　　罗永健　　郑建业　　林祖锴　　徐淦开　　刘志宏

　　　　徐　宁　　韩　秦　　彭　浩　　梁永恒　　李健津

　　　　孙世永　　王伟江　　彭丽娟　　陈香波　　高玉斌

　　　　袁尚红　　林华国　　邓艺帆

主要审查人：莫海鸿　　廖建三　　杨光华　　史海欧　　彭卫平

　　　　　　汤连生　　唐孟雄　　林本海　　陈　伟　　钟显奇

　　　　　　徐其功　　周洪波

序　言

　　基坑工程是一门实践性很强的学问，涉及的学科众多，对基坑设计、施工人员和相关管理单位都是一种挑战。现今，工程建设如火如荼，城市高楼林立，隧道管线密布如织，基坑开挖需步步为营，期与周围环境和谐相处。随着基坑支护设计方案评审模式正在逐步向全方位的市场化发展，评审主体由政府主体逐步转向市场主体转化，为了进一步规范评审行为，实现基坑评审精细化管理，急需一本能有效指导基坑评审的行之有效的书籍。同时，基坑工程作为工程建设中的重大风险源，其风险控制工作长期而艰巨。由于缺乏对其科学细致的分类和经验总结，对指导基坑工程应急抢险工作不能提供足够的依据。

　　我有幸在第一时间读了《基坑工程设计方案技术论证与应急抢险应用研究》这本书。本书编委大多都长年深耕基坑工程设计施工和技术管理领域，对基坑设计、施工和评审有着丰富的经验，同时他们所带领的研究团队对基坑设计的研究也有着独特的造诣。本书以广州地区复杂工程地质条件下的基坑工程为切入点，牢牢把握基坑事故频发点进行基坑评审分析，例举有代表性的基坑评审案例，从而规范了广州地区基坑评审流程，提高基坑设计和评审效率。同时，本书针对各种基坑工程事故，提出了一般处理原则，为基坑工程应急抢险指明了方向。本书全面的概括了基坑评审的要点，详细给出了基坑评审流程，总结了以往评审意见，为基坑设计、业主及评审专家提供翔实可靠的案例参考。应指出的是，本书的案例大多为广州地区复杂地质条件和环境条件下的基坑工程案例，而对于部分空旷地区的建筑基坑或交通及水利工程的基坑工程，其变形控制可以适当放宽。

　　花以色香闻名，书以载道为佳。总的来说，《基坑工程设计方案技术论证与应急抢险应用研究》本着实用性的原则，记录了多年来基坑设计评审的工程案例和管理实践，形成了基坑工程应急抢险的经验教训，是基坑工程技术和管理经验的总结与提升，可为岩土工程师及工程管理人员参考，以推动基坑工程技术的进步和评审制度的完善。

华南理工大学　教授

前　言

　　随着我国经济建设的飞速发展，城市建设步伐不断的加快，开发和利用城市地下空间已成为城市朝着更好更快发展的一条必经之路。基坑工程是开发和利用城市地下空间中一个重要的工程技术，它是集地质工程、岩土工程、结构工程和岩土测试技术于一身的系统工程。其中，深基坑工程已成为高层建筑地基基础和地下空间开发的重要环节。由于高度工业化、城市化发展，重大工程在所难免的向地下空间发展，向"越来越差"的工程地质环境区域延伸，因此地下建筑在实施过程中涉及基坑工程的围护和开挖问题更是越来越复杂。随着基坑工程面积越来越大，开挖深度越来越深，对周围环境保护的要求必然越来越高，同时还要遵循工程建设可持续发展的要求，使得基坑工程成为当前工程界的一大技术热点，因此需要整体提升基坑的设计水平并建立完善的基坑评审过程。

　　本书以广州市基坑工程项目实施情况为案例，结合近年来广州地区大量的深基坑工程实践，介绍了基坑工程设计方案论证与应急抢险技术。主要包括广州地区基坑方案论证流程和评审内容，总结评审过程设计文件中普遍存在的问题，以期减少基坑设计的失误，从整体上提升广州市基坑设计的专业化水平；总结了基坑工程常见事故，并对常见基坑工程事故进行分析，提出了处理意见和建议，为基坑设计、施工等从业人员提供类似事故处理的经验，同时本书也总结了大量成功案例。在评审内容方面，系统地提出了各种支护设计的评审要点及其评审流程，基坑评审是作为基坑设计中重要的步骤，可以有效地解决基坑设计过程中出现的遗漏和可能出现的问题，为基坑工程安全施工提供有力的技术支持，预测事故发展趋势，避免事故进一步发展，减少不必要的经济损失和社会影响。在评审案例分析方面，列举了广州地区几个典型的基坑工程评审案例，详细介绍了十余项广州地区基坑工程的项目总体设计思路、监测数据分析以及专家评审意见。经过评审之后可以避免将设计中潜在问题遗留到下一个工程环节，为确保基坑工程安全发挥作用，该过程实际上是专家智慧与实际工程需求相结合从而回馈社会的实践活动。同时书中也介绍了基坑支护常见监测报警分析及处理措施还有基坑工程风险分析与应急处理措施，让大家深刻地意识到在进行深基坑支护工程建设时，要清楚地识别容易出事故的工序及其引起的原因，然后做好各项预防措施，提高工程质量。此外，书中最后对基坑工程应急抢险案例进行了详细的分析，让读者深刻地了解到基坑工程的各种事故情况以及其造成的原因。

　　本书的编写得到很多相关专业人士的支持，在此谨致以诚挚的谢意！

　　本书以基坑设计方案论证与工程应急抢险技术为主线，融入了基坑工程领域的一些实际案例分析，为基坑工程的设计评审以及工程应急抢险提供了非常重要的指导作用。但由于作者水平有限，难免有所错漏。如有疏漏以及不当之处，敬请广大读者不吝指正。

目　　录

第1章 绪 论

为保证地面向下开挖形成的地下空间在地下结构施工期间的安全稳定所需的挡土结构及地下水控制、环境保护等措施称为基坑工程。基坑工程是集地质工程、岩土工程、结构工程和岩土测试技术于一身的系统工程。其主要内容：工程勘察、支护结构设计与施工、土方开挖与回填、地下水控制、信息化施工及周边环境保护等。基坑包括深基坑和浅基坑，其中重点关注深基坑。

根据住房和城乡建设部 2018 年 3 月 8 日发布的《危险性较大的分部分项工程安全管理规定》和《住房城乡建设部办公厅关于实施〈危险性较大的分部分项工程安全管理规定〉有关问题的通知》，危险性较大的分部分项工程中包括基坑工程，主要是指：

1）开挖深度超过 3m（含 3m）的基坑（槽）的土方开挖、支护、降水工程。

2）开挖深度虽未超过 3m，但地质条件、周围环境和地下管线复杂，或影响毗邻建、构筑物安全的基坑（槽）的土方开挖、支护、降水工程。

而开挖深度超过 5m（含 5m）的基坑（槽）的土方开挖、支护、降水工程的基坑工程列为超过一定规模的危险性较大的分部分项工程范围。

1.1 基坑工程概述

由于高度的工业化、城市化发展，城市中心区土地被高度使用，高层建筑林立，人流、车流高度集中，城市地面的使用程度已趋于饱和，绿化用地紧张，生活空间日趋狭窄，城市环境综合问题日趋加重。因此重大工程在所难免的向地下空间发展，甚至是向"越来越差"的地基区域延伸，因此地下建筑在实施过程中必然涉及基坑工程的围护和开挖问题。广州市"十三五"规划纲要明确提出"十三五"期间，要重点打造"三大战略枢纽"、建设广佛肇清云韶经济圈，成为珠三角世界级城市群核心城市、辐射带动泛珠地区合作的龙头城市、国家建设"一带一路"的战略枢纽。在这一规划契机条件下，广州"十三五"期间重大建设工程势必会如火如荼开展。

在城市建设的进程中，发展步伐逐步加快，高层建筑物越来越多、越来越高、越来越大，地下空间也越来越广泛利用；各类建筑物，特别是高层建筑的地下部分所占空间越来越大，埋置深度越来越深。随之而来的基坑开挖面积已达十几万平方米，开挖深度 20m 左右的已属于常见，最深已超过 30m。特别是由于市内交通拥堵，纷纷兴建轨道交通（地下铁道），地铁车站普遍埋深在 20～30m，最深的已超过了 50m。

深基坑工程发展主要经历了以下三个阶段。

第一阶段：20 世纪 70～80 年代，伴随着高层、超高层建筑的兴建，深基坑工程质量安全问题逐渐凸现。但那时大多数是多层建筑，即使有少数高层建筑，也是属于 18 层以下的小高层，其地下室也只是一层地下室或是半地下室，2～3层地下室的工程比较少见。基坑主要的围护结构是水泥搅拌桩的重力式结构，对于比较深的基坑则采用排桩结构；如果有地下水，则采用水泥搅拌桩作为截水帷幕。

当时地下连续墙使用较少，SMW工法正在开发研究。由于缺乏经验，深基坑的事故比较多，引起了社会和工程界的关注。从那时起，施工人员开始研究深基坑工程的监测技术与数值计算，当时虽然有深基坑工程的施工技术指南等相关书籍，但还没有开始制定基坑工程方面的规范标准。

逆作法施工、支护结构与主体结构相结合的"两墙合一"的设计方法开始得到重视和运用。商业化的深基坑工程设计软件开发成功，并逐渐推广使用。在施工中，深基坑内支撑出现了大直径圆环的形式和两道支撑合用围檩的方案，最大程度地克服了支撑对施工的干扰。

第二阶段：在20世纪90年代期间，全国基坑建设通过总结施工经验，开始制定基坑工程的标准规范。这一时期出现了包括武汉、上海、深圳等地方规程标准和行业标准，如：上海市地方标准《基坑工程技术规范》DBJ 08—61—1997、《建筑基坑支护技术规程》JGJ 120—99等行业和地方标准相继出台。一些地方政府建立了深基坑工程方案的评审制度，如上海市规定埋深超过7m以上的深基坑工程设计与施工方案必须报送上海市建委科技委评审批准。《广州地区建筑基坑支护技术规定》GJB 02—98正是在此背景下制定出来，于1998年开始实施。同时，广州市颁布了《广州市基坑工程管理规定》穗建技〔1999〕311号文件，加强对基坑工程勘察、设计、施工、监理与监测的管理，确保基坑工程及周边环境的安全。国内外工程界开始出现超深、超大的深基坑工程，基坑面积达到十几万平方米，深度达到20m左右。

但是，由于理论研究滞后、设计缺陷、施工失误、监测缺失等方面的原因，深基坑工程施工与周边环境的相互影响形势更趋严峻，出现了新一波的深基坑工程事故。

20世纪90年代后期，广州的建设领域中采用支护结构与主体结构相结合，并采用逆作法施工的深基坑工程已达数十项，并且出现了第二波的基坑工程规范的修订与编制。土钉墙支护在浅基坑中推广使用，SMW工法开始推广使用，地下连续墙被大量采用。土钉墙大规模使用是在20世纪90年代中后期以后，多个国家、行业及地方规范标准的相继出台，使土钉墙技术得到了进一步的普及与提高。

第三阶段：进入21世纪以后，伴随着超高层建筑和地下铁道的发展，地下工程向更深空间发展，广州出现了更深、更大的深基坑工程，基坑面积达到了十几万平方米，深度超过30m，最深大达50m，SMW工法、逆作法施工、地下连续墙、支护结构与主体结构相结合的"两墙合一"的设计方法等多项新技术在更多的工程中推广应用。

复合土钉墙、双排桩结构、新型水泥土搅拌桩墙（SMW工法）、鱼腹梁式钢支撑、混凝土咬合桩、超深多轴水泥土搅拌桩、混合搅拌壁式地下连续墙（TRD工法）、超大型环形支撑体系、十字钢支撑双向复加预应力技术、混凝土支撑的绳（链）锯切割法、锚杆回收技术等新技术、新工艺、新设备、新材料等建筑业"四新技术"在深基坑工程领域逐步得到了开发和推广应用。尤其随着地铁车站在城市道路施工的展开，分别出现了明挖法、盖挖法和暗挖法等地铁基坑施工方法。为减少对周边交通的影响，越来越多的地铁车站基坑采用盖挖法，其基坑支护不仅仅要考虑侧壁支护的问题，仍需考虑上部土体和荷载的影响，出现各种工法，包括：双侧壁导坑法、洞桩法（PBA）、拱盖法、中洞法等。

广州地区的地质条件较复杂，典型的有南沙深厚软土、花都的岩溶、萝岗的花岗岩和天河的红层（泥岩、砂岩等）等等。在南沙深厚软土地区，主体建筑两层地下室已非常常见；珠江新城密集楼宇间开挖 20m 深的基坑也屡见不鲜；花岗岩地区和红层地区诸如南站地下空间、金融城地下空间等各类大型地下空间城市综合体也成为城市的新标杆；琶洲电商区临近珠江边开挖深度达 20m 的地下室已成常态。对于不同地质条件和不同的周边环境，对地下空间开发或建筑地下室开挖都提出了高要求。

目前，基坑工程发展有如下的特征：

1）建筑趋向高层化，基坑向超深方向发展。如广州电商区片区基坑群深度均达到 18～22m（图 1-1）。珠江新城（烟草大厦）项目基坑开挖深度达 29.5m（图 1-2）。

图 1-1 琶洲电商区基坑群

图 1-2 烟草新大楼（珠江城）基坑

2）基坑开挖面积逐步加大；广州花都文化旅游城 A 地块位于花都区平步大道以北，凤凰大道北段以北。本基坑开挖面积约 16.8 万平方米，周长约 2100m，开挖深度约 7.50m，局部深度 9.5m（图 1-3）。

图 1-3　广州花都文化旅游城 A 地块基坑

3）基坑工程大多位于闹市区，施工场地狭窄，场区周围常有大量的相邻建筑，地下常常埋设了大量的城市市政设施，对基坑稳定和变形控制的要求很严。广州珠江新城 B1-7 项目位于广州市珠江新城核心区，北面紧邻富力项目，东面紧邻烟草大厦，南面为已使用的金穗路下穿式隧道；西南为地下为已开通使用的地铁 3 号线（图 1-4）。

图 1-4　珠江新城 B1-7 项目基坑周边环境

4）基坑工程施工周期长，在施工期间常需经历多次降雨，周边堆载，振动，施工失当等许多不利条件，事故的发生往往具有突发性。

5）基坑工程包含支撑、围护、防水、降水、土方开挖等多方面，且这几方面紧密相联系，其中的某一环节失效将导致整个工程的失败。

6）深基坑工程属于地下工程，由于场区的工程地质，水文地质条件具有复杂性，不均匀性，岩土体的物理力学性质变化比较大，造成勘察所得的数据离散性很大，难以代表土层的总体情况，并且精度较低，同时由于岩土体的物理力学性质会随着施工的进行而发生变化，这就加大了基坑工程设计和施工的难度。

目前，常用的基坑竖向挡土结构主要有地下连续墙、混凝土灌注桩、预应力管桩、钢管桩、钢板桩、SMW 工法，水平向支撑结构主要有钢筋混凝土支撑、钢支撑、预应力锚索，止水措施主要有普通搅拌桩、大直径搅拌桩、旋喷桩、三轴（六轴）搅拌桩、地下连续墙、咬合桩、注浆等。通长都是竖向挡土结构、水平向支撑和止水相互结合使用。

1.2 基坑工程设计论证和应急抢险的意义

基坑设计论证作为基坑设计中重要的步骤，可以有效地解决基坑设计过程中出现的遗漏和可能出现的问题，经过专家的论证完善基坑的设计，保证基坑设计的安全、合理、经济。应急抢险是基坑施工中一个重要的安全保障，在基坑施工过程中出现的事故采取必要的管理和技术措施，为基坑工程安全施工提供有力的技术支持，预测事故发展趋势，避免事故进一步发展，减少不必要的经济损失和社会影响。

基坑工程设计不仅需要岩土工程方面的知识，也需要结构工程方面的知识；同时，基坑工程中设计和施工是密不可分的，设计计算的工况必须和施工实际的工况一致，才能确保设计的可靠性和施工的可操作性。

基坑工程在复杂的周边环境和地质条件下，向着面积大、深度深的趋势发展；与此对应的是，现有设计水平参差不齐。在这一背景下，基坑工程设计人员需要同时熟悉岩土勘察、岩土设计、岩土施工等方面的专业知识，甚至必须熟练掌握结构工程方面的知识，目前的设计院、高校从业人员很难达到这一要求。近年来，广州市在基坑支护设计方案评审管理中的讨论主要集中在现状介绍、常见设计问题综述及管理原则探讨等方面。目前，对基坑支护设计评审方面的研究多与基坑支护施工方案评审和评审专家系统有关。广州市基坑支护设计方案评审模式正在逐步向全方位的市场化发展。为了进一步规范评审行为，必须对评审的管理原则进行深入分析，进而实现其精细化管理。

但是，不同类型的设计、施工单位和高校院所，积累着各个领域的岩土（结构）工程经验的专家。专家的论证就是专家经验的社会分享，目的在于从专业角度为安全合理地施工保驾护航。在基坑支护设计方案论证中，专家还代替基坑施工潜在影响范围内的居民进行安全听证，以期减小施工对周边环境的影响。因此，认真对待设计论证工作，积极对论证结果作出反馈和响应，将使论证双方的业务素质得到提高。积极的做法是各方团结起来，把各个领域的专业人才聚集起来作为论证专家，给每个需要审核的基坑"问诊把脉"，将基坑设计和施工时的安全隐患消灭于萌芽之初，是切实可行的解决方案。张有桔、丁文其、王军、王骁云等人在《基于模糊数学方法的基坑工程评审方法研究》积极地探求并运用模糊数学的方法，研究基坑工程在围护方案上的评审方法，以及优选的基坑工程围护方案，并结合具体的评审内容，说明该方法具体的应用步骤和情况。该方法中，根据专家评分结果确定各评审项目的权重，再根据模糊综合评判法和最大隶属度原则建立基坑围护方案的评价矩阵，最后将不同围护方案的评价矩阵量用相同的量化矩阵量化，以实现基坑方案的评价和不同方案的优选。郑建业在《广州市基坑支护设计方案评审报告结论研讨》通过对基坑支护设计方案评审报告结论的分析，总结出了评审项目中经常出现的专家意见，并对评审管理原则进行了初步探讨，其中说到作为专项审查形式存在的广州市基坑支护设计方案评审，虽然不能提前干预设计以有效控制工程质量，但可以尽量避免将设计中的潜在问题遗留到下一个工程环节，为确保基坑工程安全发挥了作用。他还在《广州市基坑支护设计方案评审管理简介》对 2007 年度基坑支护设计方案评审结果、支护形式统计结果进行了介绍，并就案例对评审管理工作内容做了较详细的阐述，并强调评审对建设单位负责，为建设事业服务，最终服务于全社会。评审过程是同行之间技术交流的过程，也是建设主管部门通过分担责任和风险最终承担社会管理责任的过程。评审机制的建立发展过程，也体现出了基坑支护工程"先实践、后理论"和"地区性"特点。彭万仓在《基坑工程的特点及其安全生产监督管理要点》中阐明了基坑工程安全生产管理的要点，提到了支护施工过程中基坑安全监测、检测方案与预警措施还有安全紧急救援预案。华燕结合日常深基坑评审工作和大量事故处理工作，对基坑施工过程中容易造成环境影响的常见因素进行了辨识和归纳。同时，在管理环节提出建议，希望通过加强管理，将基坑工程施工过程中对环境的影响降到最低。何锡兴、周红波、姚浩采用 WBS 与故障树法进行风险分析，建立风险清单，在此基础上采用模糊综合评判模型进行风险评估，得出基坑施工风险等级，为后来的风险应对提供参考依据。1999 年，广州市颁布了《广州市基坑工程管理规定》穗建技〔1999〕311 号文件，加强对基坑工程勘察、设计、施工、监理与监测的管理，确保基坑工程及周边环境的安全。2003 年，为进一步加强建设工程安全生产监督管理，保障人民群众生命和财产安全，国务院颁布《建设工程安全生产管理条例》（国务院第 393 号令）。2007 年，广州市建委颁布《关于规范基坑支护工程设计文件审查工作的通知》（穗建技〔2007〕492 号），要求从 2007 年 10 月 1 日开始，基坑支护设计实行专项评审制度。

2010 年，广州市城乡建设委员会颁布了《关于规范基坑支护工程设计文件审查工作的通知》（穗建技〔2010〕1151 号）文件，进一步明确了基坑支护设计实行专项评审制度。对于开挖深度大于等于 7m 或地质条件较复杂（如开挖范围内软弱土层厚度大于等于 4m）的基坑支护工程、使用锚杆、土钉的基坑支护工程以及采用人工挖孔桩的基坑支护工程，其设计文件由广州市建设科学技术委员会办公室负责评审。上述范围以外的基坑支护工程设计文件，建设单位应从广州市建设科学技术委员会办公室的专家库中抽取专家进行论证、评审。对深度超过 5m 基坑的支护工程专项施工方案，施工单位应依法另行组织专家论证、评审。基坑支护工程设计文件经评审合格方可使用，负责评审的专家组由 5 名或以上专家组成，且至少有 1 名注册土木工程师（岩土）和 1 名一级注册结构工程师。2015 年，广州市住建委颁布了《广州市城乡建设委员会关于废止基坑支护工程设计审查有关规定的通知》，提到 2010 年 8 月 23 日印发的《关于规范基坑支护工程设计文件审查工作的通知》（穗建技〔2010〕1151 号）已不适应我市当前工程建设管理的实际，现根据有关规定予以废止。

根据《建设工程安全生产管理条例》（国务院第 393 号令）等相关法规的规定，满足一定要求的基坑支护工程的设计文件需要进行专项评审。

基坑支护工程的设计文件，应在完成基坑勘察以及周边管线环境调查，且地下结构的建筑结构图纸稳定后进行评审。对于开挖深度大于等于 7m 或地质条件较复杂（如开挖范围内软弱土层厚度大于等于 4m）的基坑支护工程、使用锚杆、土钉的基坑支护工程以及采用人工挖孔桩的基坑支护工程的设计文件均应进行专项评审。

上述范围内基坑支护工程设计文件，一般由建设单位项目负责人或监理单位总监理工程师进行组织，并应从广州市建设科学技术委员会办公室的专家库中抽取专家进行论证、评审（当地工程质量安全监督部门有要求时按工程质量安全监督部门要求进行组织）。对深度超过 5m 基坑的支护工程专项施工方案，施工单位应依法另行组织专家论证、评审。

根据国家住房和城乡建设部 2018 年 3 月 8 日发布的《危险性较大的分部分项工程安全管理规定》，自 2018 年 6 月 1 日对房屋建筑和市政基础设施工程中危险性较大的分部分项工程实行安全管理。深基坑工程属于危险性较大的分部分项工程。《规定》对危险性较大的分部分项工程的建设、勘察、设计、施工、监理等工作提出了更为严格和明确的要求。

郑建业在《广州市基坑支护设计评审中锚索系统常见问题及评审管理研讨》的论文中归纳并列举了广州市 10 种常见的基坑支护设计评审中锚索系统问题，并从评审管理方面审视了基坑支护设计的评审过程，探讨了基坑支护的评审原则及设计过程中专家应注意的事项，以期对基坑支护设计评审的顺利进行有所帮助。

李栋在《如何加强深基坑工程安全监督管理》中论述了深基坑工程安全监督管理的重要性，针对深基坑工程建设中存在的问题，加强深基坑工程的安全监督管理，对施工工程的顺利开展有很重要的意义。

李玉洁和王晓在《房屋建筑深基坑开挖质量监督管理》提到深基开挖面临着非常复杂的环境和较大的技术难题，一是基坑稳定的问题，二是周围环境影响的问题，三是施工安全可靠的问题，只有做好强度控制、变形控制，基坑围护才能保证房屋建筑基坑开挖的质量和安全，并提出了一些基坑开挖质量安全的保证措施。

基坑支护设计方案论证是对设计文本的计算理念、规范落实、施工措施等各个方面，进行评审专家与设计者之间的质询、答辩和研讨；目的是排查设计缺陷、完善设计文本。评审的目的是安全性论证不具备"进阶性"，即：评审不是为了节约建设成本，不是为了培育新人，也不是为了鼓励创新。在基坑项目设计方案评审过程中，专家的专业和水平应该涵盖各个层次才能真实反映整个行业的发展水平。在专业方面，岩土、结构等"大土木"专业的专家都是评审市场急需的人才；在内容方面，无论是力学本质还是工艺细节，都是专家评审的重要组成部分。可以说，从勘察、设计、施工、监理，到检测、监测、运营维护等各个环节，都必须有专家参与把关。

论证的最主要目的是为了安全，只有设计是安全的，才可以通过论证。通过综合分析广州市部分基坑支护设计方案论证/评审报告中的专家意见，指出了结构设计不足是引起常见问题的主要原因。设计方案的评审，高度依赖专家的工程经验，为此应加强专项评审制度，提高工程的安全性，避免各种工程质量问题的发生。当然，如果一味强调安全而不顾技术经济造价，显然不合理。至于设计中可优化部分，或存在"粗劣浮躁"的现象，则可以用"建议"的语态提出而不是责令整改。评审依赖的是专家经验评审不是法庭答辩，专家给出的评审意见不需要具体举证，只需根据个人经验判断即可。用意识形态领域的工具来解决工程问题，虽然往往可以达到某种目的，例如，找到评审过程中管理方面的瑕疵，用诉讼形式取消评审结果或规避评审要求等，但笔者认为，这是将工程问题的解决思路发散到文化领域而不是收敛到施工现场，这个作法是倒退而不是创新。内审与外审功能不同，二者不能互相代替。在内审缺失，"传、帮、带"理念消散的现时情境之下，取消外审不可行。作为专项评审形式存在的广州市基坑支护设计方案评审，虽然不能提前干预设计以有效控制工程质量，但可以尽量避免将设计中的潜在问题遗留到下一个工程环节，为确保基坑工程安全发挥了作用。该专项评审措施是在现有设计水平参差不齐的情况下采取的主动控制手段，由政府职能延伸部门代替建设单位对设计产品进行质量把关，从而促进设计质量和设计水平的总体提高，同时充分考虑一线从业人员的生命安全、基坑周边的环境安全，以及基坑施工措施影响范围内人民群众的合法权益，对建设单位负责，为建设事业服务，为构建和谐社会作出应有的贡献。

重大项目实行基坑监测方案评审制度。基坑工程需按照信息化施工、动态设计的原则进行，根据基坑开挖实际由设计单位及时调整施工参数（不宜涉及支护体系变更）是保证工程安全的重要手段，而这种调整的重要依据是基坑监测结果，而设计单位不一定参与后续的监测，因此设计文件中应只对监测重点环节及内容予以表述，具体的监测方案应在施工方案审批时进行确定。从实施的角度看，目前建设单位对基坑监测的重视程度不足，如以施工单位自我监测为主，外请单位监测为辅，未按工程测量规范进行监测；测量仪器、方法、精度、材料达不到要求；测量周期、频次与施工进展及环境、气象条件不能有效结合等。因此，建议对重大项目，实行监测方案评审制度，以保障基坑实施过程中的监测质量。

基坑支护设计方案技术论证作为一种外审形式，可以避免将设计中的潜在问题遗留到施工环节，因此必须认真对待。在论证过程中，专家立足实际、严格把关，设计师严肃答辩、积极反馈，不仅可使评审工作实现精细化管理，而且还可以使设计者和评审专家双方的业务素质都得到提高。

1.3　本书的背景和意义

广州市建设委员会于 1998 年 12 月发出通知，《广州地区建筑基坑支护技术规定》（GJB 02－98）为强制性地方标准，1999 年 1 月 1 日起施行。2010 年 8 月，市建委又印发了《关于规范基坑支护工程设计文件审查工作的通知》（穗建技〔2010〕1151 号）的通知，要求开挖深度超过 7m 或地质条件较复杂（如开挖深度范围内软弱土层厚度大于 4m）的基坑支护工程，使用锚杆、土钉的基坑支护工程，采用人工挖孔桩的基坑支护工程，必须通过广州市建设科学技术委员会深基坑支护专家组的技术评审才能施工。2015 年 1 月，广州市城乡建设委员会发出"关于废止基坑支护工程设计评审有关规定的通知"（穗建技〔2015〕129 号），说明《关于规范基坑支护工程设计文件审查工作的通知》已不适应我市当前工程建设管理的实际，现根据有关规定予以废止。

因此目前，广州市基坑支护设计论证由业主自行组织专家进行，专家由科技委公布的基坑评审专家组成。但这类评审工作没有政府相关部门或者行业协会部门参与，其公正性、权威性、甚至技术可行性均难以保证。

在这种背景条件下，急需一本内容综合全面、使用方便、能规范和指导当前我市基坑设计施工评审和应急抢险技术水平的操作指南，给设计和施工相关人员提供参考，同时给评审专家作为评审依据。

本书主要介绍广州地区基坑评审一般流程和评审内容，同时总结评审过程中普遍存在的问题，为基坑设计人员在设计过程中减少不必要的设计失误提供借鉴；同时总结了近几年广州地区基坑工程常见事故，并对常见基坑工程事故进行分析，提出了处理意见和建议，为基坑设计、施工等从业人员提供类似事故处理的经验。

本书始终遵循一个原则——实用性。根据广州市基坑工程的历史经验来看，广州地区的地层、岩性多样化，工程地质条件、水文地质条件、岩土工程环境复杂，这就给广州市基坑工程带来一定的难度。本书充分考虑广州市的实际情况和特殊环境，进行了详细的工程资料调查，以满足建筑基坑工程设计和施工的需要，为今后广州市建筑基坑工程设计方案论证和应急抢险提供参考。

第 2 章 广州地区地质环境条件

2.1 地层岩性及构造特征

2.1.1 地层

广州地区属华南地层区的一部分，区内基底地层发育不甚齐全，但大地构造背景同样经历了由地槽-准地台-大陆边缘活动带这 3 个演化阶段，形成 4 个构造旋迴，即加里东旋迴、海西-印支旋迴、燕山旋迴和喜马拉雅旋迴。区内除大面积出露盖层第四系地层外，尚发育有成因类型不同、岩性差异极大的各大岩类。

广州市由老到新发育的地层有震旦系、泥盆系、石炭系、二叠系、三叠系、侏罗系、白垩系、第三系和第四系，广州市地质图见图 2-1，基底岩层的主要特征见表 2-1。与这些沉积地层伴生的矿产有石料、灰岩、泥灰岩、煤、硅石、石膏芒硝、膨润土、砂质高岭土、泥炭及黏土等。区内岩石和构造旋迴的分布与构造运动的升降关系密切。

图 2-1 广州市地质图

基岩综合地层柱状剖面　　　　　　　　　　　　　表 2-1

界	系	统	阶	群	组	段	代号及接触关系	地质柱状图	厚度（m）	沉积建造	风化基岩岩土分层代号（九分法）	有关矿产
新生界	第四系						Q			冲积、冲洪积、海冲积砾砂泥质建造	<1>，<2>，<3>，<4>，<5>	泥炭、黏土、石英砂等
	第三系	始新统		华涌组		第三段	E_2h^3		>76.3	内陆湖泊砾砂泥质建造	<5>，<6>，<7>，<8>，<9>	膨润土、高岭土、黏土
						第二段	E_2h^2		>192.7	内陆湖泊砾砂泥质建造		
						第一段	E_2h^1		818.4	内陆湖泊的泥质火山碎屑及陆源碎屑建造		
				宝月组		第三段	E_2by^3		202.5~487.4	内陆湖泊砾砂泥质建造	<5>，<6>，<7>，<8>，<9>	黏土
						第二段	E_2by^2		>103.7~>370.8	内陆湖泊、冲洪积砾砂泥质建造		
						第一段	E_2by^1		163.3~>282	内陆湖泊钙砾砂泥质建造		
					布心组	上段	E_2b^2		43~255	内陆湖泊含盐、钙、泥砂质建造	<5>，<6>，<7>，<8>，<9>	磨刀石、石油、石膏、天然气、芒硝、岩盐
						下段	E_2b^1		15~576.4	内陆湖泊含石膏、芒硝钙、泥砂质建造		
		古新统					E_1x		55~425.0	冲洪积砾、砂及内陆湖泊钙、泥质建造	<5>，<6>，<7>，<8>，<9>	
中生界	白垩系	上统			大塱山组	上段	K_2d^2		>163.3~500	内陆湖泊砂泥质建造	<5>，<6>，<7>，<8>，<9>	
						下段	K_2d^1		171.6~500	内陆湖泊砾砂泥质建造		
					三水组	上段	K_2s^2		210~650	内陆湖泊碳酸盐、砂泥质建造	<5>，<6>，<7>，<8>，<9>	
						下段	K_2s^1		150~800	内陆湖泊粗碎屑建造		
		下统			白鹤洞组	上段	K_1b^2		213~>750	内陆湖泊砂泥质建造	<5>，<6>，<7>，<8>，<9>	黏土石料
						下段	K_1b^1		332~690	冲洪积粗碎屑及内陆湖泊砾砂泥质建造		
	侏罗系	下统			金鸡组		J_1j		>200	浅海砂泥质建造	<5>，<6>，<7>，<8>，<9>	
	三叠系	上统			小坪组	第三段	T_3x^3		60~524.9	湖泊含煤砾砂泥质建造	<5>，<6>，<7>，<8>，<9>	煤
						第二段	T_3x^2		171~336.1			

续表

界	系	统	阶	群	组	段	代号及接触关系	地质柱状图	厚度（m）	沉积建造	风化基岩岩土分层代号（九分法）	有关矿产
中生界					大冶群	第一段	T_3x^1		137～431.6			
		下统					T_1dl		>163	浅海砂泥质碳酸盐建造	<5>, <6>, <7>, <8>, <9>	
		上统			圣堂组		P_2st		80～>237	湖泊砂泥质建造	<5>, <6>, <7>, <8>, <9>	
	二叠系				沙湖组		P_2sh		220.8～350	滨海湖泊砂泥质建造	<5>, <6>, <7>, <8>, <9>	
		下统			童子岩组		P_1t		210～368.9	滨海砂泥质建造滨海-海湾泥炭沼泽含煤砂泥建造	<5>, <6>, <7>, <8>, <9>	煤黏土
					文笔山组		P_1w		55～203.7	滨海砂泥质及少量碳酸盐建造	<5>, <6>, <7>, <8>, <9>	
					栖霞组		P_1q		100～>236.1	浅海含炭泥质的碳酸盐建造	<5>, <6>, <7>, <8>, <9>	
古生界		中上统		壶天群			$C_{2+3}ht$		>170	浅海碳酸盐建造	<5>, <6>, <7>, <8>, <9>	水泥灰岩
	石炭系	下统	大塘阶		梓门桥组		C_1dz		45～150	浅海砂泥硅质建造	<5>, <6>, <7>, <8>, <9>	
					测水组		C_1dc		37.4～240.4	三角洲含煤砾砂炭泥质建造，浅海砂泥碳酸盐建造	<5>, <6>, <7>, <8>, <9>	煤硅石石料黏土
					石磴子组		C_1ds		330	碳酸盐潮坪炭泥质碳酸盐建造	<5>, <6>, <7>, <8>, <9>	水泥灰岩
			岩关阶		孟公坳组		C_1ym		>692.1	滨海—海湾砂泥质建造	<5>, <6>, <7>, <8>, <9>	含磷砂岩等
	泥盆系	上统			帽子峰组		D_3m		100	浅海—海湾砂泥质建造	<5>, <6>, <7>, <8>, <9>	水泥配料砂岩
					天子峰组		D_3t		>400	浅海含泥碳酸盐建造	<5>, <6>, <7>, <8>, <9>	水泥灰岩
元古界	震旦系						Z		>720	浅海砂泥质建造	<5>, <6>, <7>, <8>	石料

地质柱状图中标注：K_1b、J_1j、T_3x、T_1dl、P_2st、P_2sh、P_1t、P_1w、P_1q、$C_{2+3}ht$、C_1dz、C_1dc、C_1ds、C_1ym、D_3m、D_3t、Z

（1）震旦系

分布在广州市的东北部萝岗隆起和南部的新造—化龙隆起区。东北部主要为混合岩化的变粒岩及云母石英片岩互层，局部混合岩化比较强，出现条纹—条带状混合岩及眼球状混合岩。南部及东南部，混合岩化强烈，主要为条纹—条带状混合岩，偶见混合岩化变粒岩或混合岩化片岩。震旦系与上覆石炭系孟公墩组呈角度不整合接触，其厚度大于 720m。

（2）泥盆系

区内泥盆系出露零星，根据岩性、岩相、沉积韵律、古生物组合等特征划为泥盆系上统的天子岭组和帽子峰组。现分述如下：

1）天子岭组（D_3t）

仅在北部的狮岭、南蛇岗等地零星出露，呈孤立的小残丘；据钻孔揭露，在冯村—狮岭一带的第四系盖层下，天子岭组有广泛的分布。该组属浅海相含泥碳酸盐建造。岩性主要为黄白、浅灰色条带状泥灰岩、灰黑色厚层状细晶质生物碎屑灰岩。

2）帽子峰组（D_3m）

区内露头较少。主要出露在北部的马岭—沙帽岭—芦岭—潭口岭及中部的水口村等地。

该组地层属浅海—海湾相砂泥质建造，是一套滨海—浅海相砂泥质沉积，与下伏地层呈整合接触；该组与上覆孟公墩组为整合接触，总厚度大于 100m。

（3）石炭系

本区石炭系发育较好，是广花复式向斜主要组成地层，广泛分布于花都的西岭、象山、长岗、炭步、金溪以及广州市郊石井和南海的里水、洲村等地。划分为岩关阶孟公墩组，大塘阶石磴子组、测水组、梓门桥组和中上统壶天群。

1）岩关阶孟公墩组（C_1ym）

主要分布于北部的雅髻岭—旗岭、花都华侨农场—老鸦山及中部的磨刀坑、百足桥、龙陂村、桅杆脚一带。下部由灰黑色泥岩、页岩、粉砂质泥岩夹灰—深灰色粉砂岩和铁质砂岩组成；上部为浅灰—灰色细粒长石石英砂岩、灰黑色泥岩、炭质泥岩，属于还原条件下的滨海—海湾相沉积。

2）大塘阶石磴子组（C_1ds）

据钻孔资料，本组在广从断裂以西、广三断裂以北的第四系之下广泛分布，但露头仅见于虎头岗、老鼠岗、环山头、中洞岭、田美、长岗村等地。

该组属碳酸盐潮坪相的炭泥质—碳酸盐建造，为深灰、灰黑色灰岩，白云质灰岩，夹少量炭质页岩。钻孔控制厚度达 330m。

3）大塘阶测水组（C_1dc）

本组在龙归盆地以西、广三断裂以北有较多的出露，地形上一般形成残丘，露头较差。

测水组中上部为一套含煤三角洲相的砾砂、炭泥质建造，下部为一套浅海相的砂泥—碳酸盐建造，根据岩性组合及岩相特征，以石英砂岩、含砾砂岩为标志。

4）大塘阶梓门桥组（C_1dz）

出露于花都西岭、象山及松柏岗—磨刀坑以西，露头极差，大多为第四系覆盖。该组属浅海相的砂泥—硅质建造，下部为硅质岩或硅质泥岩夹砂岩，上部为灰黑色灰岩、泥质灰岩、钙质砂岩、夹钙质粉砂岩、钙质砂质泥岩。

5）中上统壶天群（C_{2+3}ht）

该群仅在三元里、三坑水库南、官坑村西等地有出露，露头极差。据钻孔揭露：在肖岗—陈田、均和—白沙湖、官坑村西、耀岭—茶塘、大朗—石龙、泌冲—江村—花都莲圹等地的第四系之下，壶天群有广泛的分布。壶天群属浅海相的碳酸盐建造。

（4）二叠系

主要分布于新市向斜、里水向斜两翼、平山向斜槽部及三水赤岗头等地。呈北北东向条带状展布。

1）下统栖霞组（P_1q）

分布于萧岗—江夏—彭边东和鹤边以西到均和一带，大部分为第四系覆盖，仅在嘉禾以北见有出露。属浅海相碳酸盐沉积。与下伏壶天群整合接触。

2）下统文笔山组（P_1w）

分布于萧岗—江夏—彭边和黄沙岗—萝岗一带，大部分为第四系覆盖，属潮坪相碎屑岩沉积，与下伏栖霞组呈平行不整合接触。

3）下统童子岩组（P_1t）

分布于三元里—江夏—彭边和棠涌—鹤边一带，零星出露。属湖沼—滨海相沉积，该组在区内与下伏文笔山组呈整合接触，与上覆二叠系上统沙湖组呈平行不整合接触。

4）上统沙湖组（P_2sh）

该组出露于新市—嘉禾一带。属滨海湖泊相砂泥质建造。主要为紫酱、紫红色含铁质结核砂岩、浅红色砂岩，灰白色长石石英砂粒砂岩及少量粉砂岩、页岩，厚度220～350m。与下伏童子岩组呈平行不整合接触。与上覆圣堂组呈整合接触。

5）上统圣堂组（P_2st）

分布于新市—嘉禾一带，大部分为第四系所覆盖。该组为灰色细砂岩、粉砂岩、灰—深灰色或灰黑色泥质粉砂岩呈互层，并夹灰—深灰色粉砂质泥岩、泥岩及灰黑色炭质泥岩，局部含黄铁矿结核。厚度80m左右。属还原滨海湖泊相沉积。与下伏沙湖组整合接触。

（5）三叠系

1）下统大冶组（T_1d）

分布于新市向斜的核部，在新市—大岭村一带见有出露。由浅灰—灰色灰岩、泥灰岩、砂质灰岩夹钙质泥岩组成。属潮坪相沉积。该群与下伏圣堂组整合接触。

2）小坪组（T_3x）

分布于华岭、中洞岭、文头岭、象岗、耀岭和石井—白象岭一带及出露于五雷岭、石马村一带，为河床相及湖泊—沼泽相含煤碎屑岩建造，超覆沉积于上古生代石炭系地层之上，多呈断陷块段或条带形式分布。分下段、中段、上段。属陆相碎屑岩沉积。厚度约437m。该组以角度不整合覆盖在石炭系石磴子组或测水组之上。

（6）侏罗系

区内仅发育侏罗系下统金鸡组（J_1j），分布于区内的象岗山—越秀山—摇狮球—景泰坑一带，在电视塔北面的人工露头，见该组与下伏震旦系呈断层接触。岩性为灰白色含砾砂岩，巨粗粒石英砂岩、细粒石英砂岩夹灰色泥岩。估计厚度在 200m 以上。

（7）白垩系

白垩系出露较广较全，可划分为下统白鹤洞组、上统三水组和大朗山组。

1）下统白鹤洞组（K_1b）

分布在广州断陷盆地的南部，岩性为含砾粗砂岩，砂砾岩夹细砂岩、泥岩；上部为泥灰岩与砂岩互层。顶部有流纹岩及英安斑岩，主要分布在赤岗新村、大石和南村一带，大部分埋藏在第四纪冲积层之下，构成广州断陷盆地中心。

2）上统三水组（K_2s）

分布于广州旧市区、黄埔村—赤岗新村—工业大道及黄埔港、莲花山、茭塘等地，该组与下伏白鹤洞组呈不整合接触，接岩性岩相特征分为上、下两段。

3）上统大朗山组（K_2d）

分布在石牌、沙河镇、黄花岗、烈士陵园、横枝岗、三元里等地，该组与下伏三水组呈整合接触。据其岩性岩相特征分上、下两段，两段的区别主要为岩石粒度明显差异。

（8）第三系

由下第三系古新统莘庄组和始新统埠心组、宝月组等组成。主要分布于黄埔新港、龙归盆地等地。为一套内陆湖泊相钙、砾、砂、泥质夹火山碎屑沉积，为紫红色砾岩、砂砾岩、钙质粉砂岩夹凝灰岩、凝灰质砂岩组成，厚度 3761m。

1）古新统莘庄组（E_1x）

分布嘉禾、均和、长岗村及仙村一带，下部为棕灰色或灰色灰岩岩质砾岩及紫红色砾岩，上部为灰棕色或灰白色砂砾岩、含砾砂岩、砂岩、灰棕色或褐棕色含灰质泥质粉砂岩。据钻孔资料，莘庄组和白垩系大朗山组、第三系始新统布心组均为整合接触关系。

2）始新统布心组（E_2b）

主要分布在龙归盆地，可分上、下两段，具水平层理或缓波状层理，盆地边缘相变为以灰质泥岩、粉砂质泥岩为主夹砂砾岩。

据钻孔揭露布心组与下伏莘庄组、上覆宝月组均整合接触；与下伏栖霞组、小坪组、大朗山组呈角度不整合接触关系。最大厚度 831m。

3）始新统宝月组（E_2by）

分布于龙归及太和一带，下段由褐棕色泥岩，含灰质泥岩、深灰色含灰质泥岩、灰质泥岩夹泥灰岩组成，往东靠近广从断裂，该段上部相变为以粉砂岩为主，下部为褐棕色含灰质粉砂岩、粉砂质泥岩，灰棕色粉砂岩互层。

（9）第四系

第四系地层严格受古地形控制，中更新世以前以风化剥蚀作用为主，基本上形成了目前的地形形态。沉积作用开始于更新世末期的大面积的冲积、三角洲沉积及泛滥式沉积（见于珠江两侧）。隆起区仍以风化剥蚀为主，河流短小，冲积层薄。在边缘地段出现上叠式结构的河谷和河流袭夺现象，河流的溯源侵蚀强烈，使流域面积不断扩大。东北部花岗岩低山丘陵区，河流冲积层由砾砂、粗砂、黏土构成，二元结构明显，总厚度大多不足10m，在该区边缘的冲积层中有沼泽化的淤泥、泥炭分布；丰乐北路以东的姬堂村一带厚3～5m，河谷中可见两级阶地，以一级阶地面较宽，二级阶地面则狭窄，且保存不好；仅沙河、车陂涌等局部河段可见河谷呈上叠式结构，剖面上可见古土壤层（即花斑状杂色黏土）。一级阶地前缘眉峰3～6m。阶地内部还存在多期沉积，形成比较复杂结构。

珠江以北过渡区冲积层呈带状分布于开阔的丘间洼地中，下伏红色砂岩、砾岩的残积土层，颗粒较细，以中砂为主，厚不足10m，是上述一级阶地的延伸，未见二级阶地和相应的沉积物。向下游与珠江晚期冲积物呈内叠式关系。

珠江两侧冲积层可以明显分作两层，即下部黄白—灰白色砂、黏土层和上部灰—灰黑色砂、淤泥层。下部灰白色层为过渡区冲积层的延伸，珠江以南大部分地区受冲刷破坏；珠江北岸局部地区土壤化。如大沙头一带有部分钻孔见灰黑色层之下存在土壤化的杂色花斑状黏土，而灰白色层在赤沙出露地表，构成区内仅有的基座阶地。

冲积层的总厚度10m左右，当下部灰白色层受强烈冲刷时，后期的灰黑色层补偿性地加大了厚度。内叠式的河谷结构说明侧向侵蚀作用强烈，以鱼珠一带最为明显，造成沿江10余米厚的淤泥沉积。

南部沥滘洼地的冲积层亦可见下部灰白色层和上部灰黑色层，厚度均自北向南加大，上部灰黑色层在沥滘以北不超过7m，沥滘以南则加大到14m；下部灰白色层厚度不均匀，在10m左右，可分为三期，呈内叠式结构。灰黑色淤泥超覆其上。

夏园以南，经济技术开发区一带，可见两层淤泥，分属晚更新世和全新世，后者为近1500年来的沉积，两者之间可见一层比较稳定的厚约3m左右的杂色花斑状黏土，为更新世末期—全新世早期风化淋滤作用形成的土壤层，上层淤泥的底部有一层灰黑色淤泥质粉细砂，总厚度自北向南加大，南部可达20m。以上沉积物属海陆交互相成因，其下为下第三系炭质岩，表层风化后呈灰白色黏土。

白云山西侧山前的第四纪沉积环境和沉积厚度的变化较大，陈田以北有片状分布的薄层冲洪积物，文盛庄一带可见多层古土壤层。在集贤庄工程勘察钻孔中，孔深40.20m，在37.80m见岩，为壶天群灰岩，而孔深2.50至33.70m内明显见三个沉积旋回，且各旋回的上部黏土均已土壤化，陈田以南以残坡积物为主，厚10～20m，向西厚度减少。有东西穿越的短小河流，存在的冲积层不足5m。

剥蚀区以西的流溪河泛滥平原，其冲积层同样可以分为：下部灰白—黄白色砂、砾砂，底部棱角状；上部灰黑色砂、淤泥层，总厚度最大近30m，而上部灰黑色层可达20m。

由于第四系与工程建设联系最为紧密，将在本章第二节工程地质条件中详细介绍。

2.1.2 岩浆岩与变质岩

（1）岩浆岩

广州市区的岩浆岩主要分布在东、北部，珠江南岸有零星分布。根据时代可分为加里东期、海西期、印支期、燕山期、喜马拉雅期5个构造岩浆期。侵入岩和火山岩在广州市区均有出露。以酸性岩为主，基性岩也有发育。其中燕山期花岗岩类分布最广，对自然地理环境影响最大。

1）侵入岩

侵入岩按同源岩浆演化成岩的理论，采用序列—单元—侵入体三级划分的方法，广州市区的主要侵入岩—花岗岩见表 2-2。

2）火山岩

广州市火山活动分属海西期、燕山期，火山岩地层在从化市东部的鸡笼岗、黄鹿嶂、棺材岭一带出露面积较大。在广州市郊区的江高、龙归等地则多见于钻孔，地表仅有零星出露。

广州市花岗岩划分一览表　　　　　　　　　　　　　　　　　　　表 2-2

期	序列	单元或侵入体	岩石名称
燕山三期	元岗	石壁神	细粒钾长花岗岩
		旺岗	细粒斑状黑云母花岗岩
		磨刀坑	中细粒斑状（含斑）黑云母花岗岩
		元岗	细粒黑云母花岗岩
燕山二期	八哥山	同和	中细—中粒斑状黑云母花岗岩
		斑岭	细粒黑云母花岗岩
		八哥山	中—中粗斑状黑云母花岗岩
燕山一期	萝岗	金峰元	中细—细中粒磁铁矿花岗岩
		暹岗	中细—中粒斑状黑云母花岗岩
		长平	细粒斑状黑云母二长花岗岩
		燕山	细—中粒斑状黑云母二长花岗岩
		将军山	中细—细粒斑状黑云母二长花岗岩
		大田山	中细粒斑状花岗闪长岩
		大田山南	细粒石英闪长岩
燕山期	分散侵入个体	山门岗	细粒花岗岩
		新造	中细粒含斑黑云母花岗岩
		长洲岛	细粒花岗岩
		黄麻塘	细粒黑云母花岗岩
加里东期	分散侵入个体	赤边笃	片麻状细粒黑云母花岗岩
		白云山	细粒花岗岩
		芳尾北	片麻状含矽线石细粒花岗岩

（2）变质岩

广州市区变质岩主要为区域变质岩、混合岩，局部发育有热接触变质岩。

1）区域变质岩

区域变质作用是加里东造山运动的产物，为广州地区主要的变质作用。区域变质岩主要分布于白云山和筲箕窝等地，形成一套高绿片岩相—低角闪岩相的岩石。岩石以石英岩、黑云斜长变粒岩、云母石英片岩及石英云母片岩为主。

2）混合岩

广州市区混合岩属广州—博罗混合岩体的西部。分布于广从断裂东侧的太和、白云山和新造一带，面积约 200km²。区内混合岩可划分为 4 个带：①混合岩化变质岩带分布于箐箕窝-罗洞以西，黄登、景泰坑、文冲、白云山、兴华村一带；②条带—条纹状混合岩带分布于新造、大石、凤凰山—狮岭一带，沙罗潭也有零星出露；③条痕状（眼球状）混合片麻岩带主要分布于九曲径—帽峰山—石狮顶一带，以及白云山等地；④阴影状混合花岗岩带主要分布于沙田—高屋一带。

3）热接触变质岩

见于红路水库至石坑一带，发育于元岗序列花岗岩的外接触带。受变质的岩石主要为孟公岰组及小坪组的砂泥质岩石，少量为含钙质的泥岩或粉砂岩。由于岩体接触面平缓，所以接触变质带出露宽达 100～500m，局部可达 1000m。

2.1.3 广州市地质构造

（1）控制性地质构造单元

广州市处于华南准地台（一级构造单元）湘桂赣粤褶皱系（二级构造单元）粤中拗褶束（三级构造单元）的中部，即广花凹陷、增城凸起和三水断陷盆地的交接部位（图 2-2）。因而展现出区内不同部位具有不同的构造方位和构造格局，以广从断裂和瘦狗岭断裂为界线分成几个构造区：a）增城凸起；b）广花凹陷；c）百夫田岩浆岩带；d）东莞盆地（东南部）；e）三水断陷盆地。

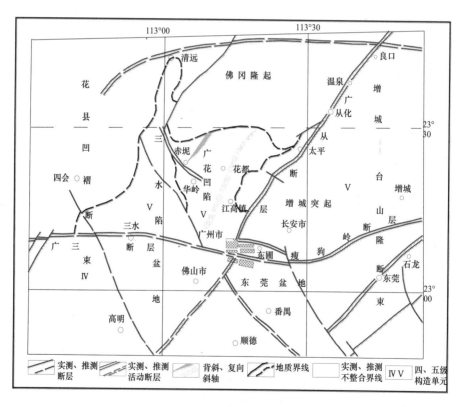

图 2-2　广州地区大地构造位置图

（2）褶皱构造

广州市经历多次构造运动，地层缺失较多，褶皱形态和分布复杂，图 2-3 为广东省主要褶皱分布示意图，图 2-4 为广-佛地区褶皱构造纲要图。

南部发育由白垩系构成的宽展型褶皱，在区内有海珠背斜及珠江向斜，前者轴部大约在中山路与解放路交汇处延至二沙头，呈北西西走向，向南东东倾伏；后者轴部大约在大基头至前进路一线，向南东东翘起，走向接近东西向。上述褶皱两翼产状平缓，倾角 10°～30°，局部受断裂影响产状变陡。

西北部为广花复式向斜部分，主要表现为上古生界地层构成一系列北北东向褶皱及其相伴随的断裂，褶皱枢扭起伏，呈准线状延伸，褶皱轴向一般略向北北西倾斜，形成一系列不对称向斜、背斜。褶皱轴线走向：中部近似南北、北部偏东且向斜构造收敛翘起，南端则略向西偏转，略呈"S"型弯曲，尖没于三水盆地之下，东侧为广从断裂所截，仅在李溪—新市向斜、花城—岗头向斜的南段，赋存有上二叠系龙潭组、大隆组及下三叠系大冶组。这两个向斜是广花复式向斜内规模最大，发育最完整的向斜。

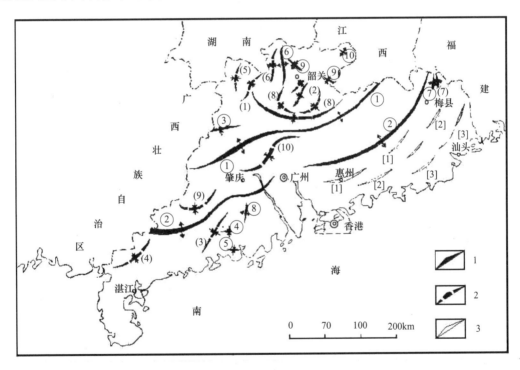

图 2-3　广东省主要褶皱分布示意图

李溪—新市向斜南起三元里，向北至嘉禾被北北东向分布的第三系红层所覆盖，兔岗以北重新出露，向北至象山逐渐收敛翘起；向斜轴线走向北东 10°～25°，为一枢纽起伏蜿蜒的线状紧密褶皱；向斜槽部地层在北段为壶天灰岩，在南段则保存有龙潭组煤系及下三叠系大冶组灰岩；向斜西翼倾角约 50°～70°，东翼 40°～50°。两翼发育有走向断裂，尤其以东翼最发育，同时还发育一组近东西向的横断裂，断面一般向南倾，上盘下落，从南向北有逐段沉没现象。

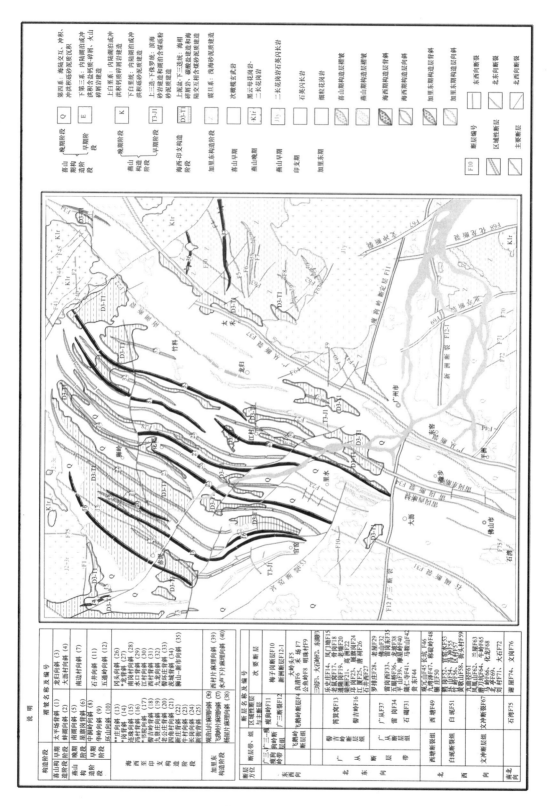

图 2-4 广-佛地区褶皱构造纲要图

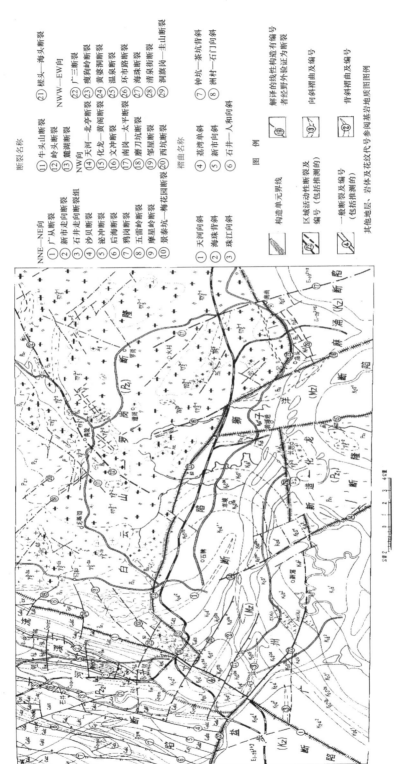

断裂名称

NNE—NE向
① 牛头山断裂
② 新市走向断裂
③ 石井走向断裂组
④ 沙贝断裂
⑤ 瘦冲断裂
⑥ 后海断裂
⑦ 鹧岗断裂
⑧ 五雷岭断裂
⑨ 瓘星岭断裂
⑩ 景泰坑—梅花园断裂

NW向
⑪ 瓘从断裂
⑫ 岭头断裂
⑬ 瘦湖断裂
⑭ 天河—北亭断裂
⑮ 化龙—黄阁断裂
⑯ 文冲断裂
⑰ 南岗—太平断裂
⑱ 磨刀坑断裂
⑲ 邹屋断裂
⑳ 西坑断裂

NWW—EW向
㉑ 槎头—梅头断裂
㉒ 广三断裂
㉓ 瘦狗岭断裂
㉔ 黄婆洞断裂
㉕ 温泉断裂
㉖ 市路断裂
㉗ 环市路断裂
㉘ 清泉街断裂
㉙ 洞旗岗—圭山断裂

褶曲名称
① 天河向斜
② 海珠背斜
③ 珠江向斜
④ 荔湾向斜
⑤ 新市单斜
⑥ 石井—人和向斜
⑦ 钟坑—茶坑背斜
⑧ 洲村—石门向斜

图例

图 2-5　广州市基岩地质构造纲要图

花城—岗头向斜，南起联表，北至花城附近收敛翘起；向斜轴线走向北东5°～30°，槽部地层：北部为壶天群灰岩，南段在岗头至联表一带为二叠系，并发育一组向西倾斜的走向逆冲断裂，形成叠瓦式构造，以致西翼地层因断裂影响而倒转，并使西翼栖霞组推覆于东翼龙潭组之上；中段在新街至神山一带，由于岩浆活动，槽部出现隆起，分布了石炭系下统孟公坳组，并有花岗岩侵入，东翼倾角30°～50°，西翼倾角20°～55°。

（3）断裂构造

广州市断裂构造比较发育，控制性的断裂主要有三组：东西向—北西西向、北东向、北西向，仅局部见南北向断层，如图2-5为广州市基岩地质构造纲要图。

1）东西向—北西西向断裂组：主要发育于东部加里东构造层中，构造岩类型复杂，早期为糜棱岩和硅化岩，晚期则多形成构造角砾岩和硅化碎裂岩，断裂两侧往往具有早期的糜棱岩化和硅化现象。

2）北东向断裂组：主要发育于广州市西部海西—印支构造层中，广从断裂及其以东旁侧次级断裂亦属此组。构造岩以糜棱岩为主，其次为构造角砾岩和硅化岩，断裂两侧普遍具片理化、硅化或强烈挤压带；断裂性质多为压扭性。

3）北西向断裂组：多数发育在燕山构造层中，构造岩以硅化岩为主，其次为破碎硅化岩和硅化角砾岩，断裂多为压扭性和张扭性。

4）低角度逆掩断裂：位于西北部越秀山和桂花岗一带，检索广州勘测信息系统工程地质勘察子系统中钻孔资料发现，岩芯中深部为白垩纪紫红色砂砾岩和泥质粉砂岩，而地表出露为加里东期区域变质岩和混合岩。

2.2 工程地质特征

2.2.1 广州基坑工程地质条件的主要特点

广州地区的工程地质条件比较复杂，地层成因类型较多，差异较大，其主要特点表现在：

1）土层与基底岩层的物理力学性能差异极大。土层均为未成岩的第四系砂、土层，物理力学性能较差；而基底岩层为已成岩的岩层，物理力学性能较好；在绝大多数地区盖层地层是以角度不整合覆盖在基底岩层之上。

2）基底岩层的成因类型较多。有沉积岩类、火成岩类及变质岩类；各类岩层的工程性质、物理力学性质不同、风化后所呈现的性质差异更大。

3）基底岩层风化强烈。受地质构造的应力作用，基岩破碎、裂隙发育，在长期的地下水作用下下风化强烈甚至风化成土层，如残积土。基岩根据风化程度和结构构造可划分为全风化岩、强风化岩、中风化岩、弱风化岩、微风化岩、微风化岩。

4）第四系地层的沉积类型多变。不仅各层的厚度可在短距离内产生较大的变化，而且沉积相都会产生变化，因此岩土的工程性质、物理力学性质也会有较大的差异。

5）第四系地层完整性较好，至今未发现被构造运动破坏的迹象；而基底岩层完整性差，地质构造复杂，前第四纪所发生的多次构造运动形成复杂的地形地貌和支离破碎的岩性基底。

6）不同成因的土层与不同类型的基底岩层的不同组合形成更加复杂多变、差异巨大的工程地质分区（图 2-6）。这些工程地质分区的特性不仅影响区内工程的基础造型、施工工法，而且对城区的规划、布局也构成较大的影响。

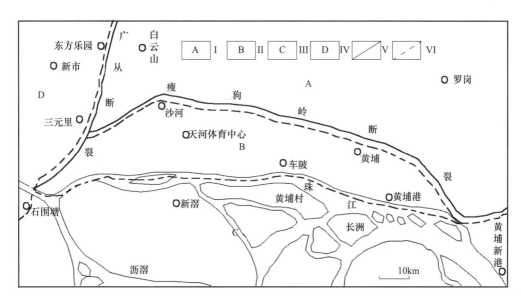

图 2-6 广州地区稳定性分区

Ⅰ—稳定区；Ⅱ—较稳定区；Ⅲ—较不稳定区；Ⅳ—不稳定区；Ⅴ—区域性断裂；Ⅵ—分界线

注：据钟晓清，广州地区新构造特征及稳定性评价补充修改

2.2.2 广州第四系地层

（1）第四系的划分依据与方法

1）至今还没有一个被公认的第四系下界的标准。国内不少学者是以古地磁高斯/松山界面（约 2.84Ma B. P）为准。由于广东省及珠江三角洲第四纪早期（Q_1）的沉积不发育，尤其是部分工程地质工作者把基岩风化土——"残积土"也划入第四系地层内，更使第四系的下界地层确定变得复杂和困难。

2）广州地区第四纪各种成因类型的沉积物在时间、空间上的发育和分布极不平衡，全区至今未发现一个完整第四系地层剖面；尤其是前期构造运动形成了各类形态各异的古地理地貌，同期异相、同相不同期的地层较发育，使其划分与对比的不确定因素更加复杂。

3）鉴于上述状况，在众多的第四系地层划分对比方案中，应以构造运动形成的风化壳为基础所建立的相对地层层序为主、辅以年龄测定的方案较为合理与方便使用。

（2）广州第四系地层的划分与对比

近年来通过对零星散布在珠江三角洲范围内的西江、北江较高阶地堆积所做的研究与测试，证实珠江三角洲还有中更新世的冲积相沉积；珠江三角洲和珠江口外的香港水域海底尚保存有自中更新世晚期以来的 5 个沉积旋回。根据沉积旋回可把广州地区第四系地层划分为八个组：

1）中更新统白坭组（Q_2）

中更新统白坭组是广州地区迄今已发现的最老的第四纪沉积。它仅在西江、北江及其支流绥江下游出露，高程 20～35m。该套沉积物上段为土黄色粗砂砾层与砾质卵石层互层，下段由棕红色砾质卵石层组成。由于在这套地层中检出丰富的咸水种、半咸水种硅藻，应属海陆交互相的沉积物，从而确认广州地区在早更新世发生过海进。

2）上更新统石排组（Q_3^{2-1}）

本组主要分布在平原底部古洼地和古谷地，不整合于基岩风化壳之上。在北部见于花都狮岭洼地底部，中部则分布在白坭河下游炭步以南的低洼地。东北部则见于杨村—钟落潭—大车庄—横沥—双岗一线及人和、雅湖、太和、龙归一带。石排组厚度 1.8～23.4m，平均 5.67m。

3）上更新统中段上部西南组（Q_3^{2-2}）

主要分布在炭步、石龙、江村、鸦岗一线以南低洼地区。西南组的冲积、海积物以淤泥、淤泥质土、淤泥质粉砂为主。一般厚度 2～10m，平均 7.2m。最大厚度为 29.5m。

4）上更新统三角组（Q_3^3）

本组底部为黏土，中上部为砾砂，与下伏地层呈不整合接触。一般厚度 2～7m；最厚 21.5m。主要见于北部丘陵台地边缘的河谷中。

5）下全新统杏坛组（Q_4^1）

在本区南部下全新统分布比较广泛，以冲积及冲积—海积层为主。一般厚度 2～8m，最大厚度 12.7m。

6）中全新统下段横栏组（Q_4^{2-1}）

综合全区的中全新统下段的特征是：

①岩性以灰色砂质淤泥、砂质黏土为主，部分地区有下粗上细韵律。

②南部、中部的全部和北部的部分河谷平原为海进沉积，含较丰富的咸水—半咸水种化石硅藻。北部大部分地区为河流堆积，只含淡水种硅藻。一般厚 1～4m，最厚 16.5m。绝大部分被上全新统及中全新统上段覆盖。

7）中全新统上段万顷沙组（Q_4^{2-2}）

中全新统上段与下段的分布范围基本一致。中全新统的上、下两段，彼此具有许多相同之处（大部分地区为海进层），含咸水—半咸水种硅藻；岩性多为粉砂质淤泥或砂质黏土；与下伏及上覆地层多为整合接触。其差异主要在于：上段岩性基本为细颗粒沉积。下段则往往下部为粗粒，上部为细粒；上段含贝壳较多，下段含贝壳较少。

8）上全新统灯笼沙组（Q_4^3）

上全新统在本区广泛分布，但北薄南厚，而且北部有部分地区缺失；部分地区因与中全新统为连续沉积，并且岩性相近似，不易区分。南、中部则普遍发育。

综合全区的资料，概括本区上全新统的特征是：

1）以细颗粒沉积物为主。北部多为黏土、粉砂黏土，南、中部多为淤泥，粉砂质淤泥，不少钻孔剖面顶部有人工堆积。

2）南、中部地区仍受全新世海进余波影响，往往有咸水—半咸水种硅藻，不少剖面有贝壳、腐木层；北部则除少部分河谷的下部地层随古代潮汐上溯面出现少量咸水、半咸水种微体古生物外，大部分地区只见淡水古生物。

3）与中全新统上段为整合接触。

（3）广州地区第四系地层的成因类型

广州地区第三纪后，新构造运动以大面积上升隆起为主，形成面积广大的红壤型风化壳；断块运动形成以丘陵、台地、三角洲和海积平原为主的地貌特征。广州地区第四系地层可分为三种沉积相（陆相、海相和海陆交互相）十一个成因类型（残积、斜坡堆积、洪—冲积、冲积、冲—海积、海积、风—海积和风积、珊瑚礁堆积、湖沼沉积、火山堆积、人工堆积。其中风—海积、珊瑚礁堆积、火山堆积多发育在珠江口水域下）。

1）陆相堆（沉）积

① 斜坡堆积（dl）

斜坡堆积包括重力堆积、崩积和地滑堆积等几种类型。

斜坡堆积物在山地、丘陵、台地地区，尤其是花岗岩风化壳发育的山地丘陵区比较发育、但堆积面积较小、碎屑颗粒大小差异很大。

坡积物往往和残积物伴生，岩性不易区别，常形成残积—坡积混合成因类型。根据坡积物的岩性特征初步将其分为坡积红土和坡积碎屑两种。

a. 坡积红土

坡积红土的含砂量随基底岩石类型不同而变化；在花岗岩红壤风化壳地区的坡积红土中，石英砂的含量可高达 50%～60%，黏土含量约占 30%。

b. 坡积碎屑

坡积碎屑常沿坡面分布，并向山前倾斜，倾角 2°～5°，在坡麓常形成坡积裙覆盖在山前平原的冲、海积物或三角洲沉积物上。

② 洪积（pl）及冲—洪积（pal）

为山洪和急流形成的洪积—冲洪积混合成因类型，多在山地、丘陵沟谷出口处形成小型、孤立的洪积扇或冲积锥，堆积物同时具有洪积和冲积的地貌和岩层特征。二级洪积阶地保存较差，分布零星；一级洪积阶地保存较好，分布较多；现代洪积扇和冲积锥形态完整，分布最普遍。二级洪积阶地的洪积物主在分布在花都及广州等地，常与一级洪积阶地和现代洪积扇或冲积锥呈相嵌接触。

白云山东麓可见两期洪积物所组成二级洪积阶地和洪积扇（图 2-7）。其中二级阶地的洪积物可覆盖在标高达 30m 的花岗岩台地上，分布不广，受强烈切割。

③ 冲积（al）

区内的河流除珠江的几条主干河流源远流长、流域宽广之外，其他都是源近流短，多源于近岸山地、丘陵和阶地上。因而，这些河流的冲积物发育较差，分布面积不广，多沿河谷呈带状分布。河流冲积相可分为以下三种类型：

a. 二级冲积阶地：在区内分布较零星，多受流水切割破坏，保存较差。

b. 一级冲积阶地：冲积物分布较普遍，但较零星，面积一般较小，相对高度3～7m，阶地保存较好，微受切割。

c. 河漫滩及冲积平原的冲积物。

组成河漫滩及冲积平原的冲积物分布较广，面积较大，是本区分布较广的成因类型之一。组成宽广的河漫滩及冲积平原，如广花平原等。平原都呈长条状沿江河两岸分布，至河口与三角洲平原过渡，两者无明显的界线，见图2-8和图2-9。

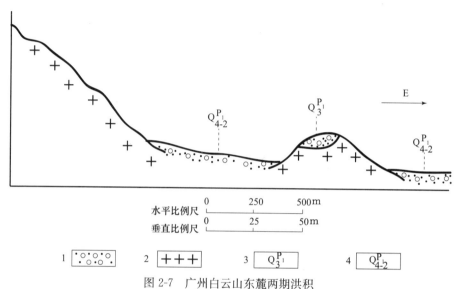

图2-7　广州白云山东麓两期洪积

1—砂砾；2—花岗岩；3—二级阶地洪积物；4—洪积扇洪积物

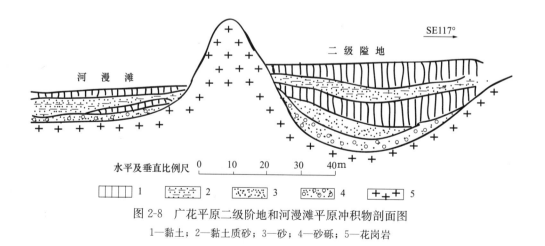

图2-8　广花平原二级阶地和河漫滩平原冲积物剖面图

1—黏土；2—黏土质砂；3—砂；4—砂砾；5—花岗岩

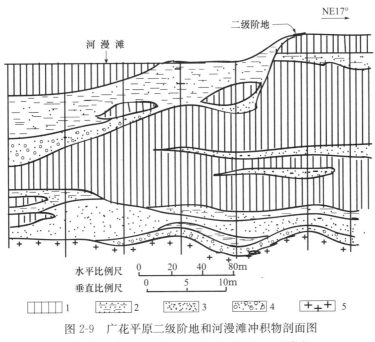

图 2-9　广花平原二级阶地和河漫滩冲积物剖面图

1—黏土；2—黏土质砂；3—砂；4—砂砾；5—花岗岩

④ 湖沼堆积

区内没有较大的湖泊，但有分布零星、类型较多的集水洼地，如三角洲前缘的低湿沼泽、集水谷地、淤浅的平坦河谷、牛轭湖、内陆洼地以及火山口湖等，这些洼地和低湿地带常形成湖沼堆积。它们多是水生植物死亡后在还原条件下形成的有机质泥炭土或腐木堆积。堆积物主要是黑色、灰褐色砂土、砂壤土、砂质淤泥、含油腐植层、泥炭土及砂砾等。有机质含量很高（可达 19%）、但厚度不大，一般仅 2~5m。

⑤ 残积（el）

残积是基岩风化过程的初始阶段，以物理淋滤为主，它未经搬运及再沉积的作用而残留在原地的碎屑堆积物（对于时代的划分一直存在争议因其母岩不是第四纪形成的，但其风化过程是在第四系阶段，同对其母岩的风化程度不同，当风化剧烈时按其强度上划分为土层，而当风化强度略低，其强度则增强，根据岩土工程勘察规范划入风化岩类，如可根据其风化程度分别划入岩石的全风化、强风化等类别。而不应将其时代归属为第四纪。本文考虑到划分的传统习惯及长期工程地质资料、数据库已输入的资料相统一，所以在第四纪地层作介绍）。

碎屑残积分布十分广泛，不仅在珠江三角洲中的低山、丘陵、残丘、台地上均有出露，而且在基底岩层也广泛分布。只是它们的粒度差异较大。在山地、丘陵、岗地，碎屑残积由大小不等的岩石碎块组成，未经其他外营力的搬运，岩块残留原地；而在沉积盆地、碎屑残积的粒度较小，常为粉土、含砾粉土及亚黏土形式出现。但二种类型的碎屑残积物的特征均受基岩岩性特征的控制。碎屑残积物的颜色一般与基岩的颜色相近但变淡。如碳质页岩风化后呈黄色或灰黄色，但岩块中心多仍为黑色、灰黑色。

岩浆岩、混合岩的碎屑残积与沉积岩、变质岩的碎屑残积不同，岩浆岩、混合岩常沿三级节理形成球状风化，碎屑残积呈薄壳状层层剥落，形成所谓地形。

2）海相沉积及海陆交互相沉积

本区海相沉积及海陆交互相沉积主要有海积、冲积—海积、风—海积和风积、珊瑚礁堆积等四种单一成因类型和混合成因类型。其中海积物以滨海沉积为主，分布最广，为区内最重要的成因类型。

华南沿海地区第四纪以来由于全球性的气候变化和区域性的构造运动，导致过多次海侵和海退，每一次海侵在海岸带沉积了以滨海沉积为主，浅海沉积为副的海相沉积物，同时还沉积了与海侵密切相关的海陆混合相沉积——三角洲沉积。

同一沉积期所形成的沉积物尽管岩相和岩性变化很大，但它们位于基本一致的海拔高度，组成同一级海积阶地，具有相同的层以风化特征基本相同，组成可以对比的、地方性的、最基本的地层单位一组。经海侵之后的海水完全退出，导致沉积物遭受风化—剥蚀，形成风化壳或风化层。多次海侵（堆积）和海退（风化），在地层剖面上形成地层及其风化壳或风化层的重叠，在地貌上形成多级阶地。

① 海相沉积（m）

根据风化壳或风化层所分隔开的地层及彼此的接触关系，结合海成阶地级数可将华南地区第四纪时期可分为四个海相沉积期，每一沉积期形成相应的地层。其中广海期的海相沉积在广州地区分布最广、影响面最大。

② 广海沉积期的滨海沉积

广海沉积期是华南沿海地区第四纪滨海沉积最主要的形成时期，沉积了第四纪时期中沿海分布最普遍，岩性岩相不同、地貌各异的滨海沉积物，多呈松散未胶结状态，一般厚10～20m，最大可达 30～40m，组成一级海积阶地、海积平原、海滩、泻湖、砂咀和砂堤等地貌类型。广海沉积期的滨海沉积主要分布在珠江口以北的滨海地带，组成淤泥质平原和淤泥质浅滩。

3）海陆交互相的冲—海积沉积（mc）

海陆交互相的冲—海积是指三角洲沉积和河口地段的河、海混合沉积。这一类型的沉积物在华南地区的珠江三角洲分布较大。三角洲仍在向海发展，特别是人类的活动正加速了三角洲向海发展的速度。

珠江三角洲由西、北江三角洲和东江三角洲组成，它是一个多岛屿的三角港、一个未被填满的湾头三角洲。珠江口外，岛屿棋布，为珠江三角洲的天然屏障，三角洲周围为古生代或中生代地层组成的山地、丘陵和台地。在地势低平，河汊交错、水网密布的三角洲平原上，散布着许多孤山、残丘、台地、阶地，这种地形特征对珠江三角洲沉积物的成分、岩性和厚度的变化具有明显的影响。

珠江三角洲的基底比较复杂，几个新生代红层盆地在此交接，北部为三水盆地，东部为东莞盆地，西南部为新会-中山盆地，盆地中沉积了最大厚度超过 4000m 的红层，并有多期中酸性至基性火山活动，盆地基底和盆地之间为侏罗系和燕山期花岗岩，以及部分下古生界地层，整个三角洲就发育在这样一个比较复杂的地质基础上，三角洲沉积层超覆在上述所有地层的风化壳之上，呈明显的不整合接触。

珠江三角洲沉积由淤泥、亚黏土、亚砂土、砂和砂砾组成，以淤泥、亚砂土和砂质堆积为主。三角洲沉积有较明显的变化规律：在水平方向上，粗粒物质一般分布在三角洲顶部，边缘地带和近河床附近，三角洲中的孤山、残丘附近的物质也比较粗，以砂质堆积为主。细粒物质一般分布在三角洲中部和前缘，以淤泥质黏土为主。在垂直剖面上沉积物具粗细韵律的变化，总的趋势是下粗上细，并夹有黏土风化层，反映了三角洲沉积发育的不同阶段。

2.2.3 工程地质分区及各分区特点

（1）工程地质分区原则

工程地质分区可遵循的原则很多，有着眼于构造稳定性对工程地质条件的影响，有偏重于现实地形、地貌对工程地质条件的影响，也有的是偏重于盖层—第四纪地层的岩土特性对工程地质条件的影响。上述各种类型的划分方法对于区域范围较小的场区是可行的，均能从不同的角度反映场区的工程地质特征，但对于区域范围较大、工程地质条件又异常复杂的场区则难以全面地、综合地反映场区内各种类型的工程地质条件，主要是由于：

1）对于较大区域范围，由于地形地貌差异大、构造类型多变，岩土组合方式很多，形成的工程地质条件类型千差万别，已不可能仅从某单一因素来综合场区的工程地质条件与特征。

2）以往的工程由于规模比较小，基底岩层多较单一，因此城区的工程地质研究重点多着重在岩土性能比较复杂多变而又比较软弱的第四系土层。但随着社会的发展，大规模的建设不断兴起，人类的工程活动已进入地下空间的开发与利用，对基底岩层的研究日显重要。因此工程地质的研究需在加强盖层（第四纪）地层研究的同时也需注重对基底岩层的研究。

基于上述认识，在进行工程地质区划时应综合研究各类工程地质区划因素及其迭加后对场区的工程地质条件的影响。即在工程地质区划中既要考虑场区构造的影响、地貌形态变异及盖层（第四纪地层）土体的成因类型对工程条件的影响；也需考虑基底岩石的特性及各类盖层土层与基底岩层的岩土组合所产生的工程物理力学性能对城建规划以及建构筑物基础形式甚至施工工法的影响及其适宜性。

（2）广州地区的岩土分层

实行大区域的工程地质分区首先需在全区建立一个统一的岩土分层标准，明确各类岩土层的主要特征，才能进行有效的工程地质分区工作。

1）广州地区地层岩土的"九分方案"

根据广州地区岩土地层的结构特征及工程应用的方便，广州地铁在仔细研究广州地区地质构造和地层岩性的基础上，结合传统的广州地质地层划分的研究成果，大胆创新，突出工程地质必须为工程建设服务，同时方便应用和对比的前提下，提出了把广州地区的岩土地层划分为9层，在各层中按需要再分亚层的方案，简称"九分方案"，详见表2-3。

"九分方案"的第四系地层根据沉积环境和土层性质的不同划分为五层。而第六层~第九层是把各类的基底岩层简分为全风化岩（带）、强风化岩（带）、中风化岩（带）及微风化岩（带）。现把"九分方案"简述如下：

① 填土及耕土层（Q_4^{ml}）

在广州地区多为素填土和杂填土。素填土的组成物主要为人工堆积的砂土、碎石土和黏土。杂填土则在其中混杂瓦片、砖块和混凝土碎块等建筑垃圾，含黏性土。

在城郊未开发区为耕植土层。耕植土层以黏粒为主，含少量粉粒；呈灰~深灰色；可塑状，个别情况呈软塑状；稍湿~潮湿；含植物根系。

填土层在图、表上的代号均为第一层、代号"＜1＞"。

② 淤泥层（Q_4^{mc}）

在图、表上为第二层、代号为"＜2＞"。常分为四个亚层，即：淤泥或淤泥质土层、淤泥质粉细砂层、淤泥质中粗砂层（或含蚝壳片）、海陆交互相粉质黏土、粉土和淤泥互层。

a. 海陆交互相淤泥、淤泥质土层（Q_4^{mc}）

主要为淤泥、淤泥质土，由含有机质黏粒组成；灰~深灰色；呈流塑状态，饱和，具有黏性；含贝壳碎片。在图、表上的代号为"＜2-1＞"。

b. 海陆交互相淤泥质砂层（Q_4^{mc}）

以粉砂、细砂为主，局部为中砂、粗砂；深灰色；呈松散状，饱和；含淤泥及少量有机质和少量灰白色贝壳碎片。在图、表上的代号为"＜2-2＞"；淤泥质中粗砂（或含蚝壳片）为"＜2-3＞"。

c. 海陆交互相粉质黏土、粉土和淤泥互层

呈灰色和灰黑色等，厚度较小，一般呈透镜体状分布，粉质黏土或粉土夹在淤泥、淤泥质土层或淤泥质砂层中，呈软塑状为主，层号为"＜2-4＞"。

③ 砂层（Q_{3+4}）

在图、表上为第三层、代号为"＜3＞"。常分为三个亚层，即冲积—洪积粉细砂层、冲积-洪积中粗砂层、含卵石粗砾砂层。

a. 洪积—冲积粉细砂层（Q_3^{al+pl}）

由洪积—冲积而形成。以细砂、中砂为主，部分为粗、砾砂，灰白色~浅黄色，饱和，松散~密实，含黏粒。在花都区分布较广范，在丘间谷地、丘前平原也很发育；在图、表上的代号为"＜3-1＞"。

b. 海相冲积中粗砂层（Q_{3+4}^{mc}）

海相冲积而形成，以粗砂、中砂为主，灰白色~浅灰色，饱和，稍密状~密实，一般分布在海陆交互淤泥质砂层之下。在图、表上中粗砂层代号为"＜3-2＞"；卵石砾砂层的代号为"＜3-3＞"。

④ 冲积—洪积—坡积土层（Q_3^{al+pl}）

冲积—洪积—坡积土而成，其岩土特征与下伏基岩的岩性有较密切的关系。在图、表上为第四层、代号为"＜4＞"。广州地区岩土层主要分布在白垩系上统（K_2）砂岩分布区，以及二叠系下统（P_1）和石炭系（C）石灰岩分布区，不同岩性发育的冲积—洪积—坡积土层有较明显的工程差异，故分别阐述。

广州地区岩土分层（九分方案）一览表　　　　　　　　　表 2-3

岩土大层号	岩土层名称	岩土亚层号	岩土亚层名称	时代与成因
＜1＞	填土层	〈1〉		Q_4^{ml}，人类活动
			杂填土	Q_4^{ml}，人类活动
			素填土	Q_4^{ml}，人类活动
			耕植土	Q_4^{ml}，人类活动
＜2＞	淤泥层和淤泥质土层			Q_4^{mc}，海陆交互相沉积
		〈2-1A〉	淤泥	Q_4^{mc}，海陆交互相沉积
		〈2-1B〉	淤泥质土层	Q_4^{mc}，海陆交互相沉积
		〈2-2〉	淤泥质粉细砂层	Q_4^{mc}，海陆交互相沉积
		〈2-3〉	淤泥质中粗砂层（或含蚝壳片）	Q_4^{mc}，海陆交互相沉积
		〈2-4〉	海陆交互粉质黏土、粉土层	Q_4^{mc}，海陆交互相沉积
＜3＞	砂层			Q_{3+4}，冲积，洪积
		〈3-1〉	冲积—洪积粉细砂层	Q_3^{al+pl} 或 Q_{3+4}^{al+pl}，海相冲积、陆相冲积—洪积
		〈3-2〉	冲积—洪积中粗砂层	Q_3^{al+pl} 或 Q_{3+4}^{al+pl}，海相冲积、陆相冲积—洪积
		〈3-3〉	含卵石粗砾砂层	Q_3^{al+pl} 或 Q_{3+4}^{al+pl}，海相冲积、陆相冲积—洪积
＜4＞	冲积—洪积—坡积土层			$Q_3^{al+pl+dl}$，冲积，洪积，坡积
		〈4-1〉	冲积—洪积土层	Q_3^{al+pl}，冲积，洪积
		〈4-2〉	河湖相淤泥质土层	Q_3^{al}，河湖相沉积
		〈4-3〉	坡积土层	Q_3^{dl}，坡积
		〈4C-1〉	黏性土、粉土	Q_3^{al+pl} 石灰岩分布区冲积、洪积（上层）
		〈4C-2〉	黏性土、粉土	Q_3^{al+pl} 石灰岩分布区冲积、洪积（下层）

续表

岩土大层号	岩土层名称	岩土亚层号	岩土亚层名称	时代与成因
〈5〉	残积土层			Q^{el}，残积
		〈5-1〉	可塑状黏性土，稍密～中密状粉土	Q^{el}，碎屑岩类岩石残积（上层）
		〈5-2〉	硬塑状黏性土，密实状粉土	Q^{el}，碎屑岩类岩石残积（下层）
		〈5H-1〉	可塑状黏性土	Q^{el}，花岗岩残积（上层）
		〈5H-2〉	硬塑状黏性土	Q^{el}，花岗岩残积（下层）
		〈5C-1A〉	软塑状红黏土	Q^{el}，石灰岩分布区残积
		〈5C-1B〉	可塑状红黏土	Q^{el}，石灰岩分布区残积
		〈5C-2〉	硬塑状红黏土	Q^{el}，石灰岩分布区残积
		〈5Z-1〉	可塑状黏性土	Q^{el}，上元古界震旦系残积（上层）
		〈5Z-2〉	硬塑状黏性土	Q^{el}，上元古界震旦系残积（下层）
〈6〉	岩石全风化带	〈6〉		碎屑岩类岩石风化
		〈6H〉	花岗岩全风化带	花岗岩风化
		〈6C〉	泥炭质灰岩全风化带	泥炭质灰岩风化
		〈6Z-1〉	软变质岩全风化带	Z，上元古界震旦系风化
		〈6Z-2〉	硬变质岩全风化带	Z，上元古界震旦系风化
〈7〉	岩石强风化带	〈7〉		碎屑岩类岩石风化
		〈7H〉	花岗岩强风化带	花岗岩风化
		〈7Z〉	变质岩强风化带	Z，上元古界震旦系风化
〈8〉	岩石中等风化带	〈8〉		碎屑岩类岩石风化
		〈8H〉	花岗岩中等风化带	花岗岩风化
		〈8C-1〉	泥炭质灰岩或泥灰岩中等风化带	
		〈8C-2〉	石灰岩和硅质灰岩中等风化带	
		〈8Z-1〉	软变质岩中等风化带	Z，上元古界震旦系风化
		〈8Z-2〉	硬变质岩中等风化带	Z，上元古界震旦系风化
〈9〉	岩石微风化带	〈9〉		碎屑岩类岩石风化
		〈9H〉	花岗岩微风化带	花岗岩风化
		〈9C-1〉	泥炭质灰岩或泥灰岩微风化带	$C_{2+3}ht$，石炭系中上统壶天群风化
		〈9C-2〉	石灰岩和硅质灰岩微风化带	$C_{2+3}ht$，石炭系中上统壶天群风化
		〈9Z-1〉	软变质岩微风化带	Z，上元古界震旦系风化
		〈9Z-2〉	硬变质岩微风化带	Z，上元古界震旦系风化

a. 砂岩分布区

在地铁三元里站以南红色砂岩分布区，冲积—洪积土层分布范围不广，厚度不大，大部分呈透镜体状产出；主要由冲积、洪积作用而形成的黏性土（包括粉质黏土、黏土）和粉土组成，以黏粒、粉粒为主；颜色较杂，有浅灰—深灰色，黄色，浅红色，砖红色；湿—稍湿；黏性土呈可塑—软塑状，部分硬塑，具有黏性，失水干硬；粉土为中密—密实状。

冲积—洪积土层在图、表上的层号为"＜4-1＞"。部分地段（如地铁中大站）有河湖相淤泥质土分布，尽管分布范围较小，往往呈透镜体夹在冲积—洪积土层中，但工程特征独特，划分为一个独立的亚层，在图、表上的层号为"＜4-2＞"。在部分工点有坡积土层，在图、表上的层号为："＜4-3＞"。当坡积土层难以识别且工程特征与＜4-1＞层无明显区别时，可考虑并入＜4-1＞层。

b. 石灰岩分布区

较之砂岩分布区，在地铁三元里站以北石灰岩分布区（广花盆地南部边缘）冲积—洪积土层发育，分布范围广泛，厚度较大，主要由粉质黏土组成，局部夹黏土、粉土，褐红色、灰白色、灰黄色，组成物主要为黏粒、粉粒，含粉细砂。土的物理力学性质亦有别于三元里站以南砂岩分布区的冲积—洪积土层。

三元里站以北石灰岩分布区的冲积—洪积土层较明显地分为 2 个亚层，即：上层为＜4C-1＞层，一般呈可塑状的粉质黏土、黏土以及呈稍密状的粉土。下层为＜4C-2＞层，一般呈硬塑状态的粉质黏土、黏土以及呈中密状—密实状的粉土。

⑤ 残积土层（Q^{el}）

以粉质黏土、粉土组成；含砾粒和砂粒。残积土层分布广泛。在图、表上为第五层、代号为"＜5＞"。

残积层受母岩影响产生的成分差异和因风化程度不同而在垂直方向的差异，对工程的影响尤为明显。故主要从岩性的平面和垂直分布工程特征方面阐述残积层亚层的划分。

a. 砂岩分布区

在三元里站以南红色砂岩分布区（即白垩系地层分布范围），残积层主要由粉质黏土、粉土组成；粉质黏土以黏粒为主，黏性强；粉土以粉粒为主；棕红色，湿—稍湿，含砾石、中细砂颗粒。残积土层分布广泛。根据粉质黏土的塑性状态和粉土的密实度，分为 2 个亚层：呈可塑状态的粉质黏土以及呈稍密状的粉土，属于＜5-1＞层；呈硬塑—坚硬状态的粉质黏土以及呈中密—密实状的粉土，属于＜5-2＞层。该层偶夹全风化或强风化岩块且遇水容易软化。

b. 花岗岩分布区

在花岗岩分布区，残积土层含石英颗粒较多，主要以砂质黏性土为主，如含较多砾粒则为砾质黏性土。干燥时比较坚硬，标准贯入击数变化较大，但花岗岩残积土遇水容易崩解甚至出现流砂。一般当标贯击数＜15 击划入可塑状花岗岩残积土＜5H-1＞；而 15＜N＜30 则为硬塑或坚硬状花岗岩残积土＜5H-2＞。

c. 石灰岩分布区

在三元里站以北石灰岩分布区（广花盆地），残积土层主要由二叠系石灰岩在物理风化作用下残积而形成的黏性土组成。由于石灰岩风化土与红色砂岩风化残积土的物理力学性质差别较大，为了区别红色砂岩风化残积土，把石灰岩风化坡积、残积土定为＜5C＞层。

⑥ 岩石全风化带

对于各类风化残积土，其母岩的岩石组织结构已基本破坏，岩石已经风化成土状但尚可辨认。

岩石全风化带在可挖性方面属于土层。砂岩类岩石全风化带为褐红色；灰岩和泥灰岩面与残积土的接触面由于长期地下水作用而存在厚度不一的软化层。花岗岩全风化带为紫红色、土黄色，夹白色斑点。

岩石全风化带在图、表上为第六层、代号为"<6>"。砂岩类岩石全风化带为褐红色，层号为"<6>"。泥灰质灰岩全风化带为灰黑色，层号为"<6C>"；花岗岩全风化带为紫红色、土黄色，夹白色斑点，层号为"<6H>"。全风化带划分的主要依据是实测标贯击数，即 $30 \leqslant N < 50$。亚层的详细分层见表 2-3。

⑦ 岩石强风化带

岩石组织结构已大部分破坏，但尚可清新辨认，矿物成分已显著变化。风化裂隙发育，岩芯破碎，呈土状、半岩半土状、碎块状、饼状或短柱状。锤击声沉，手可折断，可夹全风化的软岩层及中风化硬岩层。砂质岩层的强风化带呈紫红色，钙质、泥质胶结为主；在图、表上为第七层、代号为"<7>"。花岗岩强风化带为红褐色、黄褐色，带白色斑点。

在图表上代号为"<7H>"。强风化带的实测标贯击数 $N \geqslant 50$ 击。亚层的详细分层见表 2-3。

⑧ 岩石中风化带

岩石中风化带在区内可由白垩系上统（K_2）砂岩，图、表上为第八层、代号为"<8>"；燕山期花岗岩，图表上的代号为"<8H>"；石炭系、二叠系的泥质灰岩、灰岩组成，图表上的代号是"<8C>"；及上元古界震旦系（Z）的变质岩组成，在图表上的代号是"<8Z>"。岩石裂隙发育，呈短柱状。RQD 指标值一般 $30\% \sim 50\%$。亚层的详细分层见表 2-3。

⑨ 岩石微风化带

岩石微风化带由白垩系上统（K_2）砂岩、燕山晚期花岗岩，以及石炭系中上统壶天群（$C_{2+3}ht$）石灰岩组成，由于在岩性特征、物理力学性质方面存在较大差异，将微风化带划分为以下 4 个亚层（其中石灰岩类岩石根据其节理裂隙发育情况及岩石破碎程度划分）：

a. 砂岩类岩石、花岗岩微风化带

岩石组织结构基本未变化，矿物较新鲜或新鲜。岩质较坚硬或坚硬且较完整，锤击声响。

砂岩类岩石微风化带为褐红色，钙质、泥质胶结，岩石坚硬且较完整，有少量风化裂隙，岩芯一般呈长柱状，含砾石，在图、表上层号为"<9>"。

花岗岩微风化带为深灰色或青灰色或肉红色，岩质完整坚硬，有少量风化裂隙及构造裂隙。在图、表上层号为"<9H>"。

b. 节理裂隙发育的石灰岩微风化带

主要由石炭系中上统壶天群（$C_{2+3}ht$）石灰岩组成，灰色、灰白色，岩芯中可见方解石脉呈不规则状穿插，节理裂隙较发育，岩石较破碎，发育有溶洞。分布在三元里以北。在图、表上层号为"<9C-1>"。

c. 相对完整的石灰岩微风化带

主要由石炭系中上统壶天群（$C_{2+3}ht$）石灰岩组成，灰色、灰白色，岩芯呈长柱状、短柱状，节理裂隙相对不发育，岩质坚硬，发现有溶洞。分布在三元里以北。在图、表上层号为"<9C-2>"。

2）采用岩土"九分方案"时需注意的几个问题

上面所述的工程地质岩土"九分方案"的目的是想从区域上统一广州地区的岩土分层，以方便工程地质工作者及各设计和施工技术人员对广州地区岩土层的认识，在第四系地层比较简单的地区，这一方案应是一个比较简捷、实用的岩土划分方案；但作为大区的规划、跨区性的建设，从较严谨的地质与工程地质概念上以及从实际应用中所出现的一些误区则需注意以下问题与不足：

① 把基底各类岩层简化为"四分"的风险性

按地基设计规程规范，基底岩层只划分为四个带（全风化、强风化、中风化、微风化），然后按不同的风化带、岩石的完好程度采用不同的计算系数，因此大多数的工程地质工作者也就按上述要求把基底岩层简单地划分为四个（层）风化带；这对于基底岩石类型比较简单的地区，上述的划分是可行的。但对于地质条件比较复杂的广州地区，简单地把基底岩层划为四个风化带，不仅难以区分基底复杂的各类岩层的工程物理力学性能，而且会对工程的设计与实施带来较大的风险。

② 残积土的时代归属

从地质成岩理论看，残积土应属基底岩层，而不是第四系的地层。"残积土"、"残积物"、"残积层"是指原岩经风化剥蚀、破碎、淋滤，但仍残留在原地的基岩；它未经其他地质应力的搬运、没有发生再沉积成岩的过程，它尚保（残）留了原母岩的岩石结构。但从风化的时间跨度上分析，其风化过程基本是在第四纪时代进行的，因此属于第四纪风化残积土。在残积土的风化带上往往上下连续没有明确的界线。但由上覆土层压力不同及含水量的不同，又因其具有遇水软化的特点，导致其物理力学性质的差异。

③ 第四系地层分层过简无法准确地反映第四系地层的沉积特征与演变规律

在"九分方案"中，除顶部的填土及最下部的残积土外，第四系的地层实际上只划分了三层，其中上部的淤泥、淤泥质砂层定为第四纪全新世的沉积，中部砂层却分为第四纪上更生世的沉积；下部冲积、洪积、坡积土层多作为第四纪更生世的沉积。

（3）广州地区工程地质分区

1）按控制性构造形成的工程地质分区

根据区内的控制性构造单元及控制性断裂的分布，广州地区可划分为四个隆起区和六个沉降区：

① 隆起区

a. 白云山—帽峰山（东部）强烈隆起区

b. 芙蓉嶂—从化（北部）强烈隆起区

c. 佛山—仙溪隆起区

　　d. 市桥隆起区

　　②沉降区

　　a. 广花沉降区

　　b. 广州沉降区

　　c. 佛山沉降区

　　d. 珠江口沉降区

　　e. 西江沉降区

　　f. 东江沉降区

　　2）按地貌形态形成的工程地质分区

　　根据本区地貌特征、结合工程地质区划条件，将本区的地貌形态划分为如下几个单元：

　　① 中、高丘陵区

　　标高一般在100～500m，组成丘陵区地貌的岩层多为坚硬的花岗岩、混合岩，丘顶呈馒头状，中高丘陵区内水系多为直线状，短小流急，沟谷呈"V"型，显示强烈上升趋势。

　　本区的中高丘陵区主要分布在北部及东部。北部有芙蓉嶂丘陵区、太平场丘陵区；均由坚硬的花岗岩组成。东部有白云山—帽峰山丘陵区，由坚硬的花岗岩及混合岩组成。

　　② 低丘—残丘区

　　标高一般由50～100m；根据岩性差异，区内低丘、残丘区发育有以下几种类型：

　　a. 垄状低丘区

　　分布在区内北部的花山、狮岭、华岭一带；岩性以石灰岩为主。这种垄状地形是线型褶皱比较发育、基岩又较易风化剥蚀的石灰岩地区的一种特征。

　　b. 低丘区

　　主要分布在区内的西部、中部及南部，由碎屑岩、变质岩及混合岩组成。低丘区主要分布在：区内中部的越秀山—罗岗低丘区，由变质岩、混合岩组成；南部的新造—化龙低丘区，由变质岩、混合岩组成；西部的佛山—仙溪区，由第三系的碎屑岩组成的低丘。

　　c. 残丘区

　　区内残丘分布较广，主要在广花平原及珠江沿岸。多由较坚硬的石灰岩及变质岩、混合岩组成。残丘的标高一般在25～50m，相对高度在15～40m。

　　d. 台地、岗地

　　标高一般在10～25m，相对高度在5～10m。台地与岗地是广州地区风化剥蚀的主要地貌类型之一，较大的台地有：桂花岗台地、黄花岗台地、嘉禾台地、晓港—赤岗台地、五山台地。台地多由较易风化的白垩系、第三系碎屑岩组成。

　　③ 沉积平原

　　主要分布在西江、珠江两岸。标高在10m左右，地形平坦；平原内常有呈弧岛状、垅状或串珠状的台地、残丘，河网密布，地势平坦开阔，河流形态多为弯曲型和游荡型，并伴有沼泽化地貌。部分河段还见有"截弯取直"的牛轭湖。沉积物多为海陆交互相的淤泥、淤泥质土、淤泥质砂及砂层；厚度一般在2～20m，在番禺南沙等地，沉积物的厚度可以达到 30~40m，在一定范围内其沉积厚度相对较稳定。

④ 近岸冲、洪积平原

主要分布在广花平原，标高在 10~20m。堆积物主要为中、粗砂，砂砾，泥质砂砾及含砾亚黏土等。厚度在 2~30m，在短距离内无论岩性及厚度都会出现较大的变化。

⑤ 丘前及丘间冲、洪积区

主要分布在丘陵区、低丘陵区内及前沿地区。冲、洪积物以分选较差的中粗砂、砂砾为主、其次为含砾粉土。在现代形成的山间水库、湖沼、鱼塘会有淤泥、淤泥质土的沉积。

3）按基底岩层特性划分的工程地质分区

基底岩层的性质是构成场区工程地质条件的重要因素之一，已出露、无盖层的基底岩石其工程地质条件、工程物理力学性能比较清晰，有盖层（第四系沉积）的地区其工程地质条件则需通过大量的工程地质勘察才能做出评价。

根据区域地质资料的分析、研究，暂把场区的基底岩层划为三类：

① 花岗岩、混合岩、变质岩工程地质区；

② 碎屑岩工程地质区；

③ 石灰岩、岩溶发育工程地质区。

由于各时代地层的组合是相当复杂，现划分的碎屑岩分布区、花岗岩分布区、灰岩（岩溶）分布区，也只是从各时代地层的组合所表现出的总体特性进行划分；在灰岩（岩溶）分布区也有碎屑岩的分布，如石炭系地层，其中夹有测水煤系的碎屑岩，但其上、下均为灰岩，自身厚度也较薄，因此均划入灰岩、岩溶分布区。

4）工程地质综合分区类型

由于区内工程地质条件比较复杂，影响工程地质区划的因素较多，为了能较准确地反映各工程地质分区的特征，工程地质分区应尽量综合各类因素进行划分。

综合工程地质分区和主要控制因素可将本区的工程地质条件划分为以下的类型：

Ⅰ. 花岗岩、变质岩中高丘陵区

Ⅰ₁. 坚硬块状花岗岩、变质岩中高丘陵亚区

Ⅰ₂. 土状花岗岩、变质岩类中高丘陵亚区

Ⅰ₃. 花岗岩、变质岩类中高丘陵丘间谷地冲洪积土亚区

Ⅱ. 碎屑岩低丘陵区

Ⅱ₁. 半坚硬—坚硬碎屑岩类低丘亚区

Ⅱ₂. 土状碎屑岩类低丘亚区

Ⅱ₃. 碎屑岩类低丘丘间谷地冲、洪积土亚区

Ⅱ₄. 碎屑岩类残丘亚区

Ⅲ. 石灰岩垄状丘陵区

Ⅲ₁. 半坚硬—坚硬石灰岩类垄状丘陵亚区

Ⅲ₂. 土状石灰岩类垄丘丘间谷地冲洪积土亚区

Ⅲ₃. 石灰岩类残丘亚区

Ⅳ. 土状花岗岩、变质岩类台地、岗地区

Ⅴ. 土状碎屑岩类台地、岗地区

Ⅵ. 土状石灰岩类台地、岗地区

Ⅶ. 海陆交互相软土沉积平原区

Ⅶ₁. 海陆交互相软土沉积—花岗岩、变质岩类组合亚区

Ⅶ₂. 海陆交互相软土沉积—碎屑岩类组合亚区

Ⅶ₃. 海陆交互相软土沉积—石灰岩类组合亚区

Ⅷ. 冲积相砂土沉积平原区

Ⅷ₁. 冲积相砂土—花岗岩、变质岩类组合亚区

Ⅷ₂. 冲积相砂土—碎屑岩类组合亚区

Ⅷ₃. 冲积相砂土—石灰岩类组合亚区

Ⅸ. 冲洪积砂土堆积区

Ⅸ₁. 冲洪积砂土、砂砾土—花岗岩类组合亚区

Ⅸ₂. 冲洪积砂土、砂砾土—碎屑岩类组合亚区

Ⅸ₃. 冲洪积砂土、砂砾土—石灰岩类组合亚区

5）工程地质综合分区的表示方式

为了既能从某一影响因素，也能从综合性因素去认识各工程地质分区的主要工程地质条件，在工程地质区划图的编制可采用"分类分层迭加"的方法，这样就可以以相对较准确地反映区域内各地段的工程地质类型及相关的影响因素。

所谓"分类分层迭加"方法，即把对工程地质区划构成影响的主要因素分类、分层编制成图，可按需要把这些图层进行选择性迭加或综合性地迭加，即可从不同角度观察、了解该区域的工程地质条件。

这次选取对工程地质分区构成影响的主要因素有：控制性构造、地貌、基底岩层以及盖层（第四纪）沉积相。

2.3 广州地区特殊工程地质及评价

总体来说，广州的地质十分复杂，各地区地质的差异性很大，存在突出的地域性。对于广州的特殊地址情况，广州市区大致可以分为四类具有不同岩土特性的区域（图2-10）：

1）新广从公路以东，广深铁路以北的花岗岩地区（A区）

2）新广从公路以西，广三铁路以北的石灰岩地区（B区）

3）市区其他范围的红砂岩为主的红层地区（C区）

4）南沙开发区深厚软土为主的软土地区（D区）

在花岗岩区域，由花岗岩风化形成的花岗岩残积土，由于其粒度组成"两头大中间小"的特点，具有砂性土及黏性土的特性，遇水极易软化崩解。坡体容易沿原生结构面或次生结构面失稳。本区域的基坑在旱季和雨季开挖安全度大不一样。工程师要特别注意试验资料的来源，对在不同季节施工的基坑，其指标的运用上要适当调整。

在石灰岩区域，则要注意岩溶、土洞对基坑安全造成的危害。这种危害突出表现在支护

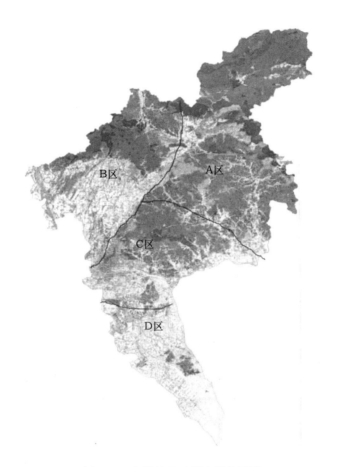

图 2-10　广州特殊工程地质分区图

及开挖的过程中。广州地区的岩溶多属覆盖型，基岩表面普遍有冲积、洪积层，厚度一般在 10～20m，地下水普遍高于岩面。岩溶发育相对强烈，特别是壶天群灰岩带溶洞的密度及规模大，有的溶洞垂直钻距超过 30m。土洞发育，土洞造成的地面塌陷、开裂时有所闻。在岩溶发育地区施工过程中突然出现漏水、漏浆或涌水、涌砂，陷机掉钻等屡见不鲜。涌水涌砂引起周边道路、管线、房屋沉裂的事故，甚至导致基坑垮塌是这个地区基坑事故的特点。

在红层区域，当基坑开挖愈来愈深，成为土岩相连的深基坑时，岩层的产状，岩层风化强弱相间的特点往往易被轻视。红层是沉积岩，岩性属软岩，在构造运动中形成的褶皱呈各种不同的形态，外力作用下产生的裂隙或岩层面，由于风化作用的差异，经常可见所谓软弱夹层。由于对岩层产状的忽略，使得我们对坑边坡的破坏模式产生判断失误，在侧压力的计算上出现与实际情况不符，从而导致支护结构失效。"721"事故后，已引起了基坑支护设计师的高度重视。

在深厚软土区域，基坑设计、施工概念完全不同其他地区。

南沙地区的软土属新近沉积，颗粒细，含水量高，为超软弱黏性土。含水量一般在 60%～80% 以上，有的甚至超过 100%；孔隙比高，有的大于 2，有很大的孔隙率；塑性指数高，有的达 25 以上；而渗透性极低，到 1.0×10^{-6}～1.0×10^{-7} cm/s；对于这样的超软弱土，承载力相当低。由于近出海口，沉积厚度大，往往超过 20m，甚至达 30 余米。要使其密实硬化提高强度，从根本上讲就是要在几乎不透水的物质中将水排出来，或用化学的方法，当然绝非易事。在这样的土层上进行深基坑开挖，犹如在豆腐中挖洞，给支护设计带来很大难度，风险大大增加。由于本地区的工程经常采用预应力管桩或钻孔灌注桩，基坑开挖造成工程桩倾斜、移位的事故也屡见不鲜。工程桩的安全又成为本地域基坑安全的一个突出问题。

对于这四类地层特性相差如此悬殊的介质，进行基坑工程活动，选择何种支护型式，选择何种计算模型，如何选取计算参数，采取何种施工方法，当有所不同。

2.3.1 花岗岩残积土

广州地区下伏基岩主要为中生界燕山期花岗岩，其分布面积占全市陆地面积 70％左右，且花岗岩地区地形多为中、低山和丘陵，在长期的外力地质作用下花岗岩体表面普遍覆盖着一层较厚的风化残积土，即花岗岩残积土。因此，花岗岩残积土在广州地区广泛分布，是广州地区工程建设中经常遇到的主要土体之一。

广州地区花岗岩残积土呈明显的砂性土、砾质土的特征，按颗粒大小及其含量的不同，可分为砾质黏性土、砂质黏性土和黏性土 3 类。研究表明，广州地区花岗岩残积土具有较高的孔隙比、压实系数偏高、变形性较低，遇水软化崩解且具有较高强度指标的特性；在天然状态下有较高的承载力和自稳能力。

广州地区花岗岩残积土呈明显的砂性土、砾质土的特征，按颗粒大小及其含量的不同，可分为砾质黏性土、砂质黏性土和黏性土 3 类。研究表明，由于花岗岩残积土物质组成、粒度成分、内部构造的影响，具有遇水软化、崩解的天然特性，在水的作用下，其崩解软化的现象是不可避免的。

已有研究表明，在统一经济指标下进行了花岗岩风化层处理方案的比选，基坑内降水井处理花岗岩残积土的方案是最为经济合适的手段。在基坑开挖前提前 20 天进行降水，能有效解决化岗岩残积土软化崩解的目的，保证基坑的安全与稳定。

2.3.2 岩溶

岩溶又名喀斯特地貌，是可溶性岩层（石灰岩、白云岩、石膏、岩盐等）以被水溶解为主的化学溶蚀作用下，伴随以机械作用而形成沟槽、裂隙、洞穴，以及由于洞顶塌落而使地表产生沉陷等一系列现象和作用的总称。岩溶区的地表形态与地下形态特征不同。

主要的地表形态有：溶沟、溶槽和石芽、石林，漏斗、落水洞、竖井，溶蚀洼地，坡立谷。

主要的地下形态有：溶蚀裂隙，溶洞、暗河、石钟乳、石笋、石柱、天生桥。

在广州的三元里、机场路、芳村、罗涌围、江村以及花都等地区都普遍发育灰岩、伴随着该类地层在地质历史中形成的溶槽、溶沟、溶洞、鹰嘴岩等使得岩面起伏而犬牙交错，给工程建设带来很大影响。由于有溶洞，伴随溶沟、溶槽的存在，在岩体自重或建筑物重量作用下，会发生地面变形，地基塌陷，影响建筑物的安全和使用。由于地下水的运动，建筑场地或地基可能出现涌水淹没等突然事故。

岩溶地区基坑工程的难点主要表现在工程特殊性，岩溶地基情况复杂、岩面起伏大，溶（土）洞分布情况难以通过有限的钻探孔摸查清楚。在岩溶基坑支护设计前，应采取相应的岩溶探测手段，探明基坑影响范围内溶（土）洞的大致分布、埋深、规模等，探明基岩的起伏形态，根据实际岩溶发育程度、规模、分布大小等确定支护方案及溶（土）洞的处理方式；同时，应重视岩溶基坑的防水、降水和排水措施，防止基坑岩溶渗漏、岩溶水反涌、突泥等事故。在地下水位急剧变化区域或在强径流区域的基坑开挖，还应充分考虑疏排地下水对周边环境的影响。

2.3.3 红层

红层是一种外观以红色为主色调的陆相碎屑岩沉积地层，我国红层大多形成于中、新生代漫长的地质历史时期，主要沉积时代为三叠纪、侏罗纪、白垩纪、第三纪。红层广泛分布于我国的西南、西北、华中及华南地区，是一种具有特殊工程地质性质的区域性特殊土层。

红层基岩是广州地区较典型的基底岩类型之一，不同地质年代的地层，其组成及性质也有所区别；红层基岩具遇水易软化、失水易开裂的特性，且普遍存在"软弱夹层"现象。

在基坑支护设计中应充分考虑红层遇水易软化、失水易开裂的特性，采取相关措施减少对基坑的影响，如硬化地面减少地面水渗入基坑外土体、及时抽排坑内积水防止土体软化、尽量避开雨季施工等。

2.3.4 软土

软土一般是指在静水或缓慢流水环境中以细颗粒为主的近代沉积物，是一种呈流塑状～软塑状态的饱和黏性土。软土地基就是指压缩层主要由淤泥、淤泥质土、冲填土、杂填土或其他高压缩性土层构成的地基。

（1）泥及淤泥质土

它是在静水或非常缓慢的流水环境中沉积，经生物化学作用形成，天然含水量大于液限、天然孔隙比大于 1.0 的黏性土。当天然孔隙比大于 1.5 时为淤泥；天然孔隙比小于 1.5 而大于 1.0 时为淤泥质土。广州地区基本到处存在淤泥，其深度大都在 10m 左右，个别地区可达 20m 以上，如南沙经济技术开发区。在工程上常把淤泥（质）土简称为软土，其主要特性是强度低、变形大、透水性差和变形稳定历时长。

（2）冲填土

在整治和疏通江河航道时，用挖泥船通过泥浆泵将泥砂夹大量水分吹到江河两岸而形成的沉积土，称为冲填土。在广州珠江两岸分布着不同性质的冲填土。冲填土的物质成分是比较复杂的，如以黏性土为主，因土中含有大量水分，且难于排出，土体在形成初期常处于流动状态，强度要经过一定固结时间才能逐渐提高，因而这类土属于强度较低和压缩性较高的欠固结土。主要是以砂或其他粗颗粒土所组成的冲填土就不属于软弱土。

（3）杂填土

杂填土是人类活动而任意堆填的含建筑垃圾、工业废料和生活垃圾时，其成因很不规律，组成的物质杂乱，分布极不均匀，结构松散。它的主要特性是强度低、压缩性高和均匀性差，一般还具有浸水湿陷性。

（4）其他高压缩性土

饱和松散粉细砂（包括一部分轻亚黏土）属于软弱地基的范畴。当机械振动或地震荷载重复作用时将产生液化；由于结构物的荷重和地下水的下降会促使砂性土下沉；基坑开挖时会产生管涌。

广州地处珠江三角洲北部、珠江两岸。地理上处于低山丘陵和三角洲交汇地区。除北部白云山—帽峰山—火炉山、南部新造—市桥、南沙等地（变质岩和花岗岩为主）、西北部白沙—嘉禾—里水等地（沉积岩）出露基岩外，其他地方处在珠江第四纪第一～四阶地松散沉积物上。这些第四纪松散沉积物厚度巨大，分布不均匀，其成分主要由砾石、砂砾、砂、砂质黏土、泥炭土、淤泥等组成，这些松散沉积物类型和厚度在纵向和横向上变化都比较大，多为饱和土，承载力低，属软弱的天然地基。

软土对基坑的影响与软土层的厚度、分布位置及软土的具体性状等相关。当软土层厚度较薄，软土层位于基坑开挖面以上时，基坑破坏形式为局部滑动破坏，变形影响范围较小；软土层位于基坑开挖面以下时，破坏形式表现为整体滑动破坏，变形影响范围较大。对于深厚软土层基坑，基坑支护结构更容易产生过大位移、甚至失稳，在此情况下的基坑支护设计，应综合考虑基坑深度、基坑周边环境、软土层厚度及其物理力学性质等，选取合适的支护方案，必要时可采取坑内加固等措施加强土体强度。

2.4 水文地质条件及评价

2.4.1 地下水的类型及赋存状态

据广州市地下水的形成、赋存条件、水力特征及水理性质，把地下水划分为三大类型：松散岩土类孔隙水、基岩裂隙水、隐伏碳酸盐类岩溶水。松散岩土类孔隙水按含水层的成因可分为：海陆交替层孔隙水和冲洪积层孔隙水，基岩裂隙水又可划分为块状岩类裂隙水、层状岩类裂隙水和红层裂隙水。在基坑工程中，若地下水处理不当可能导致基坑出现险情甚至事故，主要表现有：①地下水渗透引起的基坑开裂坍塌；②基坑突涌导致基坑底土开裂出现管涌；③水位降低引起地面沉降导致周围建筑物倾斜开裂。因此在基坑支护设计中应充分考虑地下水的软化作用、冲刷作用、静水压力和动水压力的作用，充分考虑地下水对基坑的影响，采取相关措施减少对基坑的影响，因地制宜的选择最佳降水方案，基坑开挖前充分考虑对基坑稳定性的影响（如民用设施破坏后水的下渗），同时加强基坑的监测和管理，出现险情及时分析采取相应的措施。不同类型的地下水赋存条件不一样，孔隙水赋存在第四系砂、砂砾石层和砂性土的孔隙中；裂隙水赋存在不同年代的岩层和岩体的构造破碎带、构造裂隙和风化裂隙中；岩溶水赋存在碳酸盐岩类裂隙溶洞之中。岩性是地下水赋存条件的基础，构造是主导因素，地貌、水文、气象和植被是条件，它们互相依存互相制约，决定了地下水补、径、排条件和动态变化。

（1）松散地层孔隙水

松散岩土类包括全新统（Q_4^{3al}，Q_4^{2mc}，Q_4^{1al}）～上更新统（Q_3^{3al}，Q_3^{2mc}，Q_3^{2al}，

Q_3^{1al}，Q_3^{1pl}）的河流相冲积层、冲洪积层，湖沼相沉积层及三角洲相沉积层。松散岩土类竖向结构存在两个沉积旋回，即上更新世一个旋回，全新世是一个旋回。两个旋回的共同特征是：下部为河流冲积相砂、砂砾石、粉质黏土和黏土组成；上部为三角洲相的淤泥、淤泥质黏土、含淤泥质砂、含腐木贝壳，颗粒下粗上细。二元结构特征明显，地下水赋存在河流冲积或冲洪积层中；地下水类型为承压水和潜水，以承压水为主。含水层岩土性为中粗砂、砂砾、角砾、粉细砂。

（2）基岩裂隙水

下第三系和白垩系的紫红色砂岩、砂砾岩夹泥灰岩、泥岩等岩性，赋存红层裂隙水。三叠系小坪组和大冶群的砂岩、页岩互层；二叠系大隆组、龙潭组、文笔山组的砂岩、页岩、砂质泥岩互层；石炭系梓门桥段、测水段和孟公坳组的砂岩、砂砾岩、泥灰岩、页岩；泥盆帽子峰组的砂页岩等，赋存层状岩类裂隙水。广州市的东北部及南部震旦系的云母石英片岩、角岩和燕山期侵入细粒、中粒、中粒斑状黑云母花岗岩、花岗闪长岩，赋存块状岩类裂隙水。如按地下水的埋藏条件划分，分为承压水及潜水两种类型，在基岩裂隙破碎带赋存潜水，在基岩构造盆地、向斜、单斜、断裂赋存承压水。

（3）碳酸盐类岩溶水

二叠系下统栖霞组灰岩、石炭系上中统的壶天群灰岩和石炭系下统的石磴子段灰岩，赋存碳酸盐岩类岩溶水。地下水类型有承压水及潜水两种类型，在碳酸岩溶蚀区赋存潜水，而承压水分布于向斜、单斜、岩溶层或构造盆地岩溶中。

2.4.2　各类地下水的水文地质特征及其分布规律

地下水分布受沉积环境、构造、地貌的控制。松散岩土类孔隙淡水，分布在珠江河北部、流溪河、石马河、乌涌、车涌河两岸和山间河谷地带（广州东北部低山丘陵区）。松散岩土类孔隙潜水，分布在珠江以南广大地区。块状岩类裂隙水主要分布在广从断裂以东，瘦狗岭断裂以北的低山丘陵区，东南部海珠区五凤村带和仑头至长洲一带也有出露。层状岩类裂隙水分布在西北部，呈北北东向条带状分布。碳酸盐类岩溶水分布在新市向斜和鸦岗背斜，呈北北东条带状分布，被第四系松散沉积物所覆盖。红层裂隙水分布在瘦狗岭断裂以南的广大地区，在地表有零星出露。

参照地矿部 1：20 万《综合水文地质图编图方法与图例》的规定，各类含水岩类富水性等级和指标，可划分为水量丰富、中等、贫乏。分布范围、地层见表 2-4 所示。以下分别阐述各类地下水的水文地质特征。

含水岩类及其富水性划分表　　　　　表 2-4

地下水类型	富水性等级	含水地层代号	分布地段	富水性指标	
				钻孔单位涌水量（L/s·m）	泉水流量（L/s）
松散岩类孔隙水	丰富	Q_4^{3al}，Q_4^{2mc}，$Q_4^{1al} \sim Q_3^{3al}$，Q_3^{2mc}，Q_3^{2al}，Q_3^{1al}，Q_3^{1pl}	珠江河两岸，山间谷地	＞1.5	
	中等			0.15～1.5	
	贫乏			＜0.15	

地下水类型	富水性等级		含水地层代号	分布地段	富水性指标	
					钻孔单位涌水量（L/s·m）	泉水流量（L/s）
碳酸盐岩类岩溶水	覆盖型	丰富	P_{1q}, $C_{1}ds$, $C_{2+3}ht$	鸦岗至三元里	＞1.5	
		中等			0.15～1.5	
		贫乏			＜0.15	
	埋藏型	贫乏	$C_{1}ds$, $C_{2+3}ht$	省汽车站至流花湖一带	＜0.15	
基岩裂隙水	层状岩类	中等	$J_{1}j$, $T_{3}x$, $T_{1}d$, $P_{2}d$, $P_{w}l$, $P_{2}w$, $C_{1}d_{z}$, $C_{1}dc$, $C_{1}y$, $D_{3}m$	鸦岗至三元里	0.15～1.5	0.10～1.0
		贫乏			＜0.15	＜0.10
	红层	中等	K，E	北村、广州市区、棠下、南岗等地以南地区	0.15～1.5	0.10～1.0
		贫乏			＜0.15	＜0.10
	块状岩类	中等	$\gamma_{5}^{3(1)}$, $\gamma_{5}^{2(3)}$, $\eta\gamma_{5}^{2(2)}$, $\eta\gamma_{5}^{2(2)}\lambda\pi$, Pz_{1}	白云山至罗岗一带，仑头至长洲以南	0.15～1.5	0.10～1.0
		贫乏			0.15	＜0.10

（1）松散岩土类孔隙水

按含水层成因可划分为海陆交互层孔隙水和冲洪积层孔隙水。

1）海陆交互层孔隙水

主要沿珠江两岸分布，埋藏在人工填土层或淤泥之下，水位埋深一般小于1.5m。含水层埋藏深度0.40～11.10m，一般在4m左右，局部出露于河床，如新村东侧的珠江河床。含水层属中、细砂较多，局部为粗砾砂，厚度1.00～13.20m，一般为3～7m。据砂层等厚线圈定，可分为几个砂体沉积中心：大坦沙最厚达14m，石围塘—新基村一带16m，黄沙12m。河南地段一般厚2～6m，在赤岗沿岸往新洲最厚可达10～15m，往黄阁以南厚达20m以上。

单位涌水量大于0.5L/s的钻孔皆分布于沿江地段，如黄沙—大沙头、河南赤岗、石围塘、新基村等地，抽水降程在5m内，流量180～230m³/d，个别可达400m³/d左右。离河流较远的地段，降程在5m内，流量39～150m³/d。从砂层厚度来看，其富水性是不强的。

水质分为淡水和微咸水，水化学类型复杂，矿化度1～2g/L。市区微咸水和咸水主要分布于：（1）南岸、珠江大桥脚；（2）文化公园—十三行。其北界沿龙津路—东华路—大沙头，南界沿康王路（带河路）—长寿路—上下九路—海珠广场，成狭长带状分布。部分地段地下水矿化度则较高，南岸、芳村、渔民新村的矿化度为3～5g/L，黄沙、二沙头的矿化度大于10g/L，广州市经济技术开发区的为5～10g/L。

海陆交替层中的砂层是广州市内主要的含水层之一，对浅层的地下工程排水带来一定困难，尤其是沿江地段，砂层被珠江切割，地下水与珠江水有直接水力联系，施工难度更大。

2）冲洪积层孔隙水

主要分布在景泰坑、沙河、白云和天河机场一带及流溪河、扬基涌、冼村涌、车陂河、乌涌两岸平原地带。含水层是细砂、中砂、粗砂，次有砾砂，单层厚 0.4～14m，总厚 2～8m，流溪河两岸可达 15m，呈南北向带状分布，埋藏深度 2～12m，一般在 3m 左右，地下水位 2～6m。工程钻孔抽水资料显示，景泰坑钻孔降程 1.55m，流量 0.2L/s；天河车站钻孔降程 4.5m，流量 0.48L/s；天河机场钻孔，降程 2.99～4.03m，流量 0.454～0.22L/s；建设大马路钻孔，降程 1.75m，流量 0.22L/s。

冲洪积层孔隙水除接受降水补给外，还受北部丘陵区花岗岩、变质岩裂隙水的侧向补给，矿化度低，水质良好，但由于砂层厚度不稳定，又地处沟谷，补给面积有限，故水量不大。流溪河沿岸和广花冲积平原地区，地下水相对丰富，单孔抽水降程在 5m 内，流量 150～250m³/d，个别可达 400m³/d 左右。统计不同地段松散岩类孔隙水抽水试验成果见表 2-5。

按照富水性等级划分如下：

① 水量丰富：零星分布在黄陂、凌塘等地，地下水位 2.11～2.50m，岩性为中粗砂及砂砾石。钻孔单位涌水量 1.880～3.62 L/s·m。

② 水量中等：分布在鸭岗至中庄、亭岗至夏茅，田心村、螺涌—罗村—珠江两岸，元岗、龙眼洞以南、沐陂村等山间盆（谷）地。地下水位 0～3.80m，一般 1m 左右，含水层埋深 0～11.32m，一般 2～5m，含水层厚度 1～11.05m，一般 2～6m，含水层岩性为粉土、砂、砂砾石，钻孔单位涌水量 0.16～1.35 L/s·m，均值 0.527 L/s·m。

③ 水量贫乏：分布于水冲、石井至槎头、广州市北郊一带、石牌、东陂—黄村等地。含水层埋深 0～11.10m，一般为 1～4m，含水层厚度 1.30～10.55m，多为 2～4m，地下水位 0～3.85m，一般为 1～3m，含水层岩性为粉土、粉细砂。钻孔单位涌水量 0.024～0.148L/（s·m）。

松散岩类孔隙水钻孔抽水成果表　　　　　　　　　　表 2-5

位置	孔深(m)	含水层岩性	抽水试验					水化学类型
			试段起止(m)	水位埋深(m)	涌水量(m³/d)	降深(m)	单位涌水量(m³/d·m)	
凌塘南	43.97	粉土	5.47～39.9	0.94	157.939	0.505	312.77	
黄陂果园果子厂	11.70	细中、粗砂	0～10.50	2.34	412.138	1.75	235.53	
鸦岗水文站 NE250	20.50	细砂、砾砂	1.65～20.50	0.65	54.268	1.09	49.77	HCO₃.Cl-Ca
大沙头12号车站	11.50	粉、细中粗砂	4.30～10.10	1.95	198.720	4.16	47.78	Cl-Na.Ca.Mg

续表

位置	孔深 (m)	含水层岩性	抽水试验					水化学类型
			试段起止 (m)	水位埋深 (m)	涌水量 (m³/d)	降深 (m)	单位涌水量 (m³/d·m)	
棠下马鞍岗北	14.65	中粗砂	8.50~14.00	0.50	1.642	3.00	0.518	HCO₃.Cl-Ca
茅岗村	7.00	粉土	0~6.00	0.37	6.739	1.53	4.41	Cl-HCO₃-Mg.Na
省歌舞团后门	40.50	中粗砂、粉细砂	7.35~40.50	3.85	57.89	7.78	7.43	
龙眼洞	9.60	细中砂、砾砂	4.10~5.50	缺	30	4.20		
广州市新中轴线电视塔	20.40	粉砂、粗砂	5.60~12.20	1.70	51.90	2.80	18.50	Cl-HCO₃-Na-Ca
广东奥林匹克体育场	38.30	细砂、粗砂	3.10~15.40	1.75	34.05	1.20	28.37	HCO₃-Ca.Na
广州国际会议展览中心	16.80	粉砂	0.60~16.80	0.40	33.70	4.10	8.21	HCO₃.Cl-Na.Mg
广州新体育馆	30.00	中粗砂	0.70~12.80	0.70	46.90	4.10	11.44	HCO₃-Ca

（2）基岩裂隙水

1）红层裂隙水

富水性中等地区分布于横枝岗—渔民新村，呈北北西向条带状分布，与北北西断裂有关，由砂岩、砂砾岩组成裂隙水，地下水位 0.30~4.54m，钻孔单位涌水量 0.151~1.295 L/s·m，矿化度 0.12~0.60g/L，属 HCO_3-Ca 或 Ca·Na 型水。

富水性贫乏地区分布于广州市以南广大地区，由泥岩、砂岩、砂砾岩组成裂隙水，地下水位 0.3~19.20m，地下水矿化度 0.096~0.915g/L，见表 2-6。

红层裂隙水钻孔抽水成果表 表 2-6

位置	孔深 (m)	含水层岩性	抽水试验					化学类型
			试段起止 (m)	水位埋深 (m)	涌水量 (m³/d)	降深 (m)	单位涌水量 (m³/d·m)	
南海盐步	101.01	砂岩	16.81~101.01	4.54	214	1.91	111.89	HCO₃-Ca.Na

位置	孔深 (m)	含水层岩性	抽水试验					化学类型
			试段起止 (m)	水位 埋深 (m)	涌水量 (m³/d)	降深 (m)	单位涌水量 (m³/d·m)	
广州动物公园	219.52	红色砂岩砾岩	27.22~216.60	0.35	59.875	5.11	11.716	HCO₃-Ca
市卫生防疫站	250.75	砂岩、砂砾岩	22.89~85.56	2.75	337.392	29.08	11.578	HCO₃-Ca.Na
黄华路党校	50.32	含砾粉砂、砂岩	13.50~50.32	1.40	52.013	6.48	3.37	HCO₃.Cl-Ca
登峰路	84.88	砂岩、砾岩	0~84.88	2.57	0.743	47.7	0.0147	HCO₃-Ca.Na
冶金勘探公司	50.05	砂岩、砂砾岩	27.27~50.05	2.05	98.842	3.62	27.3	HCO₃-Ca.Na
广州市新中轴线电视塔	38.20	粉砂质泥岩	10.10~38.20	2.60	13.8	22.1	0.62	
广州市新中轴线电视塔工程	32.30	粉砂质泥岩	13.30~32.30	3.10	28.7	2.85	10.18	Cl-Na.Ca

2）块状岩裂隙水

富水性中等的分布于景泰坑、梅花园、同和、张屋、凌塘、黄陂、加庄、大村等地以北的广大地区，近东西向展布，与北西西向构造裂隙有关，为低山丘陵地形，由下古生界条痕状混合岩、石英岩、燕山期黑云母花岗岩组成，由于构造和节理裂隙发育，特别是新构造裂隙发育，岩石破碎，植被茂盛，雨量充沛，含构造裂隙水较为丰富，见表 2-7。

块状岩类裂隙水钻孔抽水成果表

表 2-7

位置	孔深 (m)	含水层岩性	抽水试验					化学类型
			试段起止 (m)	水位埋深 (m)	涌水量 (m³/d)	降深 (m)	单位涌水量 (m³/d·m)	
黄埔造船厂	138.56	中等风化中粗粒花岗岩	7.00～89.60	+0.24	181.786	3.49	52.10	CL. HCO₃-K. Na
黄埔岛 38209 部队	118.30	花岗岩	37.24～118.30	4.88	187.834	4.04	46.48	Cl. HCO₃-K. Na+Ca
沙河 102 部队	51.60	花岗岩	7.94～51.60	+0.32	92	7.32	12.53	
越秀公园大山前马路中间	60.00	蚀变花岗碎岩	41.70～60.00	+0.32	187.661	12.80	14.52	
朱紫街	46.27	蚀变花岗碎岩	16.25～46.27	0.68	5.397	29.29	0.018	
南湖宾馆采石场	124.0	花岗岩	30～124	0.93	131.242	18	7.29	

地下水水位埋深 0.80～4.88m，钻孔单位涌水量 0.168～6.603L/（s·m），泉水流量 0.125～1.461L/s，矿化度 0.09～0.170g/L，属酸性水。

贫乏的则分布于中等区以南地区，为低丘地形，裂隙和植被不发育，岩性多为花岗岩，钻孔单位涌水量 0.00021～0.013L/(s·m)，泉水流量 0.039～0.054L/s，属 HCO_3-Na·Ca 型水。

3）层状岩类（砂页岩）裂隙水

分布在广花盆地内及边缘，呈彼此分隔之条带状，包括三叠系、二叠系、石炭系和泥盆系砂岩、页岩、泥岩互层夹煤层，含裂隙水，富水性贫乏，个别中等［越秀公园 0.490L/（s·m），泌冲水泥厂 0.252L/（s·m）］。见表 2-8。

层状岩类裂隙水钻孔抽水成果表

表 2-8

位置	孔深 (m)	含水层岩性	抽水试验					化学类型
			试段起止 (m)	水位埋深 (m)	涌水量 (m³/d)	降深 (m)	单位涌水量 (m³/d·m)	
郭村	185.42	K2d2 灰岩钙质粉砂岩	15.68～185.42	1.25	173.146	2.25	76.98	
越秀公园正门对面	45.02	J1 灰岩夹页岩、变质石英砂岩	14.72～45.02	+0.31	131.24	3.10	42.34	HCO₃-Ca

续表

位置	孔深 (m)	含水层岩性	抽水试验					化学类型
			试段 起止 (m)	水位埋深 (m)	涌水量 (m³/d)	降深 (m)	单位涌 水量 (m³/d·m)	
泌冲水泥厂	150.87	D3m 粉细砂岩	20～137	+0.30	130	5.987	21.74	HCO₃-Mg.Na
南海洲村马岗	155.73	D3M 砂岩炭质 板岩夹灰岩	6.63～ 155.73	1.57	0.06	7.00	0.086	HCO₃-Na
越秀公园大门 前马路中	60.00	灰岩、石英 砂岩	6.50～ 41.70	+0.33	173.146	5.57	31.09	HCO₃-Ca
盘福路后街	44.95	灰岩夹炭质 页岩、石英砂岩	17.98～ 44.95	3.17	36.720	16.93	2.16	CL.HCO₃ -Na.Ca

（3）碳酸盐类岩溶水

该类型的水分布于广花复式向斜盆地的南部，地表无出露，全被第四系所覆盖，向南逐步收敛，过渡为埋藏型。第四系厚度 8～28m。埋藏型上覆第四系和红层厚 600～940m，分布在王圣堂（省汽车站）至西村、流花公园。碳酸盐岩类呈北北东条带状展布；受北北东构造所控制，并受北西西向构造所切割，含水层主要岩性是二叠系下统栖霞组灰岩和石炭系中上统的壶天群灰岩、白云质灰岩以及石炭系下统石磴子段灰岩，它们组成新市向斜和鸦岗背斜构造，因岩性、构造、地貌、补给条件等不同。岩溶发育程度各不相同，差异较大，故其富水性的差异较大，见表 2-9、表 2-10。

按富水型划分：

1）水量丰富的分布在鸦岗、磨刀坑以西，江夏以北，肖岗一三元里一带，呈北北东和北西西向展布。据省地矿局水文地质工程地质二大队肖岗水源地供水勘查报告资料，肖岗一三元里水源地面积为 10km²，岩溶水影响半径 700～1000m。钻孔单位涌水量 1.630～16.502L/(s·m)。肖岗一三元里等地为 HCO₃-Ca 型水、HCO₃-Ca·Mg 型水，三元里为 Cl-Na 型水，矿化度 1.1g/L，pH 值为 6.8～7.4。鸦岗为 Cl-Na·Ca 型水，矿化度为 0.64～1.2g/L，pH 值为 7.1～7.6。

2）水量中等的地区分布在海头村、古料村、凤岗南西之夏茅至谭村、陈田附近、柯子岭等地，呈北北东向展布。钻孔单位涌水量 0.221～1.046 L/(s·m)。水质类型以 HCO₃-Ca·Mg 为主，矿化度 0.2g/L 左右，pH 值为 7.12～7.40。石井至亭岗、夏茅等地为 Cl—Na 水，矿化度为 1.8～3.72g/L。

3）水量贫乏的地区分布在古料村南东、田心村一螺涌、陈田北等地，呈北北东展布。裂隙溶洞多被泥质等充填，钻孔单位涌水量 0.0024～0.106L/(s·m)，为 HCO₃-Ca、HCO₃·Cl-Ca·Na 型水，矿化度 0.21～0.26g/L。

碳酸盐岩类裂隙溶洞水钻孔抽水成果表　　　　　表 2-9

位置	孔深 (m)	含水层岩性	抽水试验					化学类型
			试段起止 (m)	水位埋深 (m)	涌水量 (m³/d)	降深 (m)	单位涌水量 (m³/d·m)	
54105 部队	396.37	$C_{2+3}ht$ 灰岩	36.26～301.32	10.10	1768	1.24	1425.77	
市二煤矿	49.28	P_1 灰岩	13.75～49.28	5.95	2131	1.55	1386.72	
鸦岗	215.06	C_1ds 灰岩	27.32～68.38	0.88	1539	4.03	381.80	Cl. HCO₃-Na
彭上村	50.32	P_1q 灰岩	19.31～140.40	3.56	1709.165	5.15	331.86	HCO₃-Ca. Na
广郊粤龙村	184.51	$C_{2+3}ht$ 灰岩	38.00～184.51	0.58	1	3.25	0.25	
肖岗东	116.61	P_1q 灰岩	40.59～108.99	缺	1.063	3.26	0.354	
三元里东面	147.18	$C_{2+3}ht$ 灰岩	13.97～147.18	0.8	103.939	23.74	4.32	
陈田村北	195.42	$C_{2+3}ht$ 灰岩	24.73～176.42	4.23	17.28	1.88	9.16	
广州新体育馆	28.75	C_1ds 灰岩	14.9～128.75	2.00	46.66	5.08	9.19	HCO₃-Ca

三大类灰岩钻孔单位涌水量统计表　　　　　表 2-10

地层	孔数 (个)	矿化度大于 1 (g/L)		单位涌水量 g (m³/d·m)			g<0.15		0.15<g<1.5		g>1.5	
		孔数 (个)	%	最大值	最小值	均值	孔数 (个)	%	孔数 (个)	%	孔数 (个)	%
栖霞阶灰岩 (P_1q)	21	2	9.5	1386.72	0.3542	428.97	5	24	3	14	13	62
壶天群灰岩 ($C_{2+3}ht$)	10	4	40	1425.77	0.259	373.85	3	30	4	40	3	30

续表

地层	孔数（个）	矿化度大于 1 (g/L)		单位涌水量 g（m³/d·m）			g<0.15		0.15<g<1.5		g>1.5	
		孔数（个）	%	最大值	最小值	均值	孔数（个）	%	孔数（个）	%	孔数（个）	%
石磴子灰岩（C₁ds）	10	3	30	823.22	0.777	204.34	2	20	4	40	4	40
合计	41	9	22	1425.77	0.259	356.75	10	24	11	27	20	49

2.4.3　地下水的补给、径流和排泄条件

区内雨量充沛，植被发育，在广大的低山丘陵区，断裂和岩石节理裂隙发育，有利于大气降水渗入补给。在丘陵台地和残丘地区，特别是红色岩层和砂页岩分布区，含泥质多，山顶光秃，断裂和裂隙以及植被不发育，不利于降雨渗入补给。平原地区表层多为黏性土，透水性差，降水渗入补给少。但黏性土底部的砂、砂砾石层，除接受河水补给外，还接受基岩山区裂隙水的侧向补给。除此之外区内中小型水库水渗漏补给地下水。因此大气降水和地表水是地下水的补给来源。

广大基岩山区地形切割密度和深度较大，径流途径短，大气降水入渗形成地下水后，大部分地下水在其附近以泉水的形式排泄。地下水由山前向平原区，地下迳流速度变慢，如肖岗水源地的岩溶水，在山前地带水位标高 16～20m，水力坡度 12‰～17‰；平原区水位标高 8～9m，水力坡度 3‰～3.7‰。地下水由东向西流，流向石井水。

市区由于街道铺砌，第四系海陆交替层能直接接受降水补给的面积不大，上部的淤泥层又为弱透水层，故水源补给条件差。砂层孔隙水以珠江河床作为排水廊道，在自然条件下，江水是不能补给给潜水的，只有在洪水期或高潮顶托时，江水才在沿江地段有反渗现象。地下铁道、城市建筑的地下空间的利用（基坑、人行隧道等）改变第四系松散岩类及浅层基岩的地下水的排泄、补给路径条件。对于广州海珠区岸边钻孔水位观测资料见表2-11。

地下水位与珠江水位观测统计表　　　表 2-11

高低潮日期 水位标高（m）	高潮	低潮	高潮	低潮
	1965.3.21	1965.3.20	1961.9.16	1965.9.24
珠江水位标高	1.43	−0.01	1.92	0.08
钻孔水位标高	1.15	0.74	1.35	0.79
相对高差	0.33	0.75	0.67	0.71

目前，地下水的排泄方式有：

1）通过泉水排泄；

2）通过河床排泄；

3）人工（通过机井、矿坑、采石场、基坑开挖、人防工程等）排泄；

4）基岩裂隙水和岩溶水向第四系含水层排泄。

2.4.4 地下水不良作用评价

在地下空间开发与利用过程中，应充分考虑地下水的影响与作用，包括其化学腐蚀作用、物理作用以及由于工程开挖、施工造成地下水的埋藏条件、透水性的改变，从而产生浮托、潜蚀、流砂、管涌、突涌、地下水软化作用等影响工程安全的不良作用。

（1）地下水的浮托作用

地下水对水位以下的岩土体有静水压力的作用，并产生浮托力。这种浮托力比较明确地可以按阿基米德原理确定，即当岩土体的节理裂隙或孔隙中的水与岩土体外界的地下水相通，其浮托力应为岩土体的岩石体积部分或土颗粒体积部分的浮力。

对于地下水对结构浮托力的计算，在广东省标准《建筑地基基础设计规范》DBJ15—31—2003 中要求：在计算地下水的浮托力时，地下水的设防水位应取建筑物设计使用年限内可能产生的最高水位，且按全水头计算，不宜考虑底板结构与岩土接触面的摩擦作用和黏滞作用，不应对地下水头进行折减，但不再考虑水浮托力作用的荷载分项系数。

（2）潜蚀

渗透水流在一定的水力梯度下产生较大的动水压力冲刷、挟走细小颗粒或溶蚀岩土体，使岩土体中的孔隙逐渐增大，甚至形成洞穴，导致岩土体结构松动或破坏，以致产生地表裂缝、塌陷，影响建筑工程的稳定。在埋藏型岩溶地区的岩土层中和基坑工程施工最易发生潜蚀作用。

1）形成条件

潜蚀产生的条件主要有二：一是有适宜的岩土颗粒组成，二是有足够的水动力条件。具有下列条件的岩土体易产生潜蚀作用：

① 当岩土层的不均匀系数（$C_U = d_{60}/d_{10}$）越大时，越易产生潜蚀作用。一般当 $C_U > 10$ 时，即易产生潜蚀。

② 两种互相接触的岩土层，当其渗透系数之比 $k_1/k_2 > 2$ 时，易产生潜蚀。

③ 当地下渗透水流的水力梯度（i）大于岩土的临界水力梯度（i_{cr}）时，易产生潜蚀。

2）防治措施

① 改变渗透水流的水动力条件，使水流梯度小于临界水力梯度，可用堵截地表水流入岩土层；阻止地下水在岩土层中流动；设反滤层；减小地下水的流速等方法。

② 改善岩、土的性质，增强其抗渗能力。如爆炸、压密、打桩、化学加固处理等，可以增加岩土的密实度，降低岩土层的渗透性能。

（3）流砂

流砂是指松散细颗粒土被地下水饱和后，在动水压力即水头差的作用下，产生的悬浮流动现象。流砂多发生在颗粒级配均匀而细的粉、细砂等砂性土中，有时粉土中亦会发生，其表现形式是所有颗粒同时从近似于管状通道被渗透水流冲走。流砂发展结果是使基础发生滑移或不均匀下沉，基坑坍塌，基础悬空等。流砂通常是由于工程活动而引起的，但是，在有地下水出露的斜坡、岸边或有地下水溢出的地表面也会发生。流砂破坏一般是突然发生的，对岩土工程危害很大。

1) 形成条件

① 岩性：土层由粒径均匀的细颗粒组成（一般粒径在 0.01mm 以下的颗粒含量在 30%～35% 以上），土中含较多的片状、针状矿物（如云母、绿泥石等）和附有亲水胶体矿物颗粒，从而增加了岩土的吸水膨胀性，降低了土粒重量。因此，在不大的水流冲力下，细小土颗粒即悬浮流动。

中国水利科学研究院刘杰则将无黏性土颗粒组成特征分成几种类型，分别提出判别准则。他认为根据无黏性土颗粒组成和渗透破坏特性，无黏性土可分为两大类：a. 比较均匀的土，$C_u \leqslant 5$；b. 不均匀的土，$C_u > 5$，并可细分为级配不连续型和级配连续型两个亚类。

对于比较均匀的土，只有流土一种渗透破坏形式。

对于不均匀级配不连续的土，其破坏形式决定于细料的含量。当细料含量小于某一值时，粗料和细料不能形成整体，渗透破坏形式则为管涌。当细料填满粗料孔隙时，粗细料成为整体，破坏形式就为流土。

② 水动力条件：水力梯度较大，流速增大，动水压力超过了土颗粒的重量时，就能使土颗粒悬浮流动形成流砂。

2) 防治措施

流砂对岩土工程危害很大，所以在可能发生流砂的地区，应尽量利用其上面的土层作天然地基，也可利用桩基穿透流砂层，总之，应尽量避免水下大开挖施工。若必须时，可以利用下列方法进行防治：

① 人工降低地下水位：将地下水位降至可能产生流砂的地层以下，然后再开挖。

② 打板桩：其目的一方面是加固坑壁，另一方面是改善地下水的迳流条件，即增长渗流途径，减小地下水力梯度和流速。

③ 水下开挖：在基坑开挖期间，使基坑中始终保持足够的水头（可加水），尽量避免产生流砂的水头差，增加坑侧壁土体的稳定性。

④ 其他方法：如灌浆法、冻结法、化学加固法等。

(4) 管涌

地基土在具有某种渗透速度（或梯度）的渗透水流作用下，其细小颗粒被冲走，岩土的孔隙逐渐增大，慢慢形成一种能穿越地基的细管状渗流通路，从而掏空地基或坝体，使地基或斜坡变形、失稳，此现象称为管涌。管涌通常是由于工程活动而引起的，但在有地下水出露的斜坡、岸边或有地下水溢出的地带也有发生。

1) 形成条件

管涌多发生在砂土中，其特征是：颗粒大小比值差别较大，往往缺少某种粒径，磨圆度较好，孔隙直径大而互相连通，细粒含量较少，不能全部充满孔隙，颗粒多由比重较小的矿物构成，易随水流移动，有较大的和良好的渗透水流出路等。具体条件包括：

① 土为粗颗粒（粒径为 D）和细颗粒（粒径为 d）组成，其 $D/d > 10$；

② 土的不均匀系数 $d_{60}/d_{10} > 10$；

③ 两种互相接触土层渗透系数之比 $k_1/k_2 > 2 \sim 3$。

④ 渗透水流的水力梯度（i）大于土的临界水力梯度（i_{cr}）时。

注：临界梯度可根据土中细粒含量、土的渗透系数、公式确定法、工程类比法确定。

2）防治措施

在可能发生管涌地层修建挡水坝、挡土墙工程及基坑排水工程等，为了防止流砂、管涌的发生，设计时必须控制地下水逸出点处的水力梯度，使其小于容许的水力梯度。防止管涌发生最常用的方法与防止流砂的方法相同，主要是控制渗流，降低水力梯度，设置保护层，打板桩等。

（5）突涌

岩土工程突涌根据工程类型可分为基坑突涌和隧道突涌两种形式。

1）基坑突涌

当基坑下有承压水存在，开挖基坑减小了含水层上覆不透水层的厚度，在厚度减小到一定程度时，承压水头压力能顶裂或冲毁基坑底板，造成突涌。基坑突涌将破坏地基强度，具有突发性的特点，并给施工带来很大的困难。

基坑突涌形式表现为：

① 基底顶裂，出现网状或树枝状裂缝，地下水从裂缝中涌出，并带出下部细颗粒。

② 流沙，从而造成边坡失稳和整个地基悬浮流动。

③ 基底发生"砂沸"现象，使基坑积水，地基土扰动。

2）隧洞突涌

在隧道开挖过程中，由于开挖的结果，改变了围岩与水压力的平衡状态，在一定的条件下，地下水就可以沿着各种通道的顶、底板薄弱部位突入。这种现象来势凶猛，水量大，对隧道开挖造成极大的危害。

隧道能否发生突水，主要取决于两方面因素，一是围岩强度；二是隧道开挖过程中隧道所承受的水作用力。

隧道突涌按突涌时间，可分为即时突水和滞后突水。前者指开挖面达到或接近薄弱点立即突水，突水量大并很快达到高峰值，随水有泥块泥沙冲出；峰值过后突水量趋近稳定或逐步减少。后者，开挖面附近突水，但突水量由小逐渐增大，到达高峰值有段滞后时间。

按突水量最大值划分，参照矿井划分标准，一般可分为：特大突水，$Q_{max} > 50m^3/min$；大型突水，$Q_{max} = 50 \sim 20m^3/min$；中型突水 $Q_{max} = 20 \sim 5m^3/min$；小型突水 $Q_{max} < 5m^3/min$。

3）防治措施

查明基坑范围内不透水层的厚度、岩性、强度及其承压水水头的高度，承压水含水层顶板的埋深等，验算基坑开挖到预计深度时基底能否发生突涌。若可能发生突涌，应在基坑位置的外围先设置抽水孔（或井），采用人工方法局部降低承压水水位，直到把承压水位降低到基坑底以下某一许可值，方可动工开挖基坑，这样就能防止产生基坑突涌现象。

（6）地下水的软化作用

地下水对岩土体的软化作用主要表现在对土体和岩体结构面中充填物的物理性状的改变上，土体和岩体结构面中充填物随含水量的变化，发生由固态向塑态直至液态的弱化效应。软化作用使岩土体的力学性能降低，内聚力和摩擦角值减小。

为了降低地下水对岩土的软化作用，可以采取适当的措施降低地下水位。另外可以采用灌浆的办法改善土体结构，使岩土体得到加固。

第3章 基坑设计论证要点

为加强建设工程安全生产管理，贯彻安全第一、预防为主的方针，防止基坑支护工程安全事故的发生，根据《建设工程安全生产管理条例》（国务院第393号令）等相关法规的规定，满足一定要求的基坑支护工程的设计文件需要进行专项评审。

基坑支护工程的设计文件，应在完成基坑勘察以及周边管线环境调查，且地下结构的建筑结构图纸稳定后进行评审。对于开挖深度大于等于7m或地质条件较复杂（如开挖范围内软弱土层厚度大于等于4m）的基坑支护工程、使用锚杆、土钉的基坑支护工程以及采用人工挖孔桩的基坑支护工程的设计文件均应进行专项评审。

上述范围内基坑支护工程设计文件，一般由建设单位进行组织，并应从广州市建设科学技术委员会办公室的专家库中抽取专家进行论证、评审（当地工程质量安全监督部门有要求时按工程质量安全监督部门要求进行组织）。对深度超过5m基坑的支护工程专项施工方案，施工单位应依法另行组织专家论证、评审。

根据《广州市城乡建设委员会关于废止基坑支护工程设计审查有关规定的通知》，废止了2010年8月23日印发的《关于规范基坑支护工程设计文件审查工作的通知》（穗建技〔2010〕1151号），基坑设计评审工作不再由广州市建设科学技术委员会组织，转而交由建设单位组织。对于深度超过5m基坑支护工程的设计文件，均应由注册土木工程师（岩土）和一级注册结构工程师签字盖章。负责评审的专家组由5名或以上专家组成，且至少有1名注册土木工程师（岩土）、1名一级注册结构工程师以及1名施工领域专家。基坑勘察设计单位须具有乙级及以上设计和勘察单位资质，基坑深度大于或等于14m的基坑工程勘察必须由甲级勘察单位承担，基坑深度大于或等于9m或地质条件较复杂的支护设计必须由具有甲级建筑工程或乙级及以上岩土工程设计资质的单位承担。

3.1 基坑工程设计前提资料要求

3.1.1 勘察及物探要求

（1）岩土工程勘察要求

岩土工程勘察应满足基坑支护设计的要求，提供的钻孔平面布置图应标明地下室边线或基坑边线、主体建筑分布，宜有地形和周边建筑物信息。具体要求如下：

1）勘察范围：基坑开挖范围内和开挖边界或地下室边线外按开挖深度的1～2倍范围内布置勘探点，对于复杂场地和斜坡场地，应布置适量勘探点。若因存在既有建（构）筑物或道路或水系或用地红线外等难以布点的情况，则应调查收集相应基坑周边的勘察资料；对于存在软土的场地，勘察范围宜扩大至开挖深度的3倍以上范围。

2）勘探深度：钻孔深度不宜小于 2.0 倍开挖深度，并应穿过主要的软弱土层和含水层。当 2.0 倍基坑开挖深度内遇到微风化岩时，控制性勘探点可钻入微风化岩 3.0～5.0m，一般性勘探点可钻入 1.0～2.0m。每一条侧边控制性勘探点的数量不宜少于该侧边勘探点数的 1/3，当基坑开挖面以上有软弱沉积岩出露时，控制性钻孔应进入基坑底面以下 3.0～5.0m。

3）勘探点间距：应视地层复杂程度而定，一般为 15～25m，但每一条侧边勘探点不宜少于 3 个。存在暗沟、暗塘、岩溶、花岗风化球等地层结构突变的特殊地层应适当加密勘探点，进一步查明其分布及工程特性。

4）地下水：勘察报告应提供地下水的主要类型、水位埋深及其变化、主要含水层的分布特征及其富水性分析。如基坑开挖范围存在砂层，须提供各层砂层的渗透系数、影响半径、承压水头。

5）岩土性能指标：勘察报告应提供常规物理力学性能指标、抗剪强度指标、岩石抗压强度、标准贯入击数和岩土设计参数建议值等。

6）对于存在不良地质作用与地质灾害、特殊地层，应查明对基坑设计和施工安全影响的潜在危险源。

（2）物探要求

要求对基坑开挖边界外按开挖深度的 2～3 倍范围内的建（构）筑物、道路和管线分布现状进行探测，具体要求如下。

1）应查明基坑周边 2～4 倍开挖深度范围内建（构）筑物的地上及地下结构类型、层数、基础类型及埋深、使用现状和质量情况。

2）应查明基坑周边 2～3 倍基坑深度范围内的给排水、供电供气和通信等管线系统的分布、走向及其与基坑边线的距离，管线系统的材质、接头类型、管内流体压力大小、埋设时间等。

3.1.2　周边建（构）筑物及环境条件调查要求

周边环境调查应满足下列要求：

1）基坑开挖顶边线应设置于用地红线以内，如确实需要占用红线以外的地面，应征得产权单位的同意。

2）影响范围内建（构）筑物的结构类型、层数、基础类型、埋深、基础荷载大小及上部结构现状。

3）基坑周边现有或未来规划的各类地下设施（地铁、地下室、坑道等）、管线的分布（走向、埋深、与基坑的空间关系等）和性状（尺寸、材质、结构等）。

4）场地周围和邻近地区的地表水汇流和排泄情况。

5）查明基坑四周道路与基坑的距离及车辆载重情况。

6）应绘制《基坑与周边环境关系图》，并在平面图和剖面图上标明基坑边线或地下室外墙与周边建（构）筑物、道路、地下管线等的距离。

3.1.3　基坑相关建筑结构图纸要求

（1）建筑图纸

1）本项目相关的规划总平面图，包括±0.00相当的绝对高程及地下室边线；

2）建筑地下室相关的平面及剖面图纸；

3）核心筒及柱网；

4）塔楼、电梯井、消防水池、集水井等坑中坑情况；

5）连接通道及在地下室内靠近基坑边的地下车道。

（2）结构图纸

1）地下室基础外边线、基础类型及其分布、底板及基础承台标高；

2）楼板厚度、底板及基础承台厚度、垫层厚度；

3）应计入基坑开挖计算深度基础承台下软土换填厚度。

3.1.4 其他技术要求

1）施工可平面布局，含前期施工道路、办公区、出土口等；

2）地块开发建设顺序；

3）相邻基坑工程的设计文件。

3.2 基坑支护设计论证要点

3.2.1 基坑环境等级的选取

基坑支护设计应按表3-1的规定确定基坑周边环境等级和支护结构的水平位移控制值。

基坑环境等级及其支护结构水平位移控制值 表 3-1

环境等级	适用范围	支护结构水平位移控制值
特殊要求	基坑开挖影响范围内存在地下管线、地铁站、变电站、古建筑等有特殊要求的建（构）筑物、设施	满足特殊的位移控制要求。基坑支护设计、施工、监测方案需得到周边特殊建筑物、设施管理部门的同意
一级	基坑开挖影响范围内存在浅基础房屋、桩长小于基坑开挖深度的摩擦桩基础建筑、轨道交通设施、隧道、防渗墙、雨（污）水管、供水总管、煤气总管、管线共同沟等重要建（构）筑物、设施	位移控制值取30mm且不大于$0.002H$
二级	一级与二级以外的基坑	水平位移控制值取45～50mm且不大于$0.004H$
三级	周边三倍基坑开挖深度范围内无任何建筑、管线等需保护的建（构）筑物	水平位移控制值取60～100mm且不大于$0.006H$

注：1. H为基坑开挖深度；

2. 基坑开挖影响范围一般取$1.0H$；当存在砂层、软土层时，开挖影响范围应适当加大至$2.0H$。

3. 表中水平位移控制值与基坑开挖深度需同时满足，取其最小值；

4. 特殊要求和一级基坑，应严格控制变形。二、三级基坑的位移，如基坑周边环境许可，则主要由支护结构的稳定来控制。

3.2.2　基坑支护结构类型评审要点

（1）放坡

1）适用条件：

① 基坑周边开阔，满足放坡条件；

② 允许基坑边土体有较大水平位移；

③ 开挖面以上一定范围内无地下水或已经降水处理；

④ 可独立或与其他结构组合使用。

2）不宜采用的条件：

① 淤泥和流塑土层；

② 地下水位高于开挖面且未经降水处理。

3）遇到下列情况之一时，应进行边坡稳定性验算：

① 坡顶有堆积荷载和动载；

② 边坡高度和坡度超过规范允许值；

③ 有软弱结构面的倾斜地层；

④ 岩层和主要结构层面的倾斜方向与边坡开挖面倾斜方向一致，且二者走向的夹角小于 $45°$。

4）土质边坡宜按圆弧滑动简单条分法验算；岩质边坡宜按由软弱夹层或结构面控制的可能滑动面进行验算。

5）放坡应控制边坡高度和坡度，当土（岩）质比较均匀且坡底无地下水时，可根据经验或参照同类土（岩）体的稳定坡高和坡度确定。

6）当放坡高度较大时，应采用分级放坡并设置过渡平台。土质边坡的过渡平台宽度宜为 $1.0～2.0m$，岩石边坡的过渡平台宽度不宜小于 $0.5m$。

（2）土钉墙

1）适宜条件：

① 允许土体有较大位移；

② 岩土条件较好；

③ 地下水位以上为黏土、粉质黏土、粉土、砂土；

④ 已经降水或止水处理的岩土；

⑤ 开挖深度不宜大于 $12m$。

2）不宜采用的条件：

① 场地 $3m$ 以下软弱土层（含砂层）厚度累计超过 $3m$；

② 基坑周边 2 倍开挖深度范围内有建（构）筑物、道路和地下市政管线，且开挖深度大于或等于 $7m$ 的基坑工程；

3）安全等级为一级的基坑禁止使用土钉墙或复合土钉墙支护。

4）土钉墙、预应力锚杆复合土钉墙的坡度不宜大于 $1：0.2$；当基坑较深、土的抗剪强度较低时，宜取较小坡度。对砂土、碎石土、松散填土，确定土钉墙坡度时尚应考虑开挖时坡面的局部自稳能力。微型桩、水泥土桩复合土钉墙，应采用与土钉墙面层贴合的垂直墙面。

5）对易塌孔的松散或稍密的砂土、稍密的粉土、填土，或易缩径的软土宜采用打入式钢管土钉。对洛阳铲成孔或钢管土钉打入困难的土层，宜采用机械成孔的钢筋土钉。

6）土钉水平间距和竖向间距宜为 1～2m；当基坑较深、土的抗剪强度较低时，土钉间距应取小值。土钉倾角宜为 5°～20°，其夹角应根据土性和施工条件确定。土钉长度应按各层土钉受力均匀、各土钉拉力与相应土钉极限承载力的比值近于相等的原则确定。

（3）重力式水泥土墙

1）适宜条件：

① 开挖深度不宜大于 7m，允许坑边土体有较大的位移；

② 填土、可塑～流塑黏性土、粉土、粉细砂及松散的中、粗砂；

③ 墙顶超载不大于 20kPa。

2）不宜采用的条件：

① 周边无足够的施工场地；

② 周边建筑物、地下管线要求严格控制基坑位移变形；

③ 墙深范围内存在富含有机质淤泥。

3）水泥土墙宜采用水泥土搅拌桩相互搭接形成的格栅状结构形式，也可采用水泥土搅拌桩相互搭接成实体的结构形式。搅拌桩的施工工艺宜采用喷浆搅拌法。重力式挡墙的平面布置和构造应符合下列规定：

① 当水泥土墙采用格栅布置时，水泥土的置换率，对淤泥不宜小于 0.8，对淤泥质土不宜小于 0.7，对黏土及砂土不宜小于 0.6；格栅长宽比不宜大于 2，横向墙肋的净距不宜大于 2.0m。

② 水泥土桩与桩之间的搭接宽度应根据挡土及止水要求确定，当考虑抗渗作用时，桩的搭接宽度应符合《广州地区建筑基坑支护规范》中 7.5.2 条有关规定；当不考虑止水作用时，搭接宽度不宜小于 100mm。

③ 挖土填料式挡墙的钢筋混凝土护壁的厚度不宜小于 150mm，护壁混凝土强度等级不宜小于 C15，竖向钢筋不宜少于 $\phi8@150$，上、下护壁竖向筋的搭接不宜少于 200mm，环向钢筋不宜少于 $\phi6@200$。

④ 挖孔填料式挡墙的封底混凝土厚度不宜小于 0.5m，强度等级不宜低于 C15。

⑤ 用于水泥土重力式挡墙结构的水泥标号不宜低于 425 号，水泥掺量应根据水泥土强度设计要求确定，当采用深层搅拌桩作重力式挡墙时，水泥掺入比不宜小于 12%，当采用高压旋喷桩作重力式挡墙时，水泥掺入比不宜小于 30%。

⑥ 水泥土重力式挡墙宜在墙顶面设置钢筋混凝土盖板，盖板高不宜小于 200mm，盖板宽不宜小于墙宽，盖板宜用混凝土摩阻键与桩体连接，混凝土强度等级不宜低于 C15。

⑦ 挖孔填料式挡墙宜在桩顶设置冠梁，梁高（竖向）不宜小于 500mm，梁宽不宜小于挡土结构宽度。护壁竖向钢筋插入冠梁不宜少于 300mm，混凝土强度等级不宜低于 C15。

4）水泥土墙体 28d 无侧限抗压强度不宜小于 0.8MPa。当需要增强墙身的抗拉性能时，可在水泥土桩内插入杆筋。杆筋可采用钢筋、钢管或毛竹。杆筋的插入深度宜大于基坑深度。杆筋应锚入面板内。

（4）排桩

1）悬臂排桩适宜条件：开挖深度不宜大于 8m；不宜采用条件：周边环境不允许基坑土体有较大水平位移。

2）桩锚适宜条件：a. 场地狭小且需深开挖；b. 周边环境对基坑土体的水平位移控制要求严格。不宜采用条件：a. 基坑周边不允许锚杆施工；b. 锚杆锚固段只能设在淤泥或土质较差的软土层。

3）桩撑适宜条件：a. 场地狭小且需深开挖；b. 周边环境对基坑土体的水平位移控制要求更严格；c. 基坑周边不允许锚杆施工。

4）支护桩底端处于土层或强风化岩层中禁止使用吊脚桩或吊脚墙。中风化软质岩层（单轴抗压强度≤15MPa）中严格限制使用吊脚桩支护型式，使用吊脚桩时应使用多道锁脚措施。

5）悬臂式排桩结构的桩径不宜小于 600mm，桩间距应根据排桩受力及桩间土稳定条件确定。钻、冲孔桩最小桩净距不宜小于 150mm。当场地土质较好，地下水位较低时，可利用土拱作用稳定桩间的土体，否则应采取措施维护桩间土的稳定，如采用横向挡板、砖墙、钢丝网水泥砂浆或喷射混凝土等。

6）排桩支护结构应采取可靠的地下水控制措施，当基坑周边环境不允许降低地下水位时，应采取止水措施。

7）灌注桩的混凝土强度等级不应低于 C20。

8）排桩顶部应设钢筋混凝土冠梁，冠梁应将相邻的排桩连接起来，桩顶纵向钢筋应锚入冠梁内。锚固长度不小于 30 倍纵向钢筋直径。冠梁混凝土强度等级不应低于 C20。对处于转角及高差变化部位的冠梁应予以加强。

9）支锚式排桩支护结构应在支点标高处设水平腰梁，支撑或锚杆应与腰梁连接，腰梁可用型钢或钢筋混凝土梁，腰梁与排桩的连接可用预埋铁件或锚筋。

（5）钢板桩

1）钢板桩宜采用定型轧制产品，当基坑要求不高时也可因地制宜采用钢管、钢板、型钢等焊制的非定型产品。

2）钢板桩的边缘应设通长锁口。

3）钢板桩的平面布置宜平直，不宜布置不规则的转角，平面尺寸应符合板桩模数，地下结构的外缘应留有足够的工作面。

4）钢板桩支护宜设置不少于一道锚杆或内支撑。

（6）双排桩

1）双排桩排距宜取 $2d \sim 5d$。刚架梁的宽度不应小于 d，高度不宜小于 $0.8d$，刚架梁高度与双排桩排距的比值宜取 $1/6 \sim 1/3$。注：d 为排桩直径。

2）双排桩结构的嵌固深度，对淤泥质土，不宜小于 $1.0h$；对淤泥，不宜小于 $1.2h$；对一般黏性土、砂土，不宜小于 $0.6h$。前排桩桩端宜处于桩端阻力较高的土层。采用泥浆护壁灌注桩时，施工时的孔底沉渣厚度不应大于 50mm，或应采用桩底后注浆加固沉渣。注：h 为基坑深度。

3）双排桩应按偏心受压、偏心受拉构件进行截面承载力计算，刚架梁应根据其跨高比按普通受弯构件或深受弯构件进行截面承载力计算。双排桩结构的截面承载力和构造应符合现行国家标准《混凝土结构设计规范》GB 50010 的有关规定。

4）双排桩与桩刚架梁节点处，桩与刚架梁受拉钢筋的搭接长度不应小于受拉钢筋的锚固长度的 1.5 倍。其节点构造上应符合现行国家标准《混凝土结构设计规范》GB 50010 对框架顶层端节点的有关规定。

（7）地下连续墙

1）适宜条件：适用于所有止水要求严格以及各类复杂土层的支护工程；适用于任何复杂周边环境的基坑支护工程。

2）不宜采用条件：悬臂或与锚杆联合使用的地下连续墙使用范围不宜与排桩相同。

3）地下连续墙底端处于土层或强风化岩层中禁止使用吊脚桩或吊脚墙。中风化软质岩层（单轴抗压强度≤15MPa）中严格限制使用吊脚墙支护型式，使用吊脚墙时应使用多道锁脚措施。

4）当基坑深度超过 10m、地面以下 15m 内砂层厚度大于 4m 的一级基坑应采用地下连续墙支护结构型式。

5）地下连续墙的构造应符合下列规定：

① 单元槽段的平面形状应根据基坑的开挖深度、支护条件以及周边环境状况等因素选用"一"、"U"、"T"、"Π"等形状。

② 墙厚应根据计算并结合成槽机械的规格确定，但不宜小于 600mm。

③ 墙体混凝土的强度等级不宜低于 C20。

④ 受力钢筋应采用Ⅲ级钢筋，直径不宜小于 20mm，构造钢筋可采用Ⅰ级钢筋，也可采用Ⅲ级钢筋，直径不宜小于 14mm；纵向钢筋的净距不宜小于 75mm，构造钢筋的间距不应超过 300mm。

⑤ 钢筋的保护层厚度，对临时性支护结构不宜小于 50mm，对永久性支护结构不宜小于 70mm。

⑥ 纵向受力钢筋中至少应有一半数量的钢筋通长配置，钢筋笼下端 500mm 长度范围内宜按 1：10 收拢。

⑦ 当地下连续墙与主体结构连接时，预埋在墙内的受拉、受剪钢筋、连接螺栓或连接钢板，均应满足受力计算要求，锚固长度满足混凝土结构规范要求；预埋钢筋直径不宜大于 20mm，并应采用Ⅰ级钢筋，直径大于 20mm 时，宜采用预埋套筒连接。

⑧ 地下连续墙顶部宜设置刚度足够大的钢筋混凝土冠梁，梁宽不宜小于墙宽，梁高不宜小于 500mm，配筋率不应小于 0.4%，墙的纵向主筋应锚入梁内。

⑨ 地下连续墙的混凝土抗渗等级不宜小于 P6（《混凝土质量控制标准》GB 50164—2011）。

⑩ 地下连续墙槽段之间的连接接头可用抽拔接头管接头、工字形钢板接头及冲孔桩接头。在槽段间如对整体刚度或防渗有特殊要求时，应采用带单"十"字或双"十"字型钢板的刚性防水接头。

（8）SMW 工法

1) 型钢水泥搅拌墙应根据基坑开挖深度，周边的环境条件、场地土层条件、基坑形状与规模、支撑体系的设置综合确定。

2) 采用型钢水泥土搅拌桩应满足以下条件：

① 坑外超载不宜大于 20kPa。当坑外地面为非水平面，或有邻近建（构）筑物荷载、施工荷载、车辆荷载等作用时，应按实际情况取值计算。

② 除环境条件有特别要求外，内插型钢应拔除回收并预先对型钢采取减阻措施。型钢拔除前水泥土搅拌墙与地下主体结构之间必须回填密实。型钢拔除时须考虑对周边环境的影响，应对型钢拔除后形成的空隙采用注浆填充等措施。

③ 对于影响搅拌桩成桩质量的不良地质条件和地下障碍物，应事先予以处理后再进行搅拌桩施工；同时应适当提高搅拌桩水泥掺量。

3) 型钢水泥土搅拌墙中搅拌桩应满足如下要求：

① 搅拌桩达到设计强度后方可进行基坑开挖；

② 搅拌桩养护龄期不应小于 28d；

③ 搅拌桩的深度宜比型钢适当加深，一般桩端比型钢端部深 0.5～1.0m。

4) 型钢水泥土搅拌墙中内插型钢截面应满足如下要求：

① 内插型钢材料强度应满足设计要求；

② 内插型钢宜采用热轧型钢。

③ 型钢宜采用整材，当需要采用分段焊接时，应采用坡口焊接。

（9）锚杆

1) 锚杆的应用应符合下列规定：

① 锚拉结构宜采用钢绞线锚杆；当设计的锚杆抗拔承载力较低时，也可采用普通钢筋锚杆；当环境保护不允许在支护结构使用功能完成后锚杆杆体滞留于基坑周边地层内时，应采用可拆芯钢绞线锚杆；

② 在易塌孔的松散或稍密的砂土、碎石土、粉土层，高液性指数的饱和黏性土层，高水压力的各类土层中，钢绞线锚杆、普通钢筋锚杆宜采用套管护壁成孔工艺；

③ 锚杆注浆宜采用二次压力注浆工艺；

④ 锚杆锚固段不宜设置在淤泥、淤泥质土、泥炭、泥炭质土及松散填土层内；

⑤ 在复杂地质条件下，应通过现场试验确定锚杆的适用性。

2) 锚杆设计长度尚应符合下列规定：

① 锚杆自由段长度不宜小于 5m 并应超过潜在滑裂面 1.5m；

② 土层锚杆锚固段长度不小于 6m；

③ 锚杆杆体下料长度应为锚杆自由段、锚固段及外露长度之和，外露长度应满足锚座或腰梁尺寸及张拉作业要求。

3) 沿锚杆轴线方向每隔 1.5～2.0m 宜设置一个定位支架。

4) 锚杆灌浆材料宜用水泥浆或水泥砂浆，灌浆体设计强度不宜低于 20MPa。当锚杆入岩时，灌浆体设计强度不宜低于 25MPa。

5) 锚杆布置应符合以下规定：

① 上下排锚杆垂直间距不宜小于 2.0m，水平间距不宜小于 1.5m；

② 锚杆锚固段上覆土层厚度不宜小于 4.0m；

③ 锚杆倾角宜为 $10°\sim30°$，且不应大于 $45°$。

（10）内支撑

1）内支撑的平面布置应符合下列规定：

① 除逆作法外，支撑轴线应避开主体工程地下结构的柱网轴线；

② 相邻支撑之间的水平距离，用人工挖土时不宜小于 3m，采用机械挖土时不宜小于 6m，还应考虑方便后续施工和拆除；

③ 基坑平面形状有向内凸出的阳角时，应在阳角的两侧同时设置支撑点；

④ 各层支撑的标高处沿支护结构表面应设置水平腰梁。沿腰梁长度方向水平支撑点的间距：对钢腰梁不宜大于 4m，对混凝土腰梁不宜大于 6m；

⑤ 当用人工挖土时，钢结构支撑宜采用相互正交、均匀布置的平面支撑体系。当采用机械挖土时，宜采用桁架式支撑体系；

⑥ 平面形状比较复杂的基坑可采用边桁架加对撑或角撑组成的混凝土支撑结构。当基坑平面近似方形时，水平支撑宜采用环梁放射式混凝土支撑。当基坑平面近似圆形时，可采用圆形、拱形支护结构。

2）支撑体系的竖向布置应符合下列规定：

① 上、下水平支撑的轴线应布置在同一竖向平面内，层间净高不宜小于 3m。当采用机械开挖及运输时，层间净高不宜小于 4m。

② 竖向布置应避开主体工程地下结构底板和楼板的位置，支撑底面与主体结构之间的净距离不宜小于 700mm，支撑顶面与主体结构之间的净距不宜小于 300mm。

③ 立柱应布置在纵横向支撑的交点处或桁架式支撑的节点位置上，并应避开主体工程梁、柱及承重墙的位置。立柱的间距应根据支撑构件的稳定要求和竖向荷载的大小确定，但不宜超过 12m。

3）钢筋混凝土支撑应符合下列要求：

① 钢筋混凝土支撑体系应在同一平面内整体浇注，基坑平面转角处的腰梁连接点应按刚节点设计；

② 混凝土支撑的截面高度宜不小于其竖向平面内计算跨度的 1/20；腰梁的截面高度（水平向尺寸）不宜小于水平方向计算跨度的 1/8，腰梁的宽度宜大于支撑的截面高度。

③ 混凝土支撑的纵向钢筋直径不宜小于 16，沿截面四周纵筋的间距不宜大于 200mm。箍筋直径不应小于 8，间距不宜大于 250mm。支撑的纵向钢筋在腰梁内的锚固长度宜大于 30 倍钢筋直径。

④ 腰梁（包括冠梁）纵向钢筋宜直通，直径不宜小于 16。

4）钢支撑应符合下列构造规定：

① 水平支撑的现场安装节点宜设置在支撑交汇点附近。两支点间的水平支撑的安装节点不宜多于两个。

② 纵横向水平支撑宜在同一标高交汇。

③ 纵横向水平支撑若不在同一标高交汇，连接构造的承载力应满足平面内稳定的要求。

④ 钢结构各构件的连接宜优先采用螺栓连接，必要时可采用焊接，节点承载力除满足传递轴向力的要求外，尚应满足支撑和腰梁之间传递剪力的要求，支撑和腰梁连接部位的翼缘和腹板均应加焊加劲板，加劲板的厚度不宜小于 10mm。

5）钢腰梁应符合下列构造规定：

① 安装钢腰梁前，应在围护结构上设置安装牛腿。安装牛腿可用角钢或钢筋构架直接焊接在围护墙的主筋或预埋件上。

② 钢腰梁与混凝土围护墙之间应预留宽度 100mm 的水平通长空隙，腰梁安装定位后，用强度等级不低于 C30 的细石混凝土充填。

③ 竖向斜撑与钢腰梁相交处，应考虑竖向分力的影响，应有可靠的构造措施，宜在支撑点腰梁上部加设倒置的牛腿；

④ 当采用水平斜支撑（如角撑）时，腰梁侧面上应设置水平方向牛腿或其他构造措施以承受支撑和腰梁之间的剪力；

⑤ 钢支撑和钢腰梁连接时，支撑端头设置厚度不小于 10mm 的钢板作封头端板，端板与支撑和腰梁侧面全部满焊，必要时可增设加劲肋板；

⑥ 当支撑标高在冠梁高度范围内时，可用冠梁代替腰梁。冠梁除符合结构设计要求外，还应符合上述有关腰梁的构造要求。

（11）逆作法

1）逆作法施工的支护结构宜采用地下连续墙或排桩，其支护结构宜作为地下室主体结构的全部或一部分。

2）当地下室层数较多、基坑深度较大、周围环境条件要求严格且围护结构不允许有较大位移时，可采用逆作法。

3）逆作法施工应在适当部位（如楼梯间或无楼板处等）预留从地面直通地下室底层的施工孔洞，以便土方、设备、材料等的垂直运输。孔洞尺寸应满足垂直运输能力和进出材料、设备及构件的尺寸要求，并符合 8.8.12 条的规定。运输道路通过的楼板应进行施工荷载复核。

4）各施工阶段中临时立柱的承载力和稳定性验算，立柱的长细比不宜大于 25。

5）逆作法的竖向支承宜采用钢结构构件（型钢、钢管柱或格构柱），也可利用原结构钢筋混凝土柱；梁柱节点的设计应顾及梁、板钢筋施工及柱后浇筑混凝土的方便，在各楼层标高位置应设置剪力传递构件，以传递楼层剪力。

6）地下室中柱采用挖孔桩时，宜在底板面以上挖孔井内壁用低标号砂浆抹成平整规则的内表面。

（12）组合式支护结构

1）当采用单一支护结构体系不能满足基坑支护的安全、经济要求时，应考虑在同一支护段采用两种或两种以上不同支护型式的组合式支护体系。

2）组合式支护结构的型式应根据工程地质条件、水文地质条件、环境条件和基坑开挖深度等因素，结合当地的施工能力和工程经验合理确定，考虑各支护结构单元的相互作用，并采取保证支护结构整体性的构造措施。

3）混合型组合支护结构是在同一支护段采用两种或两种以上的结构，各支护型式应相互作用紧密，形成整体性支护结构体系。混合型组合支护结构应符合下列规定：

① 当采用排桩与高喷组合支护时，应严格控制支护结构位移。

② 场地地下水位较高，土层渗透系数较大，基坑工程需要止水时，可采用水泥土搅拌桩和排桩的组合支护，搅拌桩和排桩之间应保持适当的距离。

③ 拱形排桩与拱形水泥土墙的支护结构宜看作薄壳按整体位移控制设计，当无经验时，可按单一的排桩支护结构设计，并应验算旋喷桩或水泥土墙的承载力。

3.2.3　基坑支护计算评审要点

1）计算模型的选择和岩土物理力学参数的选取，应结合岩土工程地质条件、支护形式和经验进行选取。

2）各种工况下的支护或围护结构的承载力（受压、受拉、受弯、受剪）、稳定和变形计算。

3）基坑内外土体的稳定性验算。

4）对锚杆或支撑结构构件（包括内支撑、腰梁、压顶梁、立柱等）应进行承载力、变形计算和稳定性验算。

5）对基坑周边环境安全性进行验算或评估。

6）地下水控制计算和验算：一般应进行基坑底抗突涌稳定性验算，必要时进行基底抗渗透稳定性验算和地下水位控制计算。

7）支护结构计算书内容应完整真实，主要包括：①原始输入数据；②输出数据和相关图表。

8）对于周边环境复杂及采用内支撑体系的基坑，应进行空间整体计算或有限元分析。

（1）基坑设计荷载

基坑支护结构设计应考虑下列荷载：

1）基坑内外土的自重（包括地下水）；

2）基坑周边既有和在建的建（构）筑物荷载；

3）基坑周边施工材料和设备荷载；

4）基坑周边道路车辆荷载；

5）冻胀、温度变化等产生的作用；

6）支护结构作为主体结构一部分时，上部结构的作用。

土压力及水压力的计算应考虑下列影响因素：

1）土的物理力学性质；

2）地下水位及其变化。

（2）基坑受力分析

1）水平抗力标准值的确定；

2）岩土参数取值；

3）结构计算：除了需要考虑空间效应的超小基坑、超深基坑、和岩石基坑，基坑支护结构可按平面问题计算。

4）结构构件（包括排桩、地下连续墙及支撑体系混凝土结构）应进行承载力计算。

（3）基坑稳定性验算

1）各种工况下的支护或围护结构稳定计算。

2）基坑内外土体的稳定性验算。

3）对锚杆或支撑结构构件（包括内支撑、腰梁、压顶梁、立柱等）应进行稳定性验算。

4）基坑开挖采用放坡或支护结构上部采用放坡时，应按规定验算边坡的滑动稳定性，边坡的圆弧滑动稳定安全系数 K_s 不应小于 1.2。

（4）基坑变形估算

1）各种工况下的支护或围护结构的变形计算。

2）对锚杆或支撑结构构件（包括内支撑、腰梁、压顶梁、立柱等）应进行变形。

3）对基坑周边环境安全性进行验算或评估。

（5）地下水渗流分析

地下水控制计算和验算：一般应进行基坑底抗突涌稳定性验算，必要时进行基底抗渗透稳定性验算和地下水位控制计算。

3.2.4 地下水控制

基坑地下水控制应满足支护结构稳定、保护基坑周边环境和便于施工三方面要求。基坑支护地下水控制设计和施工首先应对周边环境进行调查，查明基坑周边可能与之发生水力联系的水文地质条件，查明地下水位变化对周边建筑物可能产生的影响。地下水控制可采用集水明排、井点降水和基坑周边止水防渗等措施。

（1）集水明排

1）对基底表面汇水、基坑周边地表汇水及降水井抽出的地下水，可采用明沟排水；对坑底以下的渗出的地下水，可采用盲沟排水；当地下室底板与支护结构间不能设置明沟时，基坑坡脚处也可采用盲沟排水；对降水井抽出的地下水，也可采用管道排水；

2）排水沟边缘离开坑壁边脚应不小于 0.3m，排水沟底面应比相应的基坑开挖面低 0.3～0.5m，沟底宽宜为 0.3m，纵向坡度宜为 0.2%～0.5%；

3）在基坑四角或坑边应每隔 30～40m 布设集水井，集水井底应比相应的排水沟低 0.5～1.0m。

4）适用条件：当基坑不深、涌水量不大、坑壁土体比较稳定、不易产生流砂、管涌和坍塌时，可采用集水明排疏干地下水。

（2）基坑降水及回灌

1）降水井点类型应根据基坑含水层的土层性质、渗透系数、厚度及要求降低水位的高度选用。井点类型包括真空井点、喷射井点、管井井点、电渗井点等。

2）当含水层的渗透系数为 2～50m/d、需要降低水位高度在 4～8m 时，可选用真空井点，如降深要求大于 4.5m 时，可选用二级或多级真空井点；当含水层的渗透系数为 0.1～50m/d，要求水位降深为 8～20m，可选用喷射井点法；当含水层的渗透系数大于 20m/d，水量丰富时，可采用管井井点法；当含水层为渗透系数小于 0.1m/d 的黏性土、淤泥或淤泥质黏性土时可采用电渗井点法。

3）当基坑及其周边一定范围内不同部位的水文地质条件相差较大时，可同时采用两种或多种井点类型。

4）当基坑降水对周边建筑物或地下管线产生过大影响时，除可采用在基坑周边止水方法外，还可在被保护物的相应位置回灌地下水。可利用回灌井点、回灌砂井或回灌水沟等进行回灌。

5）回灌井点（砂井）在平面布置上，与降水井点的距离不宜小于 6m，相邻回灌井点间距应根据降水井的间距和被保护物的平面位置确定。

6）回灌井点（砂井）的设计深度应根据基坑降水漏斗的形状和降深确定，宜设在长期降水曲面以下 1m 处。回灌井点（砂井）井底应位于渗透性较好的土层中，过滤器的长度应大于降水井过滤器的长度。

7）回灌水量应根据观测到的水位变化情况进行控制，以不在基坑降水范围内形成反漏斗为宜。

（3）深层搅拌桩截水

1）当用单排搅拌桩作外围止水帷幕时，帷幕深度在 10m 内，搅拌桩间相互搭接长度不宜小于 150mm；帷幕深度超过 10m，搭接长度不宜小于 200mm；当采用多排桩时，排间距离不宜大于 0.8 倍桩径。

2）搅拌桩的水泥掺入比应根据基坑侧壁内外侧的水头压力大小及土体性质和基坑开挖深度而确定，宜为被加固土体重量的 12%～15%，用于粉砂、中砂、粗砂、砾砂（疏松）、填土时，水泥掺量宜为 12%～15%；用于可塑～流塑黏性土及粉土时，水泥掺量宜为 12%～13%。

3）当基坑开挖面以上强透水层厚度大于 4m 时，不宜采用深层搅拌法止水。

4）深层搅拌桩施工附近有抽水作业时，邻近不得进行抽水作业。对砂土、粉土、黏性土，在水泥土墙施工完成 3d 后，方可进行抽水作业，对淤泥或淤泥质土，在水泥土墙施工完成 4d 后，方可进行抽水作业。需提前抽水作业的，注浆施工时要使用速凝或早强浆材。

（4）高压喷射注浆截水

1）对于含有地下障碍物如大粒径块石、过多的植物根茎、旧基础（如木桩或直径小于 600 的小桩及其承台）的地层不应采用；

2）对于开挖深度内存在厚度大于 4m 或水头高度大于 5m 的砂层时不应采用，特别是又临近对沉降变形较敏感的建（构）筑物时严禁采用；

3）存在地下动水（潮水涨落及与河涌相补给的砂层暗涌）时不宜采用；

4）对于坚硬的黏性土、有机质土或泥炭类土，应根据现场试验结果确定是否合适采用。

5）适用条件：高压喷射注浆止水帷幕适用于淤泥、淤泥质土、黏性土、粉土、砂土、人工填土。

（5）压力注浆截水

1）适用条件：压力注浆止水适用于地下裂隙、破碎带、中粗砂层、卵石层、砾砂层、淤泥及淤泥质土层。

2）压力注浆可根据工程需要选用水泥浆液系列或化学浆液系列；选用化学浆液应注意对环境的污染。

3）压力注浆的注浆压力、进浆速度、持续时间、浆液配比等注浆工艺参数应根据现场试验确定。

（6）连续墙

1）当砂层直接位于强风化（或更坚硬）岩面时，应采取可靠的界面止水措施，宜采用地下连续墙止水帷幕。

2）存在强透水地层的场地应采取连续封闭的止水帷幕；存在动水层的场地不得采用高压喷射注浆法止水，慎用搅拌桩法止水，宜采用地下连续墙止水帷幕。

（7）回灌设计

1）当基坑降水对周边建筑物或地下管线产生过大影响时，除可采用在基坑周边止水方法外，还可在被保护物的相应位置回灌地下水。可利用回灌井点、回灌砂井或回灌水沟等进行回灌。

2）回灌井点（砂井）在平面布置上，与降水井点的距离不宜小于 6m，相邻回灌井点间距应根据降水井的间距和被保护物的平面位置确定。

3）回灌井点（砂井）的设计深度应根据基坑降水漏斗的形状和降深确定，宜设在长期降水曲面以下 1m 处。回灌井点（砂井）井底应位于渗透性较好的土层中，过滤器的长度应大于降水井过滤器的长度。

4）回灌水量应根据观测到的水位变化情况进行控制，以不在基坑降水范围内形成反漏斗为宜。

3.2.5 基坑土方开挖

1）应明确基坑开挖顺序和开挖工况的安排和要求。

2）应明确基坑周边超载控制要求。

3）基坑开挖应遵循"先撑（支）后挖、限时挖土、限时支撑、分层分段、对称平衡、严禁超挖、及时封闭"的开挖原则。

4）软土场地的基坑土方开挖应明确提出对工程桩的保护措施及要求。

5）对应急预案应提出针对性的措施及要求。

6）采用内支撑的基坑应按"分层开挖，先撑后挖"的原则施工，尽可能对称开挖，严禁超挖。

7）机械挖土时，应在基坑底及护壁留 300～500mm 厚土层用人工挖掘修整。

8）土方开挖过程中，严禁碰撞工程桩。若遇工程桩露出坑底过高，应截桩后再继续开挖。

9）土方开挖至设计标高后，应及时浇捣垫层，作到坑底满封闭，并及时进行地下结构施工。

10）基坑土方开挖过程中，特别是冬季、雨季、汛期施工时，若发生异常情况，应立即采取处理措施。

11）地下结构施工过程中，应及时回填地下室墙外土方，回填土应分层夯实。

3.2.6　特殊工程地质基坑评审

在岩溶地区进行基坑工程设计应考虑以下内容：分析溶（土）洞和地下水对周边环境及基坑支护结构的影响；基坑支护方案的比选；支护体系的稳定性验算以及内力和变形验算；地下水的控制方案和环境影响分析；基坑开挖方案及监测检测要求。对影响基坑和周边环境安全的溶（土）洞，工程单位应遵循先处理后施工的原则。

在基坑支护结构方面，对于岩溶弱发育、地下水较深、开挖深度浅的，可用放坡支护；强发育、存在浅层溶洞且上覆土层为饱和砂土的，溶洞未经处理不宜采用水泥土重力式挡墙；对于发育强烈、存在较厚的饱和砂层、开挖深度大的，宜采用地下连续墙支护结构；而对于锚索（杆）支护形式的选用和设计要注意以下情况：应查明锚固位置的水文地质条件，以免地面塌陷、突涌岩溶水的不利情况发生；岩溶中等及强烈发育区，不宜采用岩石锚索（杆）。

3.2.7　基坑检测评审要点

1）混凝土灌注桩质量检测应按下列规定进行：

① 采用低应变动测法检测桩身结构完整性，检测数量不宜少于总桩数的 10%，且不得少于 5 根；

② 当按低应变动测法判定的桩身缺陷可能影响桩的水平承载力时，应用钻芯法进行补充检测，检测数量不宜小于总桩数的 1%，且不得少于 3 根。

2）混凝土地下连续墙质量检测应按下列规定进行：

① 应进行槽壁垂直度检测，检测数量不得小于同条件下总槽段数的 20%，且不应少于 10 幅；当地下连续墙作为主体地下结构时，应对每个槽段进行槽壁垂直度检测；

② 应进行槽底沉渣厚度检测，检测墙段数量不宜少于同条件下总墙段数的 20%，且不得少于 3 幅，当地下连续墙作为主体地下结构构件时，应对每个槽段进行槽底沉渣厚度检测；

③ 应采用声波透射法对墙体混凝土质量进行检测，检测墙段数量不宜少于同条件下总墙段数的 20%，且不得少于 3 幅，每个检测墙段的预埋超声波管数不应少于 4 个，且宜布置在墙身截面的四边中点处；

④ 当根据声波透射法判定的墙身质量不合格时，应采用钻芯法进行验证；

⑤ 地下连续墙作为主体地下结构构件时，其质量检测尚应符合相关标准的要求；

3）锚杆质量检测应符合下列规定：

① 支护锚杆应进行验收试验，检测数量不应少于锚杆总数的 5%，且同一土层中的锚杆检测数量不应少于 3 根；

② 检测试验应在锚固段注浆固结体强度达到 15MPa 或达到设计强度的 75% 后进行；

③ 检测锚杆应采用随机抽样的方法选取；

④ 抗拔承载力检测值，对支护结构的安全等级分别为一级、二级和三级时，抗拔承载力检测值与轴向拉力标准值的比值应分别大于 1.4/1.3 和 1.2；

⑤ 当检测的锚杆不合格时，应扩大检测数量。

⑥ 锚杆锁定质量应通过在锚头安装测试元件进行检测，检测数量不宜少于5%，且不得少于5根；

⑦ 除作过验收试验的锚杆外，其余所有锚杆均应进行确认张拉，其最大确认荷载可取锚杆轴向拉力设计值的0.8～1.0倍；

4）水泥土墙质量检测应符合下列规定：

① 应采用开挖方法检测水泥土搅拌桩的直径、搭接宽度、位置偏差；

② 应采用钻芯法检测水泥土搅拌桩的单轴抗压强度、完整性、深度；单轴抗压强度试验的芯样直径不应小于80mm；检测桩数不应少于总桩数的1%，且不应少于6根。

5）土钉墙应按下列规定进行检测：

① 应对土钉的抗拔承载力进行检测，土钉检测数量不宜少于土钉总数的1%，且同一土层中的土钉检测数量不应少于3根；对安全等级为二级和三级的土钉墙，抗拔承载力检测值分别不应小于土钉轴向拉力标准值的1.3倍和1.2倍；检测土钉应采用随机抽样的方法选取；检测试验应在注浆固结体强度达到10MPa或达到设计强度的70%后进行；当检测的土钉不合格时，应扩大检测数量；

② 应进行土钉墙面层喷射混凝土的现场试块强度试验，每500m² 喷射混凝土面积的试验数量不应少于一组，每组试块不应少于3个；

③ 应对土钉墙的喷射混凝土面层厚度进行检测，每100m² 喷射混凝土面积的检测数量不应少于一组，每组的检测点不应少于3个；全部检测点的面层厚度平均值不应小于厚度设计值，最小厚度不应小于厚度设计值的80%；

6）基坑周边止水帷幕的止水效果，应在基坑开挖前进行抽水试验检测。抽水试验点数不应少于3点。

7）对钢筋混凝土支撑结构或钢支撑焊缝施工质量有怀疑时，可采用超声探伤等非破损方法进行检测，检测数量根据现场情况确定。

8）当检测结果不合格的数量大于或等于抽检数的30%时，按不合格数量加倍复测，其检测方法由质监组织设计、监理等人员根据实际情况确定，并根据检测结果作出处理意见。

3.2.8 基坑监测要求

应明确对基坑及其周边环境监测的要求，主要内容包括基坑监测项目、基准点布置、测点布置、监测频率、监测时限、控制值和报警值等。

1）砂层场地的地下水位监测为必做项目，且监测点水平间距不大于20～30m。

2）周边每栋建筑物沉降监测点每边不少于2个。

3）基坑水平位移及支护结构测斜监测点间距不宜大于30m。

4）支撑应布置轴力监测点；每条支撑立柱应布置沉降监测点。

5）每道预应力锚索应进行内力监测。

6）基坑工程监测项目可根据基坑支护安全等级按表3-2的规定来选择。

现场监测项目选择表 表 3-2

序号	现场监测项目	基坑支护安全等级		
		一级	二级	三级
1	支护结构（边坡）顶部水平位移	√	√	√
2	支护结构（边坡）顶部沉降	√	√	√
3	周边建（构）筑物的沉降	√	√	√
4	周边地表的沉降	√	√	△
5	周边地表裂缝	√	√	△
6	支护结构裂缝	√	△	△
7	基坑周围建（构）筑物的裂缝	√	√	△
8	周边地下管线的变形	√	√	/
9	周边地面超载状况	√	√	△
10	渗漏水状况	√	√	△
11	立柱竖向位移	√	△	△
12	周边建（构）筑物的倾斜	√	△	○
13	周边建（构）筑物的水平位移	√	△	○
14	支撑与锚杆内力	√	△	○
15	地下水位	√	△	○
16	支护结构（土层）深层水平位移	√	△	○
17	支护结构内力	△	△	○
18	立柱与土钉内力	△	△	○
19	支护结构侧向土压力或孔隙水压力	△	△	○
20	坑底软土回弹和隆起	△	△	○

注：1. √为应测项目，△为宜测项目，○为可不测项目，/ 表示不存在这种情况。

2. 对深度超过 15m 的基坑宜设坑底土回弹监测点。

3.2.9 基坑周边建、构筑物保护的内容和要求

（1）优化设计方案

在设计上，控制基坑外土体沉降变形，将对建、构筑物的影响降至最低。采取主要措施有：

1）在基坑外侧设置观测井来观测站外水位的变化。

2）保证地下连续墙的施工质量，特别是接头质量，此部分地连墙接头用工字钢接头代替柔性街头，增加防水止水效果。

3）在施工过程中，适当加密钢管支撑的布置，让地面的沉降变形控制在规范范围内。

（2）施工措施控制

1）减少震动对建、构筑物的影响。

2）按照地质报告，控制好泥浆的配比，防止成槽过程发生槽壁坍塌。

3）基坑的降水：加强监测基坑外水位变化，如有较大漏水引起水位下降，应立刻停止降水，对漏水部位围护结构进行加固补强，减少地面沉降变形，避免不均匀沉降对建、构筑物造成的威胁。

（3）广州地区地铁保护措施

针对广州地区，还应加强对地铁的保护，广东省地铁保护的相关规范也应说明在50m 范围保护的要求。措施有：

1）进行土层分块挖掘，充分发挥土层的抗变形能力，减少土体移位。而对地铁沿线两侧的土体，需要坚决依照"分层挖掘"、"分块施工"、"对称建设"和"施工限时"等指标，在保证分块挖掘时的土方大小适中的情况下使用抽条式间隔挖土。同时在施工和检测上保证工程的绝对安全。

2）在维护设计环节中，就要做好对管线的排查、维护。设计的同时应该准确安置监测点和检测设备，如遇轻型管道线路，可以采取迁移法，将其换至安全的、不影响施工的地段，或者径直挖出暴露，对其变形位置进行跟踪处理、及时调节，待该工程完工后再填埋；如遇口径较大、无法迁移的管道线路，可采取隔断法处理，如果管道的水平移动符合要求而沉降无法实现时，可采用注浆法处理，加强施工监测，并保证注浆法的深度比影响界限高。

3.2.10 危大工程重点部位及环境设计要点

根据住房和城乡建设部 2018 年 3 月 8 日发布的《危险性较大的分部分项工程安全管理规定》和《住房城乡建设部办公厅关于实施〈危险性较大的分部分项工程安全管理规定〉有关问题的通知》，危险性较大的分部分项工程包括基坑工程，主要是指：

1）开挖深度超过 3m（含 3m）的基坑（槽）的土方开挖、支护、降水工程。

2）开挖深度虽未超过 3m，但地质条件、周围环境和地下管线复杂，或影响毗邻建、构筑物安全的基坑（槽）的土方开挖、支护、降水工程。

而开挖深度超过 5m（含 5m）的基坑（槽）的上方开挖、支护、降水工程的基坑工程列为超过一定规模的危险性较大的分部分项工程范围。

《危险性较大的分部分项工程安全管理规定》第六条明确规定，设计单位应当在设计文件中注明涉及危大工程的重点部位和环节，提出保障工程周边环境安全和工程施工安全的意见，必要时进行专项设计。

因此，基坑工程设计文件中应明确重要节点、最不利条件下的基坑保护等，包括：

1）应当结合实际的施工场地布置、施工工况、作业流程及使用年限复核支护结构的安全性。

2）应明确危险性较大的重要工程部位与施工节点。

3）应当充分考虑台风、暴雨、周边动静荷载及基础施工对深基坑安全的影响。

4）应当对相邻设施采取保护措施。当不能确定周边建（构）筑物基础形式及埋深时，应当按最不利基础条件进行保护。

5）根据工程及周边环境特点，提出相应的报警预警流程与应急处理措施。

3.3　基坑支护设计论证流程

　　根据 2010 年 8 月 23 日印发的《关于规范基坑支护工程设计文件审查工作的通知》（穗建技〔2010〕1151 号），凡开挖深度大于等于 7m 或地质条件较复杂（如开挖深度范围内软弱土层厚度大于等于 4m）的基坑工程以及采用锚杆、土钉墙或采用人工挖孔桩支护的基坑工程，其基坑支护工程设计文件必须经过广州市建设科学技术委员会办公室组织专家技术评审具体要求按《危险性较大的分部分项工程安全管理办法》以及广州市各区质监站要求进行。新的基坑设计技术论证流程见图 3-2。

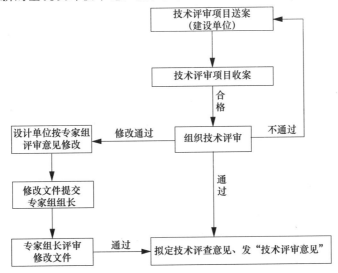

图 3-1　原基坑设计技术评审流程图

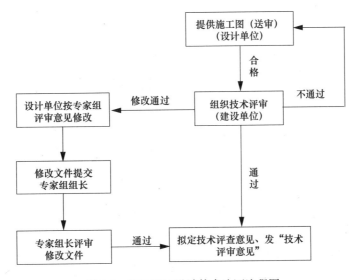

图 3-2　新的基坑设计技术论证流程图

　　根据《广州市城乡建设委员会关于废止基坑支护工程设计审查有关规定的通知》，废止了 2010 年 8 月 23 日印发的《关于规范基坑支护工程设计文件审查工作的通知》（穗建技〔2010〕1151 号），基坑设计评审工作不再由广州市建设科学技术委员会组织，转而交由建设单位组织。

第4章 广州地区基坑工程评审案例分析

4.1 广州地区基坑近年案例分析

近年来基坑设计方案评审的讨论主要集中在基坑现状介绍、基坑支护设计常见技术问题及注意事项总结、评审管理的要求及难点等，经过评审之后可以避免将设计中潜在问题遗留到下一个工程环节，为确保基坑工程安全发挥作用。该过程实际上是专家智慧与实际工程需求相结合从而回馈社会的实践活动。近年来，广州市基坑工程支护设计方案专家评审主要集中在以下几方面的问题，如图4-1～图4-3所示。

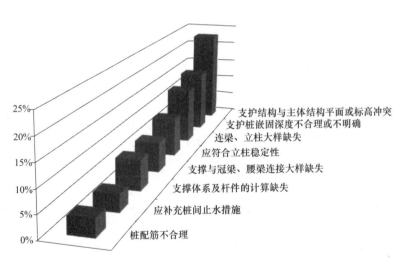

图 4-1 地下连续墙支护形式专家评审意见汇总

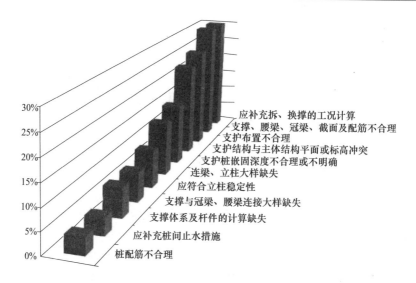

图 4-2　桩-撑支护形式专家评审意见汇总

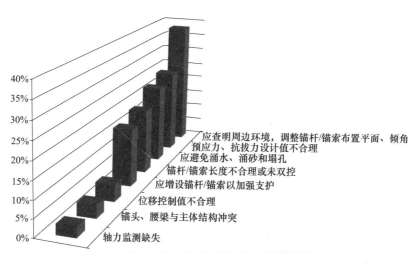

图 4-3　桩-锚支护形式专家评审意见汇总

4.2　基坑评审案例介绍

4.2.1　评审案例一（地下连续墙＋内支撑、兼作地下室侧壁）

（1）工程名称

星河湾集团总部基坑工程

（2）工程概况

本工程基本沿现状秀全西路敷设，呈西北一东南走向，且西端横跨新街大道，为地下二层岛式站台车站，站台宽度16m，站前设停车线，全长539m，车站东、西两端均设盾构吊出井，标准段宽24.9m，现状地面高程9.16～10.45m，有效站台中心里程为 YDK5

＋390.000，中心里程基坑底面高程为－7.020m，车站主体基坑开挖深度为 16.09～18.53m。车站周边分布有大量厂房和民房，多为条形基础或者扩大基础，车站施工场地范围内建筑物均需拆迁。车站施工时在施工场地北侧修建一条 4m 宽的临时人行道，南侧修建一条 8m 宽的临时车行道对秀全西路进行交通疏解，并在西端车站主体结构上方修建临时便桥对新街大道进行交通疏解。车站基坑范围内管线较多，施工过程中需要将基坑范围内管线进行迁改。

（3）工程地质条件

1）地层岩性

工程场地位于秀全西路，属于冲洪积平原，上覆盖第四系土层主要有：人工填土＜1＞、冲坡积成因的粉细砂＜3-1＞、中粗砂＜3-2＞、砾砂＜3-3＞、淤泥质土＜4-2B＞、可塑粉质黏土＜4N-2＞、硬塑粉质黏土＜4N-3＞、硬塑粉质黏土＜5N-2＞、灰岩、炭质灰岩残积成因的可塑粉质黏土＜5C-1＞、硬塑粉质黏土＜5C-2＞。下伏基岩为石炭系石蹬子组地层，主要岩性为灰岩，在勘察揭露深度内，按风化程度有强风化岩带、中风化岩带和微风化岩带。现对本车站场地的岩土工程特征分层综述如下：

① 人工填土层（Q_4^{ml}）

本车站场地分布的人工填土层主要为杂填土，少量为素填土。

杂填土：呈灰黄色～灰褐色为主，局部灰黑色、黄红色等，部分钻孔部表层为混凝土路面，厚 10～30cm，主要填黏土、碎石土、建筑垃圾，松散～稍压实。厚度 0.60～4.80m，平均 2.50m，层底标高 5.11～9.52m。填土层所有钻孔均有揭露，广泛分布于本场地表层。地层代号为＜1＞。

② 冲积—洪积砂层（Q_{3+4}^{al+pl}）

a. 冲积—洪积粉细砂层

呈灰黄色～灰白色等，主要由粉砂、细砂组成，局部夹较多中、粗砂，黏粒含量 5.4％～10.9％；砂粒成分以石英和长石为主，磨圆度好，级配一般～良好，少量级配较差，饱和，松散～稍密状为主，局部中密。做标准贯入试验 28 次，实测击数 6～25 击，平均 11.5 击。层厚 0.7～4.1m，层顶标高－6.47～8.11m，层底标高 9.07～6.80m。多呈尖灭状或透镜体分布。地层代号为＜3-1＞。

b. 冲积—洪积中粗砂层

呈灰白色、灰黄色，以中砂、粗砂为主，含较多细砂及黏粒。砂粒成分以石英和长石为主，磨圆度一般，级配一般。饱和，主要呈稍密状。做标准贯入试验 55 次，实测击数 6～22 击，平均 13.5 击。层厚 0.8～8.4m，层顶标高－8.20～9.14m，层底标高－10.5～7.25m。地层代号为＜3-2＞。

c. 冲积—洪积砾砂层

呈灰白色、灰黄色，以砾砂为主，含较多中粗砂及黏粒。砂粒成分以石英和长石为主，磨圆度一般，级配一般。饱和，主要呈稍密～中密状。做标准贯入试验 329 次，实测击数 11～29 击，平均 17.4 击。层厚 0.5～15.7m，层顶标高－16.43～8.93m，层底标高－21.33～4..8m。地层代号为＜3-3＞。

③ 冲积—洪积土层（Q_{3+4}^{al+pl}）

a. 冲积—洪积淤泥质土层

呈灰黑色、深灰色等，主要由粉黏粒组成，局部含少量粉细砂，饱和，软塑，为高压缩性土。做标准贯入试验 5 次，实测击数 3～5 击，平均 4.4 击。层厚 1.3～6.2m，层顶标高 −7.6～−0.21m，层底标高 −13.8～−1.71m。主要呈断续状分布。地层代号为＜4-2B＞。

b. 冲积—洪积软塑粉质黏土层

呈灰黄色、灰色等，主要由粉黏粒组成，饱和，软塑，为高压缩性土。做标准贯入试验 1 次，实测击数 5 击。层厚 0.5～3.9m，层顶标高 −3.77～−2.08m，层底标高 −5.98～−4.16m。主要呈断续状分布。地层代号为＜4N-1＞。

c. 冲积—洪积可塑粉质黏土层

呈灰黄色、黄红色、棕红色等，主要由粉黏粒组成，局部含少量砂，湿，可塑，为中等压缩性土。做标准贯入试验 125 次，实测击数 5～17 击，平均 10.4 击。层厚 0.5～8.4m，层顶标高 −7.09～9.52m，层底标高 −11.78～7.64m。主要呈层状连续或断续状分布。地层代号为＜4N-2＞。

d. 冲积—洪积硬塑粉质黏土层

灰黄色、棕红色等，主要由粉黏粒组成，局部含较多砂，湿，硬塑～坚硬。做标准贯入试验 35 次，实测击数 15～35 击，平均 19.2 击。层厚 0.5～11.3m，层顶标高 −10.79～2.42m，层底标高 −19.69～0.72m。地层代号为＜4N-3＞。

④ 残积土层（Q^{el}）

本车站场地残积土层主要由灰岩、粉砂岩风化而成，根据母岩性质、残积土的状态和密实程度划分为：

a. 硬塑状碎屑岩残积土层

呈棕红、黄红、褐黄、灰黄、灰白色等，为碎屑岩（砂岩）风化残积土，主要为粉质黏土局部含砂和风化岩岩屑，呈硬塑～坚硬状。本层为中等偏低压缩性土。做标准贯入试验 5 次，实测击数 29～40 击，平均 35.2 击。层顶标高 14.01m。地层代号为＜5N-2＞。

b. 软塑状（炭质）灰岩残积土层

呈深灰～灰黑色，以粉黏粒为主，由（炭质）灰岩风化残积而成，易污手。呈软塑状，为中等压缩性土。做标贯试验 1 次，实测击数 5 击。层厚 0.7～1.7m，层顶标高 −6.86～−3.6m，层底标高 −8.26～−4.8m。地层代号为＜5C-1A＞。

c. 可塑状（炭质）灰岩残积土层

呈深灰、灰黑色，以粉黏粒为主，由（炭质）灰岩风化残积而成，易污手。呈可塑状，为中等压缩性土。做标贯试验 1 次，实测击数 10 击。层厚 1.0～2.8m，层顶标高 −6.53～−3.74m，层底标高 −7.53～−5.50m。地层代号为＜5C-1B＞。

d. 硬塑状灰岩残积土层

呈深灰色，以粉黏粒为主，为灰岩残积土，稍湿，呈硬塑状。本为中偏低压缩性土。层厚 1.3m，层顶标高 −6.86m，层底标高 −8.16m。地层代号为＜5C−2＞。

⑤ 岩石强风化带

根据母岩岩性，将岩石强风化带描述如下：

灰岩强风化带（$C_1 ds$）

呈灰色，岩性为石炭系石磴子组灰岩，岩石组织结构已大部分破坏，但尚可清晰辨认，矿物成分已显著变化，风化裂隙、节理较发育，完整性差，岩体较破碎，岩质软，岩芯呈碎块状、碎屑状。层厚 1.0m，层顶标高 -2.05m，层底标高 -3.05m。本层常呈局部层状分布，或呈夹层状、透镜体状分布。地层代号为 <7C-2>。

⑥ 岩石中风化带

灰岩中风化带（$C_1 ds$）

呈深灰色，岩性为石炭系的石磴子组灰岩，微晶～隐晶质结构，中厚层状构造，风化裂隙，节理发育，岩芯呈块状为主，局部短柱状，岩质较软，RQD 值一般较低，为 10%～40%，局部完整为 80%。层厚 0.10～5.20m，平均 1.47m，层顶标高 -15.41～-2.99m，层底标高 -16.31～-8.21m。本层常呈尖灭状或透镜体状局部分布，地层代号为 <8C-2>。

⑦ 岩石微风化带

灰岩微风化岩带（$C_1 ds$）

呈深灰色，为石炭系石磴子组地层，岩性为灰岩，微晶～隐晶质结构，中厚层状构造，岩芯一般较完整～完整，呈长柱状～短柱状，局部较破碎呈块状，岩质坚硬。RQD 值多为 80%～95%。本层取岩样 184 组，104 组天然湿度状态单轴抗压强度 13.9～120.2MPa，平均 57.3MPa；81 组饱和状态单轴抗压强度 18.8～95.1MPa，平均 53.1MPa；20 组风干状态单轴抗压强度 34.0～111.5MPa，平均 66.1MPa。揭露厚度 0.10～15.6m，层顶标高 -25.40～2.88m，层底标高 -21.9～3.68m。本层常呈厚层状分布，地层代号为 <9C-2>。

2）岩土分界线

残积土层和岩石全风化带在成因上属于岩石，但在物理力学性质指标方面具有土的特性，室内试验结果也是按土层提供，从可挖性方面考虑，它们与岩石强风化带有明显的差别。为了工程实施的便利，本次勘察将岩土分层 <7C-2>、<8C-2>、<9C-2> 层划分为岩层，将岩土分层 <1>～<5C-2> 分为土层，本车站未揭露 <6C> 层。即在垂直方向上以岩石强风化带的上界为岩土分界线。

3）不良地质与特殊地质

本车站场地分布的基岩是石炭系石磴子组地层，岩性较单一，主要为灰岩。地处褶皱和断裂地质构造发育区，位于田美背斜西翼，三华向斜的东翼，主要表现为溶洞较发育、土洞局部发育，未发现崩塌、滑坡、泥石流、采空区等不良地质现象。本场地大部分布有砂层。

① 砂土液化

本场地广泛分布有冲积-洪积粉细砂层 <3-1>、中粗砂层 <3-2>、砾砂层 <3-3>。按国家标准《建筑抗震设计规范》GB 50011-2001 第 4.3.1，场区抗震设防烈度为 6 度，一般情况下可不进行判别和处理，若按 7 度的要求判别，冲积—洪积粉细砂层 <3-1>（$N=6～25$ 击）、冲积—洪积中粗砂层 <3-2>（$N=6～22$ 击）、冲积—洪积砾砂层 <3-3>（$N=11～29$ 击）不液化。

② 岩溶

本场地处于冲洪积平原，灰岩广泛分布，地势较低，岩面覆盖大面积较厚的砂层，地下水丰富，岩溶较发育。本场地本次完成勘察钻孔 107 个，利用初步勘察钻孔 8 个，揭露有溶洞或土洞的钻孔 74 个，总见洞率 64.3%。溶洞呈充填、半充填状，局部无充填；充填物为软塑状粉质黏土、少量灰岩碎屑；局部岩溶顶板极薄，基坑施工开挖后顶板变薄，会造成突涌和塌陷现象。

③ 填土

主要为杂填土，整个场地均有分布。杂填土以填黏性土、碎石土及建筑垃圾为主，松散状态为主，局部稍有压实。填土层一般具有空隙较大、承载力较低、自稳性差、透水性较好的特点，局部含上层滞水，但水量一般不大。

④ 砂土

本场地的沿线分布层状砂层，分为 3 个亚层：粉细砂层＜3-1＞、中粗砂层＜3-2＞、砾砂层＜3-3＞。本场地砂层密实度较差，富水性较强，稳定差，在设计、施工中应给予重视。

⑤ 淤泥质土

本场地的沿线局部分布有淤泥质土＜4-2B＞地层，具有软土的特性，由于淤泥质土层的强度较低，稳定性差，在设计、施工中应给予注意。

⑥ 残积土

本车站场地残积土层有砂岩、（炭质）灰岩残积土，一般呈可塑～硬塑状，局部呈软塑状态。本层物理力学性质变化较大，按其稠度分为 4 个亚层：＜5C-1A＞软塑、＜5C-1B＞可塑、＜5C-2＞硬塑、＜5N-2＞硬塑～坚硬。残积土的性质变化也较大，物理力学性质一般较不均匀，应考虑残积土泡水软化、崩解、承载力降低的特性的不利影响。

⑦ 风化岩

灰岩：一般很少发育全风化带和强风化带，仅极少数钻孔揭露，常呈土状或土夹岩块产出，力学性质接近坚硬土层；中风化岩带一般裂隙较发育，岩芯多呈块状，局部短柱状，岩体完整性差，RQD 值一般很低～较低；微风化岩带一般岩体完整～较完整，局部较破碎，岩质坚硬，岩芯多呈长柱状和短柱状，RQD 值较高，但局部裂隙发育段往往岩体较破碎，RQD 值低，裂隙发育段往往与岩溶发育段伴生，灰岩全风化、强风化、中风化岩具有较明显的泡水软化特性，灰岩微风化的软化特性稍弱。

（4）总体设计思路

根据《广州地区建筑基坑支护技术规定》GJB 02—98 的规定，结合本工程明挖基坑深度、地下水位埋深、土层厚度分布、场地环境，本工程明挖基坑支护安全等级拟按一级考虑。根据基坑周边环境、开挖深度、工程地质及水文地质及施工工期影响，本工程的基坑支护方案采用地下连续墙＋内支撑的支护形式，并在地下连续墙每幅接口位置设旋喷桩止水。

（5）施工监测与监测结果分析

1）本工程中需对地表的沉降及水平位移，围护结构的水平位移，支撑轴力和土体侧向位移等进行监测。

2）将施工中各方面的信息及时反馈给基坑开挖组织者，根据对信息的分析，对基坑工程围护结构体系变形及稳定性加以评价，并预测进一步挖土施工后将导致的变形与稳定状态的发展，以制定进一步施工策略，实现信息化施工。

3）应建立监测成果反馈制度，及时将监测成果报告给现场监理、设计，达到或超过监测项目报警值时应及时研究处理，确保基坑工程安全。监测警戒值的确定应满足《建筑基坑支护技术规程》JGJ 120—99 的相关要求。结合本工程实际情况，各监测项目的监测警戒值确定如下：

① 支护结构桩（墙）顶水平位移：最大水平位移设计容许值为 $0.25\%H$（H 为基坑深度）和 30mm 取小值，警戒值取 0.8 倍设计容许值。

② 基坑围护墙体变形：设计容许值为 $0.25\%H$ 和 30mm 取小值，警戒值取 0.8 倍设计容许值。对于测斜光滑的变化曲线，若曲线上出现明显的折点变化，也应做出报警处理。

③ 建（构）筑物沉降、倾斜警戒值：建筑物倾斜警戒值取 $i<0.003$。

④ 支撑轴力：根据设计计算书确定，警戒值取 0.8 倍设计值。

⑤ 中立柱沉降警戒值：基坑开挖引起的立柱隆起或沉降不得超过 10mm，每天发展不超过 2mm。

⑥ 地表沉降警戒值：最大地表沉降设计容许值为 $0.15\%H$，警戒值取 0.8 倍设计容许值。

⑦ 裂缝开展宽度：对于建（构）筑物既有裂缝的发展速率，每天发展宽度不超过 0.1mm；对于因工程施工引起的建（构）筑物新发生的裂缝，发现后即做报警处理并随时监测。

4）各项监测工作的时间间隔根据工程进程确定，在开挖卸载急剧阶段，间隔时间为 1d，其余情况下为 7d。当有危险事故征兆时，先停止施工，同时进行连续监测。

4.2.2　评审案例二（桩撑结构）

（1）工程名称

广州市南沙区万达广场基坑支护设计

（2）基坑设计概况

本基坑工程位于广州市南沙区环市大道，毗邻珠江出海口（如图 4-4 所示）。本基坑工程地下 2 层，面积约 46870m²，周长约 1004m，开挖深度约 10～11m，核心筒区域加深 5m。

图 4-4　南沙区某工程卫星图

本基坑工程南侧紧邻双山大道及广州地铁 4 号线，西侧为海滨路，东侧为环市大道西，北侧为新建 5 层商业片区；基坑另外三边管线密集，其中基坑西侧红线边存在煤气管道，基坑东、西两侧存在大直径铸铁给水管线。周边遗留下来的片石、漂石、块石分散凌乱（图 4-5）。

南沙地区地层沉积年限仅约两百余年，软弱土层性质差。该淤泥层含水量平均 60.1%，液性指数平均 2.66，反映其物理力学性质极差，且淤泥及淤泥质土层厚均约 40m（图 4-6、图 4-7）。

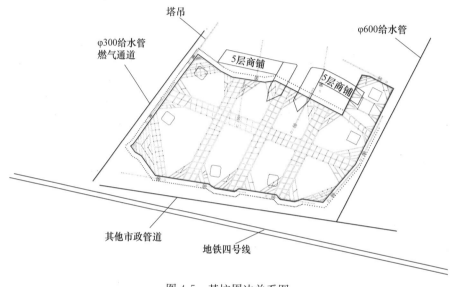

图 4-5　基坑周边关系图

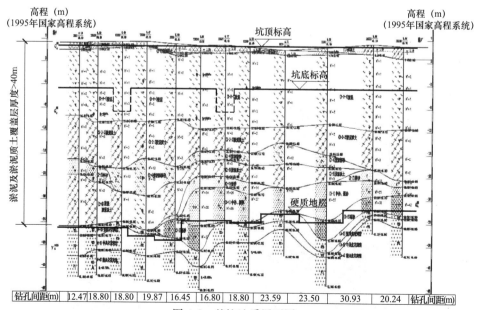

图 4-6　基坑地质展开图

图 4-7　现状淤泥及淤泥质土状况

本基坑项目东北角为支护桩＋两道支撑，其余区域采用双排桩＋一道支撑。基坑项目东、西向支撑长度约 285m，南、北向三条平行的支撑长度约 170m，四周的对撑约 95m，支撑及栈桥桥面面积仅为基坑面积的 18％。见图 4-8。

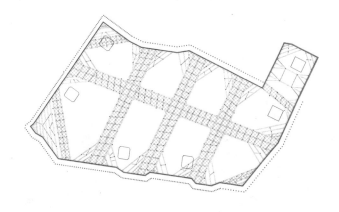

图 4-8　基坑支撑平面布置图

本工程基坑支护设计重点解决两个问题：其一是在地质条件差、周边环境复杂的前提下，如何在确保工程造价合理的基础上基坑支护结构安全和周边环境正常使用；其二是在紧迫的工期要求条件下，如何确保土方开挖和塔楼主体结构按时完成。

（3）技术成效与深度

本项目有效解决南沙地区高含水量深厚软弱土层大型深基坑项目的安全问题、变形问题和工期问题。

1）解决了复杂周边环境下基坑变形控制问题。基坑北侧商业区的建筑、结构、给排水、施工塔吊与基坑支护关系复杂；基坑周边涉及年久失修的大型铸铁给水管线、燃气管线、地铁线路，变形要求高，要保证周边环境在复杂条件下基坑及周边环境安全。采用双排桩＋一道内支撑方式保证基坑及地铁安全；采用加强盖板、设缝处理保证塔吊与盖板交叉影响的安全问题；采用地基加固方式保证煤气管线及供水管线的安全；采用线割等低噪声低动载的拆撑方式保证地铁正常运营。

本项目基坑工程中，支撑及栈桥桥面面积仅为基坑面积的18％，满足设计施工要求同时，还为6个塔楼创造提前施工的条件（图4-9）。

图 4-9　基坑支护鸟瞰图

2）解决了基坑止水控制、止淤控制问题。本场地地质条件非常差，而蕉门水道又提供充裕的侧向补给。同时，流塑状淤泥无法形成良好的土拱效应而从桩间缝隙中挤出。本项目采用新型止水机械设备，解决止水、止淤的问题。六轴搅拌桩做为止水桩有效截断了基坑内外水力联系，确保基坑内相对干燥作业，为六轴搅拌桩在广东省的地区应用开展了地区适应性验证（图4-10）。

图 4-10　六轴搅拌桩机台

3）解决基坑周边限载要求、施工开挖工作面问题、土方搬运问题。

本项目采用支护结构盖板及支撑作为便道、栈桥，实现支护、施工一体化的目标。施工荷载作用在盖板之上，可避免形成额外的施工荷载，减少施工荷载对基坑安全的影响、基坑的造价也有所减少。

同时，基坑支护支撑布置了一条长达 285m、三条 170m 栈桥及支撑两用的水平支撑及 800m 长的环形施工盖板便道。该两用水平支撑布置为目前国内最长的项目，为超长超大基坑支撑在支撑稳定性及应力裂缝等问题提供了经验。

4）解决了土方机械材料运输、长臂挖掘机施工作业宽度要求。本项目设置栈桥，使得基坑内大部分土方开挖及土方机械材料运输均在栈桥上完成。同时，本基坑栈桥支撑间距考虑了加长臂挖掘机设备的勾臂长度，避免开挖的盲区。

5）解决软土地区大面积补桩问题，同时保障格构柱、工程桩、支护桩的安全。

6）解决施工过程中的车载惯性抗剪问题。对栈桥上满载车辆设备的行车速度提出了设计要求，同时对栈桥下的格构柱之间提供了抗剪稳定斜杆（图 4-11）。

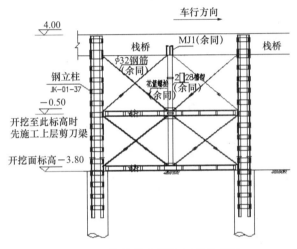

图 4-11　抗剪稳定斜杆立面示意图

7）解决预留钢筋与主体的位置差的问题。支撑格构柱采用永临结合方式，要求控制栈桥支撑温度应力产生的变形，减小支撑梁下的格构柱与主体结构立柱的位置差。

8）解决建筑物拟建管线（特别是给水、燃气管线）地基处理难题。拟建管线位于软弱土层之中，而管线地基处理耗时耗钱。本项目利用支护结构，避免管线的地基处理、节约造价、节省工期。

9）解决了业主对塔楼先施工及销售的时间节点问题。通过调整支撑布置，避让主体塔楼位置。

10）双排桩方案中采用长短桩支护方式，并采取分段配筋方式，节省支护桩造价约 15%，解决了工程造价限额问题。

（4）评议与讨论

1）在南沙地区软土深厚、性质差、周边环境复杂的前提条件下，基坑支护设计采用长短桩方案、支撑作为栈桥兼作出土通道、双排桩盖板兼作施工便道、利用支护结构放置新建管线避免管线地基处理，确保基坑支护结构安全和周边环境正常使用，满足工程工期进度要求并大幅节省工程造价，作为南沙地区深大基坑支护设计和施工的样板工程，为南沙地区甚至华南地区类似工程提供了借鉴之用；

2）基坑支护支撑布置了一条长达 285m、三条 170m 的栈桥、支护两用支撑及 800m 长的环形施工盖板便道，为超长超大基坑支撑在支撑稳定性及应力裂缝等问题提供了经验。

3）广东省内首次使用六轴搅拌桩的项目，为六轴搅拌桩在广东省（特别是南沙地区）的地区应用开展了地区适应性验证。

4）基坑采用了支撑兼做栈桥的方式，使得大部分土方开挖及土方运输均在栈桥上得以完成，解决施工设备难以在淤泥中作业的难题，为本基坑项目开挖的临时措施节减很大的造价，节省临时措施对项目工期的损耗，实现余泥减排、水土保持的环保效益。

（5）类似工程的专家意见汇总

1）应补充拆、换撑的工况计算；

2）支撑、腰梁、冠梁、截面及配筋不合理；

3）支撑布置不合理；

4）支护结构与主体结构平面或标高冲突；

5）支护桩嵌固深度不合理或不明确；

6）连梁、立柱大样缺失；

7）应复核立柱稳定性；

8）支撑与冠梁、腰梁连接大样缺失；

9）支撑体系及杆件的计算书缺失；

10）应补充桩间止水的措施；

11）桩配筋不合理。

4.2.3 评审案例三（桩锚结构）

（1）工程名称

南玻地块（城市广场）项目-二期基坑工程

（2）基坑设计概况

本工程为广州市黄埔区某二期基坑工程；工程地点位于广州市黄埔区开创大道与黄埔东路交汇处东面约 300m，为原南方玻璃厂旧址；工程重要性等级为一级、场地复杂程度及地基复杂程度等级属二级，岩土工程勘察等级为甲级；本基坑东侧为现有空地，北侧紧贴 A 地块基坑（已开挖至坑底），西侧为富南路，南侧为农田。

本基坑面积约 32616.26m²，周长约 855.54mm，开挖深度有 7.9～8.1m、3.7～4.2m 两种；最终开挖深度以最终底板、承台及地基处理施工需要确定，具体开挖深度以最终底板、承台及垫层施工需要确定。

工程地质及水文情况：在勘探孔深度范围内，按地质成因分为第四系填土（Q^{ml}）、冲积土（Q^{al}）和燕山期基岩，现自上而下分述如下：①填土（Q^{ml}）、①-1 碎石素填土（Q^{ml}）、①-2 砂性素填土（Q^{ml}）、②冲积土（Q^{al+dl}）、②-1 淤泥质土（Q^{al}）、②-2 粉细砂（Q^{dl}）、②-3 淤泥质土（Q^{al}）、②-4 粉质黏土（Q_{al}）、②-5 淤泥质土（Q^{al}）、②-6 中砂（Q^{al}）、②-7 粉质黏土（Q^{al}）、②-8 中粗砂（Q^{al}）、④-1 强风化层、④-2 中风化层、④-3

微风化层。

地形、地貌及工程环境：场地位处珠江三角洲冲积平原区，属河口三角洲堆积地貌；现为空地，原有建筑已拆除，但大部分旧基础及原有的地下管线未清除，地面高程约 8.5～9.5m，局部有临时砂土堆或积水坑，大部分区域与邻近混凝土道路路面标高相差不大，局部稍高或稍低，雨季时，低洼区域会出现短时积水现象；场地东侧为康南路，西北侧为广深大道西，西南侧为富南路，交通条件较好，北侧为厂区，其余各侧为空地或临时停车场；场地内局部区域见地下管线标志及砂井（主要为给、排水管道），康南路及其人行道上见有地下管道、管线标志及砂井（包括通信光缆、燃气管道、路灯供电线、污水管道等），施工前应勘察清楚并妥善处置，施工时应注意安全及防护。

特殊性岩土、不良地质作用和地质灾害：根据各岩土层的分布和特性描述，勘察区范围内分布的特殊性岩土主要有填土、软土和风化岩；场地不存在地下岩溶、地面塌陷、活动断裂及崩塌、滑坡等不良地质作用和地质灾害。①填土：广泛分布，土质不均匀，以砂土、碎石为主，局部为黏性土或杂填土，填土时间稍长，厚薄不一，松散～稍密，中压缩性。②软土：为②-1、②-3 及②-5 层淤泥质土，含水率高、孔隙比大，属中等灵敏土，含粉砂及腐殖质，大部分区域有分布，厚度局部稍大。③风化岩：广泛分布，层厚及埋深局部变化稍大，偶见相对硬夹层（微风化岩残留体），分布、厚度无规律性。

水文地质概况：场地位于珠江三角洲冲积平原区，地下水类型属孔隙潜水，主要赋存于砂土层孔隙中，浅部地下水接受降水及邻近地表积水补给、以蒸发为主的方式排泄，水位受季节影响，与地表水有水力联系；深部地下水由于上覆相对隔水层，补给、排泄作用微弱，具微承压性。基岩裂隙水赋存于岩层裂隙中，富水程度受裂隙发育程度及补给条件控制，据勘探孔资料结合地区经验，裂隙富水程度弱，但不排除富水性较强的裂隙带存在的可能性。根据室内渗透性试验结果及土性判断：①-1 层碎石素填土属强透水性，①-2 层砂性素填土、②-6 层中砂、②-8 层中粗砂属中等～强透水性，②-2 层粉细砂属弱～中等透水性，④层基岩属弱透水性，其余岩土层为微～极微透水性。②-2、②-6 及②-8 砂层为主要含水层，由于连续性较好，总厚度稍大，透水性较强，故地下水较丰富。

支护设计：

本工程基坑支护安全等级为二级，基坑侧壁重要性系数 1.0。根据场地质情况、地物地貌、建筑功能、周边情况及经济指标优选设计方案：1a-1a 剖面、1b-1b 剖面（基坑西侧）：上部放坡＋下部桩锚（$\phi800@950$，一道锚@2000）；2-2 剖面（基坑西南侧）：上部放坡＋下部桩锚（$\phi800@950$，一道锚@1500）；3-3 剖面（基坑南侧侧）：上部放坡＋下部桩锚（$\phi800@950$，一道锚@1800）；4-4 剖面（基坑南侧）：直接放坡开挖，坡率 1：1.25；5-5 剖面（基坑东侧）：直接放坡开挖，坡率 1：1.25；6-6 剖面（基坑北侧）：直接放坡开挖，坡率 1：1.25；基坑采用单排 $\phi800$ 大直径搅拌桩止水，局部位置为单排 $\phi600$ 普通搅拌桩。典型剖面见图 4-12。

（3）专家评审意见

1）应补充出土口设计，增加出土口数量；

2）应补充承台、电梯井坑中坑支护；

3）锚索穿过搅拌桩破坏止水帷幕完整性，宜在支护桩外侧增加一排搅拌桩止水；

4）建议西南角改为支护桩加内支撑形式；

5）复核 1a-1a、1b-1b 剖面上部放坡的稳定性；

6）宜调整支护桩嵌固深度控制要求，并复核支护桩整体稳定性；

7）宜调整锚索入岩深度要求；

8）一、二期交界区段的沉降、位移监测点宜布置在搅拌桩顶。

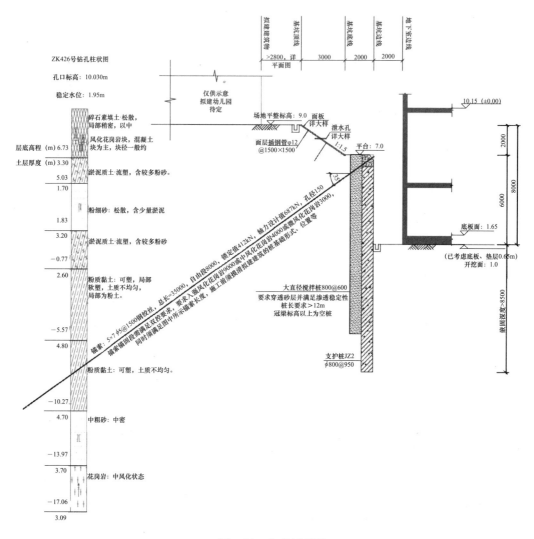

图 4-12　典型剖面图

（4）评议与讨论

因锚索作为水平支护结构，可提供方便的出土空间，在基坑工程界是最常见的支护形式。但是，本基坑西南角位置基坑平面呈阳角，锚索施工过程中容易出现碰撞、干扰，且容易产生群锚效应，故专家提出西南角改为内支撑形式。

广州地区岩面起伏很大，甚至同一个基坑存在岩面相差十几米，而且软土等土层存在分布不均匀的特点。基于基坑工程安全考虑，结合工程经验，评审专家提出了锚索、支护桩、止水桩都应采用双控指标，特别锚索因满足入岩要求。

本工程桩锚上部采用小放坡形式，但计算时未考虑土方开挖至冠梁底、冠梁未浇筑这一不利工况，这也是桩锚支护设计中的通病，故专家评审会提出复核 1a-1a、1b-1b 剖面上部放坡的稳定性，要求冠梁以上小放坡高度不宜大于 2.0m。

（5）类似工程的专家意见汇总

1）应查明周边环境，调整锚杆/锚索布置平面、倾角；

2）预应力、抗拔力设计值不合理；

3）应避免涌水、涌砂和塌孔；

4）锚杆/锚索长度不合理或未双控；

5）应增设锚杆/锚索以加强支护；

6）位移控制值不合理；

7）锚头、腰梁与主体结构冲突；

8）轴力监测缺失。

4.2.4　评审案例四（中心岛法）

工程一

（1）工程名称

太古汇项目土方开挖及基坑支护工程

（2）基坑设计概况

该项目位于广州天河中央商业区核心地段，总建筑面积达 456700m^2。地下 4 层，地上主要建筑为 3 栋塔楼（塔楼 1 为 42 层写字楼，高 212m；塔楼 2 为 29 层写字楼，高 165m；五星级酒店 30 层，高 128m）、一座大型购物中心和一座以影院为主的大型娱乐中心。

本工程基坑面积约 4.2 万 m^2，平面基本呈矩形，两边边长尺寸为 260m 和 160m，基坑深度为 22.5～23.5m，是广州当时最大的单体基坑工程。该项目由广州市某公司投资。本工程，东侧为新光快速路的下穿隧道；南侧为地铁三号线石牌桥站；西侧由南至北分别为的两栋高层（二层地下室）及一栋 5 层的天河中学；西北角为某居民小区；北侧为二层地下室的操场及二层地下室的凯德置地高层建筑物，见详图 4-13～图 4-15。

场地地势较为平坦，为丘间洼地地貌单元。根据场地钻孔揭露，人工堆积层（Q^{ml}）①杂填土；冲积层（Q^{al}）②淤泥质土；③粉土；④细砂；坡积层（Q^{dl}）⑤粉质黏土；残积层（Q^{el}）⑥粉质黏土。

经钻探揭露，下伏基岩为白垩系上统大朗的组三元里段（K$_2$dl）细砂岩及砾岩。全风化细砂岩：层顶面埋深 6.00～19.20m，分布整个场区。强风化细砂岩，层顶面埋深 6.00～26.3m，分布整个场区，该层风化不均匀，呈多韵律状，夹中风化、微风化岩。中风化细砂岩，层顶面埋深 10.00～30.3m，微风化细砂岩，层顶面埋深 16.70～33.60m。岩面起伏非常大。

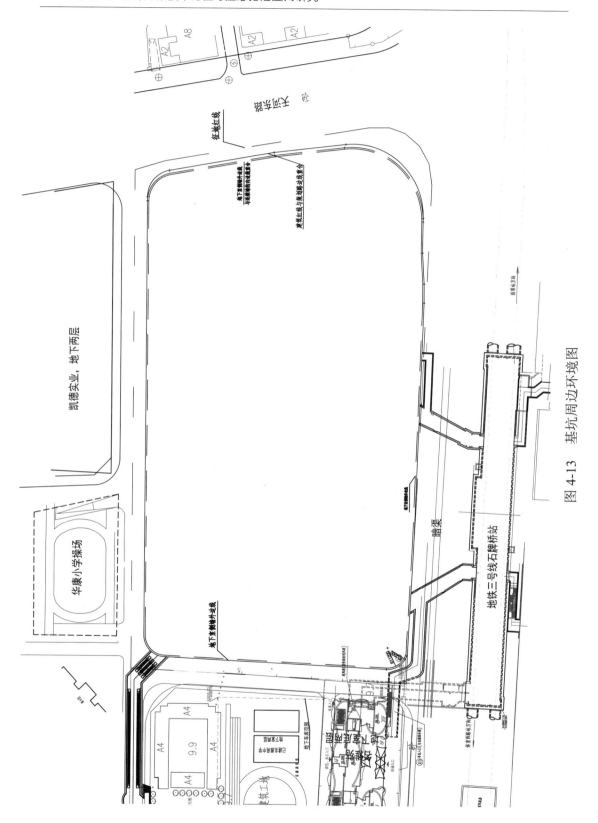

图 4-13　基坑周边环境图

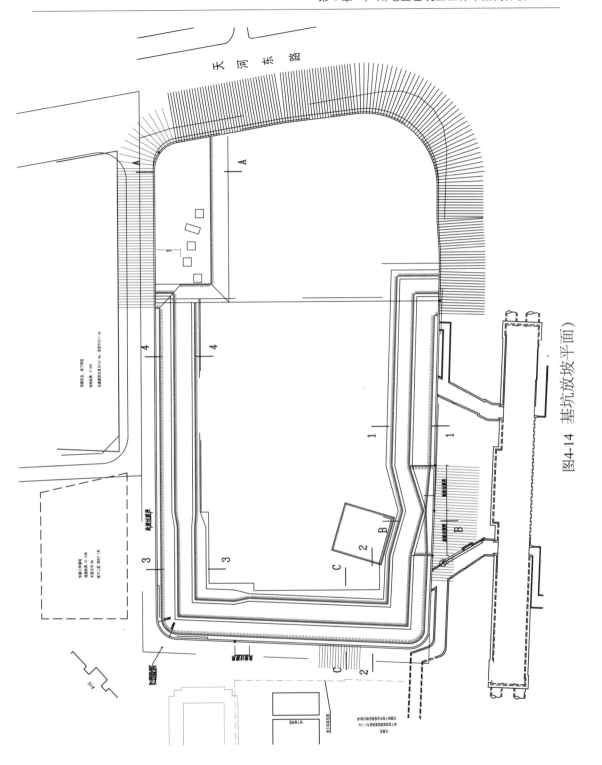

图 4-14 基坑放坡平面）

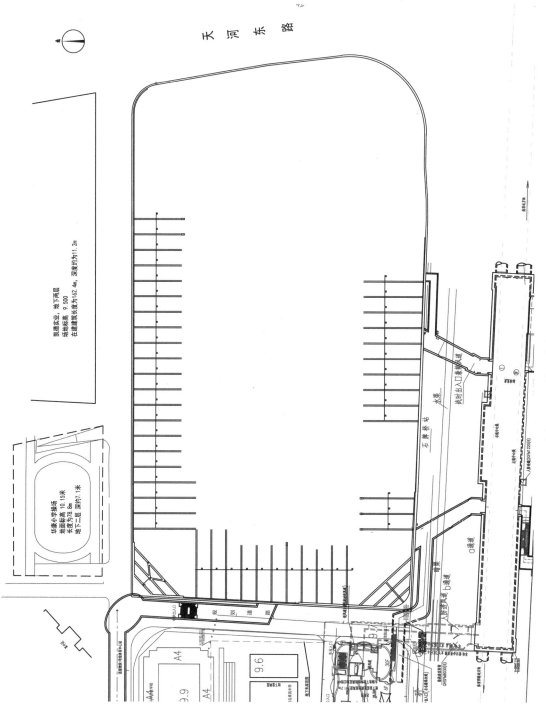

图4-15 基坑支撑平面图

场地主要含水层为杂填土层、砂层、粉土层中的孔隙水及基岩裂隙水；杂填土中的孔隙水为上层滞水，水位随季节的变化而起伏，主要受大气降雨和生活用水的补给；砂层和粉土层为承压水，受上层滞水垂直入渗及本层侧向补给；基岩裂隙水主要赋存在强风化及中风化岩层中，属于承压水，主要受裂隙水的侧向补给，同时，侧向渗透为其主要的排泄形式。

（3）基坑评审意见

2005 年 5 月 27 日广州市建设科技委员会组织专家进行了技术审查。2008 年 10 月 27 日广州市建设科技委员会组织专家该基坑支护（变更）设计进行了技术评审。会后，设计单位根据专家组意见对（变更）设计进行了修改并于 2008 年 11 月 20 日将修改文件提交广州市建设科技委员会办公室，现将两次评审做如下简述。

1）2005 年 5 月 27 日评审

该工程基坑开挖深度约 23.5m，周长约 840m，周边房屋、道路及管线等建（构）筑物较多。设计根据场地地质条件和周边环境，采用地下连续墙加内支撑及锚索结合中心岛开挖的支护型式总体上安全可行。存在问题如下：

① 该基坑位于市区重要地段，周边道路和管线较多，施工工序复杂，应进一步查明周边情况，细化施工方案，严格控制基坑位移，确保安全。

② 应进一步明确连续墙槽段划分，细化钢构柱设计，优化腰梁的配筋。

③ 应根据地质情况适当增加支护设计剖面，以优化墙身配筋和锚索布置，节约投资。

④ 应根据锚索的计算内力优化锚索的束数和布置，锚索长度宜以入岩长度为控制标准。

⑤ 应充分考虑基坑与地铁通道的相互影响，西南角处基坑施工应在地铁通道完成之后进行，以确保安全。

⑥ 建议采用地下室结构层或结构梁格作为连续墙内支撑，以方便施工，节约投资。

⑦ 建议取消第一道支撑，以方便施工，节约投资。

你司应督促设计单位根据上述意见修改、完善设计。施工过程应按照《建筑地基基础设计规范》GB 50007—2002、广东省《建筑地基基础设计规范》DBJ 15—31—2003、《建筑基坑支护技术规程》JGJ 120—99 及《广州地区建筑基坑支护技术规定》GJB 02—98 的规定严格执行，并委托有相应资质的单位对基坑及周边环境进行严密监测，设计单位和施工单位要做到"动态设计与信息化施工"，根据地层岩性和现场情况的变化，及时调整设计，确保基坑及周边环境的安全。

2）2008 年 10 月 27 日变更

该工程位于天河区天河路以北，天河东路以西地块，基坑开挖深度约 23.5m，周长约 840m。基坑东侧紧邻天河东路；南侧紧邻天河路，存在较多市政管线和 2m 宽箱涵，距地铁三号线石牌桥站约 32～36m，距石牌桥至岗顶区间隧道约 36m，西侧距两栋有两层地下室的高层建筑物约 12m，距天河中学五层框架建筑物约 19m，西北侧为某居民小区，北侧西段为有两层地下室侧操场，北侧东段距有两层地下室的高层建筑物约 20m。场地自上至下主要地层为：杂填土层、淤泥质土层、中砂层、粉质黏土层和不同风化程度细砂岩和砾岩，局部存在中砂层等不利地层。原基坑采用地下连续墙加内支撑结合中心岛法施工或锚索的支护型式，现所有连续墙槽段已经完成、A 区基坑支护结构（锚索）已经施工完成，大部分地下室结构已完成至±0.00；B区15轴（北侧97♯槽段附近）以东中心岛结构已完成至±0.00；基坑支护内支撑正进行施工，西南角、西北角已完成第一、二道钢筋混凝土内支撑，第三道钢筋混凝土内支撑正在施工；本次变更设计部分为B区（15）轴（97♯槽段）以西区段。变更设计根据场地地质条件、周边环境和施工现状，将该区段原地下连续墙加内支撑结合中心岛法施工的支护型式改为地下连续墙加预应力锚索的支护型式基本可行。存在问题如下：

① 应充分考虑基坑前期已发生的变形量，且应以后期位移控制要求和锚索的设计抗拔力方面体现出来，并复核锚索的长度和数量是否满足要求。

② 应复核连续墙吊脚槽段的承载力是否满足在支护变更后受力变化的要求，并补充连续墙吊脚槽段的处理方案和支护加强措施。

③ 应根据变更设计有针对性地调整监测方案，重点监控锚索的应力状态。

④ 应进一步细化完善基坑支护设计。

⑤ 本工程基坑南侧存在运行中的地铁三号线石牌桥站和"石～岗"矿山法区间隧道，且地铁石牌桥站Ⅰ、Ⅱ号通道与本项目地下二层连接，有关地铁保护的要求应严格按广州市地下铁道总公司《关于太古汇工程基坑支护修改设计方案的复函》（穗铁地保函〔2008〕156号）的规定执行。

工程二

（1）工程名称

广州纺织博览中心南区基坑设计

（2）基坑设计概况

工程位于广州市海珠区逸景路南侧，基坑开挖深度约18.55～19.55m，周长623.0m。基坑北侧为逸景路，下方拟建规划地铁11号环线；基坑东侧为河涌，东南角为在建一层桩基础变电站配点综合楼，距地下室边线最近约5.0m；基坑北侧有电力等市政管线需保护。

地形地貌：该拟建项目位于广州市海珠区逸景路南侧。地貌单元为珠江三角洲平原，经人工填土平整，场地内地势较平坦。钻孔孔口高程为6.72～10.01m，相对高差3.29m。

岩土层构成及工程特性：据钻探资料，场区地层自上而下由人工填土层、冲积层、残积层及白垩系基岩四大类组成。现将各岩土层的分布特点及物理力学性质分述如下：

1）人工填土层

以素填土为主，颜色以灰白、灰黄色等，本层稍湿，松散，欠压实，成分多由建筑垃圾、余泥渣土、碎布等堆填而成，结构疏松。

2）第四系冲积层

① 淤泥质土：厚度为0.60～4.90m，平均1.84m，颜色以灰黑色为主，饱和，流塑，黏性较强，含较多粉细砂。

② 粉砂：厚度为2.10～3.70m，平均2.90m，本层颜色呈浅灰色—深灰色为主，饱和，稍密，含较多黏粒，分选差，本层多呈透镜体状。

③ 中（粗）砂：揭露厚度为 1.10~7.70m，平均 3.81m，本层颜色呈浅灰色—灰白色为主，饱和，稍密~中密，以稍密为主颗粒不均匀，含少量黏粒，分选差。

④ 粉质黏土：揭露厚度为 1.00~3.50m，平均 2.44m，本层颜色以褐红色间灰黄花斑状为主，湿，可塑状，黏性一般。含较多粗砂。

3）残积层（粉质黏土）

本层呈褐红色，硬塑为主，由粉砂质泥岩风化堆积而成，以粉质黏土为主。

4）白垩系基岩

白垩基岩（K）岩性为粉砂质泥岩，青灰色为主，细粒结构，厚层状构造，分布于地下深部。按其所受风化程度可分为强风化泥岩、中风化泥岩、微风化粉砂质泥岩。现分述如下：

① 强风化泥岩：揭露厚度为 0.50~21.20m，平均 7.20m，本层颜色以浅灰色为主，岩石强烈风化，岩芯呈半岩半土状、土柱状，部分碎块状，岩石风化不均匀，含较多中风化岩块。

② 中风化泥岩：揭露厚度 3.60~27.50m，颜色呈浅灰色，岩芯呈块状—柱状，以块状为主，岩石较破碎，属极软~软岩。

③ 微风化粉砂质泥岩：揭露厚度 3.70~5.30m，颜色以褐红色为主，岩芯多呈短柱状，属较软岩。

水文地质条件：场区地下水类型主要为第四系孔隙水、基岩裂隙水，上部松散土层孔隙水较丰富，含水层主要为人工填土层、冲积砂层，与地表水有较强的水力联系，场区含水层（砂层）较厚，第四系孔隙水较丰富，基岩裂隙水较贫乏，地下水的补给主要为大气降水的垂直补给。勘察期间测得的地下水位埋深为 1.30~3.00m。

（3）基坑评审意见

2013 年 5 月 7 日广州市建设科技委员会组织专家进行了技术审查。2014 年 1 月 27 日及 2014 年 3 月 13 日广州市建设科技委员会组织专家对广州市设计院承担的该基坑支护（变更）设计进行了技术评审。会后，设计单位根据专家组意见对（变更）设计进行了修改并于 2014 年 3 月 21 日将修改文件提交广州市建设科技委员会办公室，现将三次评审做如下简述。

1）2013 年 5 月 7 日评审

基坑支护设计采用：支护桩＋锚索、上部放坡＋支护桩＋锚索，局部为支护桩＋内支撑，支护桩桩径有 $\phi1200@1400$、$\phi1200@1500$、$\phi1500@1800$ 多种，止水用桩外双排深层水泥搅拌桩、双排水泥搅拌桩＋旋喷桩。

专家评审意见：方案思路可行，存在如下问题：

① 基坑东南角变电站支护段采用桩锚支护，锚索需穿过变电站桩隙，实际施工难度较大，建议东南角改为角撑体系；

② 补充周边市政到、管线和建（构）筑物的详细情况，补充逸景路管线、道路的监测点；

③ 计算和图纸锚索的间距、应力不匹配，且锚索轴力设计值、锁定值太大，应先做基本试验；阳角处锚索相互干扰，建议取消折角；

④ 周边地质钻孔密度不够，特别是变电站位置，应满足规范要求；

⑤ 5-5 剖面、6-6 剖面支撑体系为桁架，应采用专门的空间计算。

2）2014 年 1 月 27 日评审

基坑支护设计采用：800mm 厚地下连续墙＋锚索锚拉，800mm 厚地下连续墙＋内支撑，部分区段采用地下连续墙内侧留土台＋中心岛半逆作法。

专家评审意见：支护方案思路可行，存在如下问题：

① 中心岛逆作法采用盖挖法，出土困难，应补充出土设计；

② 应补充中心岛逆作法开挖工况，注明是采用一层开挖还是两层开挖（关系到支护结构安全），特别是负二三层楼层高度仅 3.9m，分两层开挖不利于开挖施工；

③ 逆作法楼板作为地下连续墙的支撑，其立柱、楼板开洞对应的框架梁均应补充详细的受力分析，并注意与结构完成的受力状态不同；

④ 中心岛内侧反压土体稳定性要复核计算，放坡平台处于淤泥质土中，应进行换填或加固处理；

⑤ 地下连续墙开孔施工锚索存在漏水漏砂风险，特别是砂层较厚范围；

⑥ 基坑东北角支撑布置体系不合理，受力不清晰，应调整完善；

⑦ 中心岛阳角位置应复核边坡稳定性，并注明避免锚索交叉施工。

3）2014 年 3 月 13 日评审

基坑采用 800 厚地下连续墙加四道预应力锚索（图 4-16）或三道钢筋混凝土内支撑（局部二道钢筋混凝土内支撑加一道预应力锚索，见图 4-17）支护；北侧靠近拟建地铁区域采用"中心岛"法（800mm 厚地下连续墙内侧留土台，分二级放坡结合锚喷加固土台，待东南西三侧地下室完成后才施工该部位的地下室，见图 4-18），存在高差部位采用复合土钉墙的支护型式，基坑平面见图 4-19。

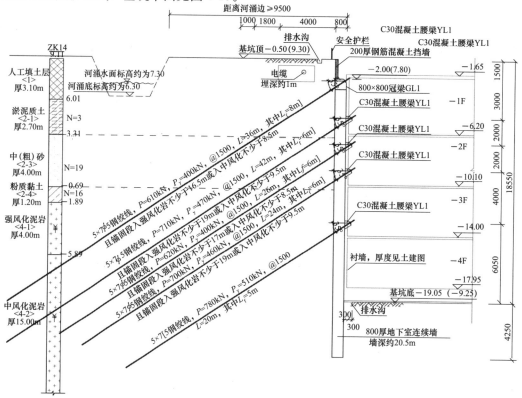

图 4-16　基坑地下连续墙＋锚索剖面图

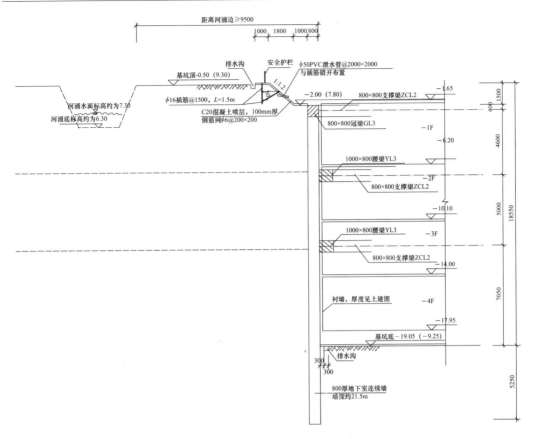

图 4-17　地下连续墙＋内支撑剖面图

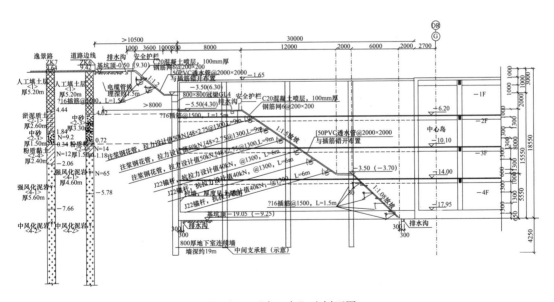

图 4-18　"中心岛"法剖面图

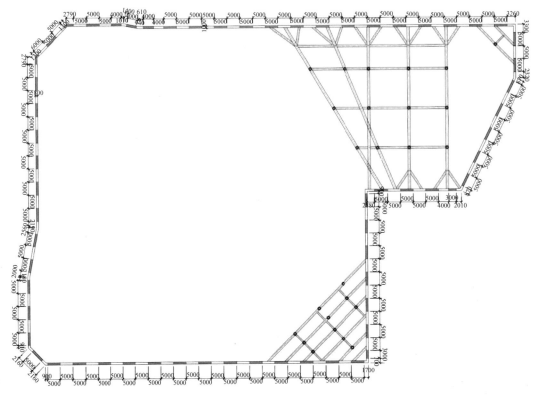

图 4-19　基坑平面图

本次具体支护方案如下：±0.00 相当于 9.8m（广州城建高程，以下均同），基坑底高程为 −9.25～−10.45m，基坑开挖深度约为 18.55～19.55m。其中基坑邻近规划地铁十一号线侧的自编号 AE 和 EG 区段，AE 段采用"反压土＋中心岛＋逆作法"施工，其顶部 3m 采用 1∶1.2 放坡，基坑下部 15.55m 采用 0.8m 厚地下连续墙＋二级放坡的支护形式，墙深约为 19.0～19.5m，墙底穿过基坑底进入强风化岩不少于 6m，进入中微风化不少于 4m，坡面均采用 φ0.48m@1.3m 注浆钢花管加固，钢花管长度为 6～9m，顺做中心岛主体结构，然后开挖反压土，从负二层楼板往负四层逆做施工主体结构。EG 段顶部 1.5m 采用 1∶1.2 放坡，下部 18.05m 采用 0.8m 厚地下连续墙＋三道 1m×1m 混凝土内支撑的支护形式，墙深约为 21.5～21.8m，墙底穿过基坑底进入强风化岩不少于 6m，进入中微风化岩不少于 4m。经核查，该工程地下连续墙外边线与规划地铁十一号线"逸景路～轻纺城"区间隧道结构外边线的最小水平净距约为 15m，对应范围地铁隧道顶的覆土厚度约为 10m。

专家评审意见：方案总体可行，存在如下问题：

① 部分锚索从粉砂层穿入，施工时应注意涌砂，建议在地下连续墙外进行局部土体加固或调整位置；

② 土台开挖完成前，东北角、西北角的支撑不能拆除；

③ 地下连续墙钢桁架间距偏大，宜缩小；

④ 地下连续墙部分嵌固深度偏短；

⑤ 应对东北角支撑系统进行整体计算，并对杆件布置进行复核、优化；

⑥ 11-11、12-12 剖面地下连续墙墙顶放坡应放缓以确保安全；

⑦ 规划地铁十一号线"逸景路～轻纺城"区间隧道沿逸景路东西向地下穿过，有关地铁保护的要求应严格按《广州市地铁总公司关于纺织博览中心南区工程基坑支护设计方案请审的复函》（穗铁地保〔2013〕183 号）的规定执行。

（4）评议与讨论

本基坑周边环境极其复杂，存在市政道路、规划地铁线路、重要建筑物及市政管线；支护形式选型复杂，采用预应力锚索、钢筋混凝土内支撑、中心岛法、复合土钉墙等支护形式；共组织了三层专家评审会，提出了许多宝贵的意见，在基坑设计阶段将各种缺陷排除，为基坑安全施工提供了良好的基础。

基坑东南角存在重要建筑物变电站，原方案采用锚索支护，锚索需变电站工程桩桩隙，而该位置又是阳角，实际施工难度很大，很可能产生锚索相互干扰的不利局面，甚至锚索钻头打到变电站工程桩造成破坏，故专家提出东南角改为角撑体系。

本基坑采用四道预应力锚索，而周边存在市政道路、管线，原设计图纸中未提供周边管线资料，若贸然施工，存在锚索钻头打到电力管线的巨大风险，因此专家评审意见提出应补充逸景路管线资料，设计图纸中应标明管线位置、埋深、管径等参数，相应调整锚索角度以避开，且补充道路、管线监测点。

中心岛逆作盖挖法在基坑设计中属于较复杂的基坑设计类型，存在以下几个难点：

1）出土困难，在地下室结构已经施工后如何出土是关键，特别是楼板开洞的布置，若大面积开洞会影响地下室施工进度，根据出土口位置选择楼板开洞十分关键；

2）逆作法利用主体结构的楼板、框架梁作为基坑的内支撑体系，应注意其与正常工况下的结构受力状态不同，原设计图纸中未考虑该不利工况下的立柱、楼板开洞对应的框架梁的计算，故专家评审提出应补充该部分验算；

3）本工程中心岛内侧反压土体处于淤泥质土中，能否有效地为支护桩起到反压作用。原设计图纸未考虑，应进行复核计算，必要时采取换填或加固处理。

本基坑工程要求在地下连续墙开孔施工锚索，局部位置存在深厚砂层，锚索施工过程中存在涌水、涌砂隐患，专家建议在连续墙外侧局部土体进行加固，或者调整锚索位置、角度来解决该难题。

（5）类似工程的专家意见汇总

1）未考虑周边环境限制，锚索平面布置、倾角设定不合理或忽视群锚效应；

2）预应力值、抗拔力值不合理或与锚索规格不匹配；

3）锚索长度不合理或未采取长度双控措施；

4）未考虑防止塌孔、涌水、涌砂的具体措施；

5）锚索提供的支锚刚度不足；

6）缺失基本试验或锚索施工工艺要求；

7）基坑侧壁位移控制值设定不合理；

8）缺失锚索轴向力监测项目；

9）未考虑软土层内锚索施工的具体措施；

10）锚头、腰梁位置与主体结构构件位置冲突。

4.2.5 评审案例五（紧邻基坑、双排桩）

（1）工程名称

广州国际时尚中心项目基坑工程、广州松日总部大楼基坑工程

（2）工程概况

项目一（松日总部大楼基坑工程项目）

项目位于广州市科学城开发区创新路以东、光谱东路以北、天丰路以南，时尚中心项目北侧为松日项目，两项目场地关系及周边环境见图 4-20。

图 4-20　场地关系及周边环境

松日总部大楼基坑工程场地占地面积约 19280 m²，拟建总建筑面积 48200 m²。其中地上建筑分四个 3～18 层的建筑区域（东北角塔楼 A1 高约 84.2m、层数为 18 层；西南角塔楼 A2 高约 76.7m、层数为 16 层；西北角品牌旗舰店高约 22m、层数为 3 层；东南角艺术馆高约 23m、层数为 3 层）。

拟建两层地下室，考虑承台及垫层厚 2.5m，则基坑底最大开挖深度的标高为 19.80，现地面标高约为 28.00～35.5m，则基坑开挖深度约为 8.20～15.70m，基坑面积约 11868m²、周长 434m。

本基坑支护结构安全等级为一级，基坑侧壁重要性系数 1.10。根据场地地质情况、地况地貌、建筑功能、周边情况及经济指标优选设计方案如下：

基坑北侧支护形式：采用双排桩支护（$\phi1000@1200$），桩间旋喷桩止水，典型剖面见图 4-21。其余侧支护形式：采用上部土钉墙（约 0～7.5m）+桩锚支护（支护桩采用 $\phi1000@1200$、一道预应力锚索支护），桩间采用双管旋喷桩作止水，典型剖面见图 4-22。

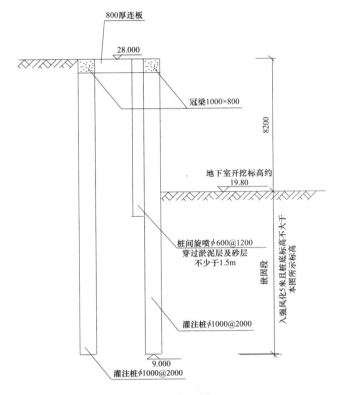

图 4-21　典型剖面

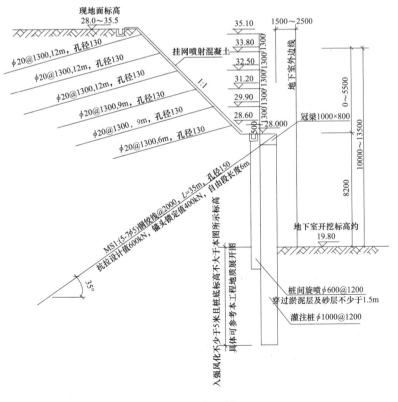

图 4-22　典型剖面

项目二（国际时尚中心基坑工程项目）

该基坑工程设计概况：本工程场地占地面积 18005m²，分为办公、商场、酒店及酒店式公寓，地上建筑为 20～47 高层建筑，建筑高度 195m。拟建建筑物有五层地下室，并考虑底板、垫层厚度 2.35m，本基坑开挖深度约为 24.5m，基坑面积约 17150m²、周长约 524m。本基坑支护结构安全等级为一级，基坑侧壁重要性系数 1.10。根据场地质情况、地物地貌、建筑功能、周边情况及经济指标优选设计方案，如下：

基坑南侧、东侧靠南及西侧靠南等支护形式：混凝土灌注桩（φ1200@1350）＋四道钢筋混凝土支撑，采用旋喷桩止水，典型剖面见图 4-23。

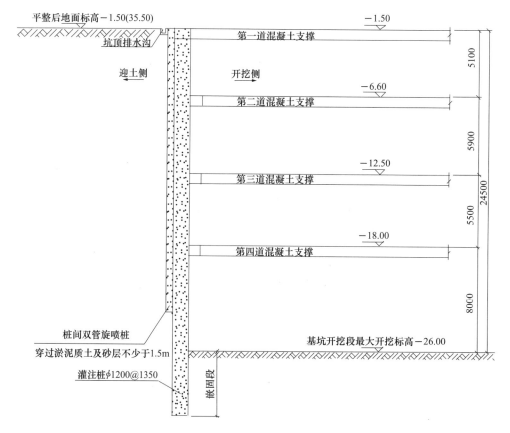

图 4-23　典型剖面

其余侧支护形式：混凝土灌注桩（φ1200@1350）＋七道预应力锚索，采用旋喷桩止水，典型剖面见图 4-24。

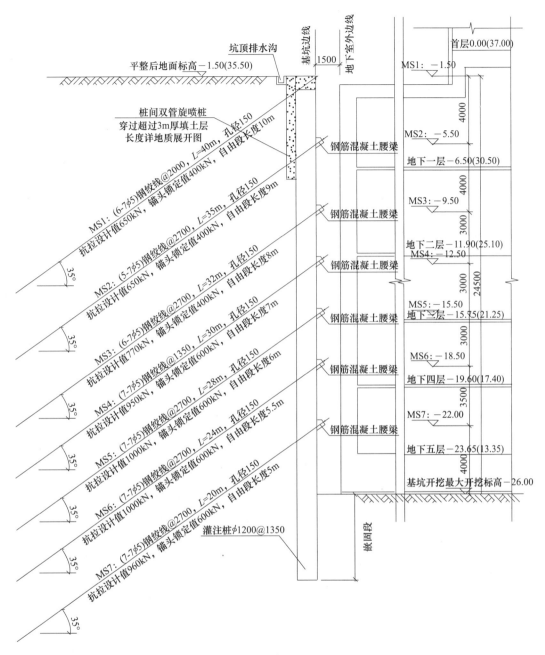

图 4-24 典型剖面

（3）评审意见

支护型式总体可行，存在如下问题：

1）应进一步复核基坑及松日基坑因开工时间及施工进程不同情况下各工况支护结构变形，相互协调施工进度，确保在最不利工况下两基坑支护结构安全；

2）应根据本基坑及松日基坑开挖过程中变形监测数据合理调整本基坑开挖进度，严格控制基坑变形，必要时应采取加强支护措施。

该基坑工程评审意见：支护型式基本可行，存在如下问题：

1）基坑开挖深度较深，上部土层较差，上部锚索应适当加强；

2）锚索的预应力锁定值偏小、锚索入强风化岩嵌固深度控制值偏小，应调整；抗拔力设计值较大的锚索应嵌入中风化岩；应明确锚索设计标高；

3）角撑的部分斜杆布置不合理，应调整；支撑应按压弯构件补充计算；应补充不同标高腰梁的桩撑支护区段与桩锚支护区段过渡区段大样；立柱应双向拉结；

4）基底部分区段处于强风化花岗岩，节理裂隙水较丰富，应采取有效措施避免渗涌水引起基底土体软化（泥化）对支护安全的不利影响。

（4）评议与讨论

两个基坑紧贴、净距约 3.6m，松日总部基坑开挖底面标高较时尚国际基坑底面低约 8.8m、基坑顶标高高差约 7.5m；同时，该区域的基坑开挖深度中间位置存在穿南北向的带状软弱地层（淤泥和砂层），见图 4-25，经分析，贯穿南北向的带状软弱地层（淤泥和砂层）可能会对两边基坑的支护结构稳定性产生不利影响。因此，两个基坑不同开挖工况都对彼此的支护结构的变形、稳定性产生影响，专家建议运用三维模拟分析手段，结合两个基坑设计、施工特点，针对以上 2 方面的不利影响开展系列三维模拟计算分析，系统研究两紧邻基坑在不同施工组合情况下基坑支护结构安全，为基坑设计和施工提供参考。

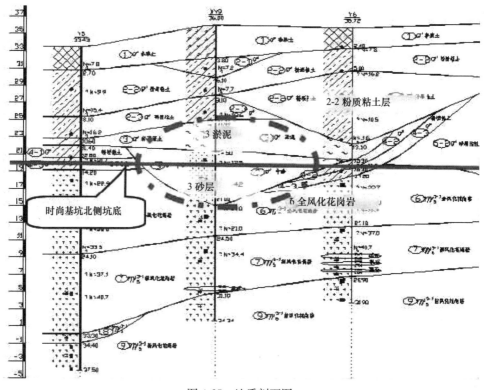

图 4-25　地质剖面图

据专家评审意见，设计单位针对该问题作了如下修改：

1）软弱地层范围内支护桩的桩长设计采取嵌岩深度要求和嵌固深度要求的双控标准，并在施工过程采取必要措施预防支护桩成孔、成桩阶段发生塌孔事故；

2）要求加强两紧邻基坑的施工协调，尽量保持两紧邻基坑同步开挖土体；

3）双排桩是一种较为新颖的基坑支护结构系，建议施工过程加强对基坑北侧双排桩支护结构系变形的监控量测工作，必要时根据监测信息采取相应的加强措施；

4）加强针对局部软弱地层区域范围内围护结构的水平侧向变形（测斜管）监测，以及相对应的预应力锚索的轴力监测。

本工程的锚杆系统普遍采用七道锚索，局部位置为深厚淤泥质土、粗砂等，施工过程中应采取套管护壁成孔工艺，故专家评审提出提高锚索锁定值、加大锚索入强风化岩嵌固深度控制值等意见。根据工程经验，当基坑采用四道以上锚索时，须考虑群锚效应，故锚索施工可左右上下调整 $\pm 3°$，并采用不同的锚索长度，平面布置时要求上下排锚索错开布置。

两个基坑因净距仅 3.6m，无法采用预应力锚索锚固体系，设置钢筋混凝土支撑又对施工、造价影响很大，而悬臂桩难以满足约 8.0m 的支护深度，故采用双排桩支护。该双排桩桩后为有限土体，随两侧基坑开挖工况而变化，运用常规的双排桩计算模型是不准确的，故专家提出采用三维有限元综合分析，同时根据基坑开挖过程中变形监测数据合理调整基坑开挖进度，严格控制基坑变形，必要时应采取加强支护措施。

（5）类似工程的专家意见汇总

1）局部双排桩区段前后排桩之间的跨度较大，应按受拉构件复核桩的受力；

2）邻近地铁隧道区段可在双排桩顶外侧设置偏心压重，以有效控制该侧基坑变形；

3）应补充双排桩冠梁与盖板连接大样；

4）基坑北侧双排桩支护区段可采用盖板与支护桩连接处增加角板（牛腿结构）等措施以增加支护结构刚度，以以利于控制基坑变形；

5）应复核双排桩门式刚架的计算及其节点构造设计；双排桩门式刚架梁截面高度偏小，刚架梁配筋与计算配筋不符，应复核调整；双排桩区段位移计算值偏大，应复核；

6）北侧双排桩冠梁或盖板宜留空洞形成栅格状；

7）支护桩间距偏大，应采取有效措施防止桩间土体挤出；

8）双排桩顶宜采用厚板连接，双排桩支护区段计算位移偏大，应减小后排桩间距，加大后排桩嵌固深度和前后排桩排距，同时应加强桩顶连系梁设计；

9）支护桩间距取 1300mm 偏大，应减小；支护桩内侧桩间应挂网喷射混混凝土；

10）基坑西侧双排桩支护区段桩顶连梁宜改为盖板，以便施工，应考虑双排桩变形对基坑底工程桩的影响；

11）双排桩门式刚架跨度偏小且计算参数取值欠合理，应复核。

4.2.6 评审案例六（岩溶地区）

（1）工程名称

保利绿色金融商业项目 AC 地块基坑工程

（2）基坑设计概况

项目位于广州市花都区，基坑位于天贵北路以西、三东大道以北。A 地块为三层地下室，C 地块为两层地下室；A 基坑面积约 33973.1m²，周长约 666.4m（内边线），开挖深度约 13.1～14.1m；C 基坑面积约 30040.1 m²，周长约 656.8m（内边线），开挖深度约

10.1~10.3m。基坑东侧为天贵北路、南侧为 DEF 地块（两层地下室）、西为规划道路（施工中）、北为规划道路（未施工）。

地质条件：场地为广花盆地北缘冲积平原地貌，地面平缓，地势变化不大，地面标高为 12.83~15.93m，平均 14.72m。据野外钻探揭露情况，本次勘察场地内岩土层分布自上而下分别为人工填土层、冲积~洪积层、残积土层及基岩（灰岩）。溶洞揭露概率为 32.9%，大部分无充填物，局部有充填，填充物为流塑~软塑状的黏性土；部分为串珠状溶洞，高度为 0.20~12.00m，平均 3.09m。

基坑东侧支护安全等级为一级，基坑支护结构重要性系数 1.1；其余范围支护安全等级为二级，基坑支护结构重要性系数 1.0。A 地块：西侧、北侧为桩锚支护（桩 $\phi1000@1200$，二道锚索），东侧为两级放坡，南侧一级放坡；C 地块：东侧、北侧为桩锚支护（桩 $\phi1000@1200$，一道锚索），西侧为两级放坡，南侧一级放坡；基坑东侧、西侧、北侧、AC 地块分界采用三轴大直径搅拌桩止水，南侧与 DEF 地块止水桩衔接。桩锚典型剖面见图 4-26。

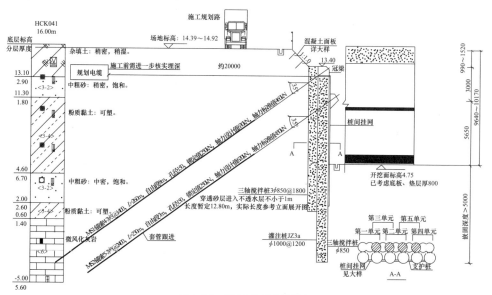

图 4-26　桩锚典型剖面图

（3）专家评审意见

方案基本可行，存在如下问题：

1）三层地下室区域应补充岩溶注浆止水方案，预防坑底突水；

2）局部砂层与石灰岩接触，三轴止水不能全封闭，且坑底临近岩面，桩底止水应加强，应补充支护桩超前钻查明砂土分布情况；

3）锚索宜补充入岩要求及防漏浆施工措施或采用扩大头锚索；

4）补充坑中坑支护方案；

5）临近天贵路开挖侧地下管线多，应采取可靠措施控制变形；

6）支护深度应考虑相邻大承台开挖的影响。

（4）评议与讨论

岩溶地区基坑设计是对设计人员的必须面对的一个挑战。首先，锚索施工过程中若遇溶洞会产生不翻浆增加造价，成孔过程容易塌孔，甚至锚索钻头无法回收，故专家提出锚索宜补充防漏浆施工措施或采用扩大头锚索，还可以考虑锚索上下左右调整 3°或调整位置以避开溶洞。其次，支护桩施工过程若遇到溶洞，因桩机重量很大，存在钻头刺入溶洞难以拔出风险，甚至造成工程事故；基坑施工前应沿基坑四周补充超前钻，摸查清楚基坑周围溶洞分布位置、标高、大小等资料，对影响支护结构及周边环境安全的溶洞宜先行采取以下措施进行处理：

1）对浅层溶洞及土洞，宜采取清除填充的软弱土，或挖填置换砂石土；

2）对深层溶洞及土洞，宜采取对小型的土洞和溶洞宜采用 PVC 花管注浆处理，对中型土洞和溶洞宜采用泵送低标号素混凝土处理，对大型土洞和溶洞宜先采用先填砂或填石后在泵送低标号素混凝土处理的措施，溶洞处理完成方可进行基坑支护桩施工。最后，岩溶地区常见砂岩交界地质条件，因灰岩岩面起伏较大，止水桩难以在岩面位置驻搅，止水帷幕存在渗水隐患；故专家提出桩底止水应加强，可采用旋喷桩接驳处理。

（5）类似工程的专家意见汇总

1）支护桩、工程桩（CFG）遇溶洞可能塌孔，应补充该工况下的应急预案；

2）场地砂层深厚，土洞、溶洞多，可能存在砂层与岩层中土洞、溶洞直接连通的情况，因此止水帷幕施工宜穿透全部砂层，并于止水帷幕闭合后对止水效果进行检验；

3）应明确土洞、溶洞预处理的标准要求，并明确处理后的效果检测；

4）场地砂层深厚且多与微风化灰岩相连，岩面起伏大，土洞、溶洞多，最大洞高达17.2m，必须在施工前进一步查明土洞、溶洞分布状况，并细化预处理方案；

5）地下连续墙需穿过深厚砂层和薄顶溶洞，墙深达 40m，并要承担重要的止水作用，因此槽段接头位置需考虑加强止水设计；

6）有两层溶洞的区段，地下连续墙是否穿越应明确；

7）勘察钻孔多未沿基坑边布置，因此各支护段所反映的岩溶条件与实际情况可能存在较大差异，需在施工支护桩前加强超前勘察进一步查明土、溶洞的发育情况，及时修改各桩孔的终桩深度及层位；

8）明确成桩前及基坑开挖前需对已发现的土、溶洞进行注浆充填，控制成桩及基坑开挖前产生坍塌及涌水的风险，并补充土、溶洞注浆充填的方法及工艺要求；

9）场区地质条件复杂，部分区段富水砂层下接灰岩，搅拌桩较难进入灰岩形成有效的截水帷幕，基坑开挖仍存在涌水风险，应加强砂层与灰岩面交界位置的止水措施；

10）在桩撑支护区段，对已发现有浅层溶洞的区段宜采用先注浆充填后施工钻孔桩的工序，以利结孔桩施工安全；

11）场区浅层溶（土）洞发育，支护护结构施工前加强对浅层溶（土）洞的探查与注浆封堵工作，对基坑内已发现的浅层溶（土）洞应注浆封堵，避免出现岩溶突涌；

12）应补充岩溶突水的应急处理预案；

13）部分支护区段桩端处于土洞上部，不合理，应复核桩的嵌固深度及嵌固层位；

14）对工程物察中已发现的土洞应先行注浆充填，避免支护桩施工时土洞坍塌，后期施工中所发现的土洞也应及时注浆充填，应明确注浆充填的工艺要求。

4.2.7 评审案例七（边坡、基坑结合）

（1）工程名称

中国南方电网有限责任公司生产科研综合基地（北区）边坡、基坑、挡墙工程

（2）基坑设计概况

工程地点位于广州市科学城香山路（南北向）与科翔路（东西向）交界处的东北面山坡上，该项目主要位于已开挖废弃的采石场内。拟建建筑物由两栋建筑组成，其中培训楼4层、高18.75m；专家楼3层、高15.18m，培训楼三层与专家楼地下室通过地下连廊相连，设1层地下车库和设备用房。

本次边坡设计周长约382.95m，边坡开挖面积约23411m²，最大支护高度约72.0m，边坡工程安全等级为一级，为永久性边坡。边坡底基坑面积约18596.596m²，周长约623.126m，最大开挖深度14m，基坑支护安全等级为一级，局部支护段为永久性支护结构。入口区挡墙工程的支护长度约209.0m，最大支护高度约17.0m。

工程地质、水文情况：地貌主要为剥蚀残丘，局部为丘间洼地，最高处为丘顶，高程为116.55m。拟建工程场地位于丘陵的山坡及坡脚，为已开挖废弃的采石场内，地势总体由东往西倾斜，地形起伏较大，自然坡度一般为10°~20°，自然边坡稳定性较好。北区东侧由于前期采石场的开挖形成高差约60m的人工陡坡，为岩质边坡，未发现有顺坡向的不利结构面，采石场所形成的人工边坡目前处于稳定状态。

根据钻孔揭露，场地覆盖层主要为第四系坡积粉质黏土和残积砂质黏性土，局部地段分布有人工成因的填土，下伏基岩为燕山二期花岗岩；此外，场地孤石发育，孤石一般分布于残积土、全风化层、强风化层中，有31个钻孔揭露孤石，占钻孔总数的56.4%，揭露的孤石线高度为0.2~3.9m不等。地下水不发育，勘测期间测得地下水位埋深在6.0~14.5m，高程在22.47~91.18m。

支护形式：建筑区采用组合式支护形式，上部采用坡率削坡，下部采用竖向支护结构；入口区道路挡墙采用陡坡抗滑挡土支护型式。

上部坡率法（用于上部永久性边坡）：据勘察报告，本工程未发现有顺坡向的不利结构面，边坡处于稳定状态；边坡下卧稳定的中微风化花岗岩上覆盖的坡积土、残积土及全强风化岩约10.0~12.0m厚。据此，对边坡的上部采用了比较经济、施工方便的坡率法。

在确定边坡坡度时，最大限度保留原有的稳定的中微风化花岗岩岩层，削掉上部有安全隐患的坡积土、残积土等，并预留一定的全风化岩层以用于后期边坡绿化的植物种植，所以采取了分级、分坡度的削坡方式，以71.0m标高处的平台为变坡度点，以上削坡坡率为1:1.25，以下为1:1.0。因拟建建筑物级别较高，对周边环境视野、景观的要求也高，边坡坡线走向采取围绕建筑物外轮廓展开的削坡方式，形成一个与建筑平面布置相协调的和谐的坡面，并尽量与原地形等高线保持一致，山脊处外凸，山谷则内凹，以达到美观、匀称的效果。

下部竖向支护结构（用于下部基坑支护）：边坡底标高为35.5~53.5m之间，最大高差约18.0m；若全高放坡，将大大增加挖方量，并削坡至深处的中、微风化花岗岩，为此边坡施工难度增加，施工工期也相应延长。因此，在满足坡底建筑物景观视野效果与保

证边坡安全适用的前提下，设计时将上部坡率法的最低一级平台定为 61.0m 标高（局部位置为 51.0m），平台以下的边坡支护采用竖向支护结构。竖向支护结构具体为：6.0～18.0m 高度采用桩锚支护，6.0m 高度以下采用格梁锚杆支护，典型剖面见图 4-27，并处理好过渡段的衔接。

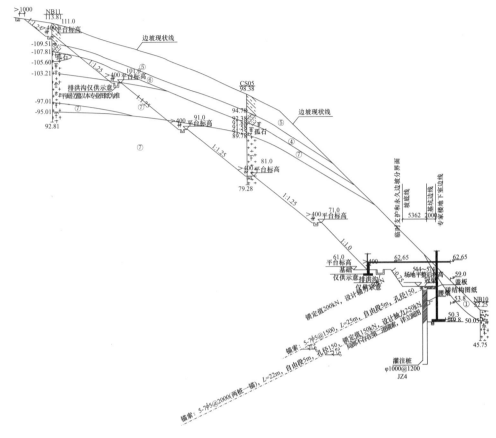

图 4-27　典型剖面图

陡坡抗滑挡土支护设计新型式（用于入口区挡墙工程）：入口区需在陡坡上设置一道路，该山坡坡角约 50 度，山坡高差约 25m，采用直径 1.5m 的人工挖孔桩，桩间距为 5m，桩顶设置 1.5m 宽 1.2m 高的冠梁连接各人工挖孔桩，6m 宽卸荷板沿冠梁通长设置，在冠梁外侧设置 0.5m 宽 0.6m 深的花槽，花槽中设置攀爬植物遮挡挖孔桩，在冠梁上方设置 5m 高挡土板。上部边坡进行削坡后回填至填方区，分层碾压后上部设置 10m 宽道路。

在陡坡上如图 4-28（*a*）所示，山坡坡角较陡，一般重型设备难于进行施工，采用人工进入场地搭设人工施工小平台，先进行疏排人工挖孔桩施工如图 4-28（*b*）所示，充分利用疏排的人工挖孔灌注桩提供竖向承载力，且可提供抵抗水平承载力，并提供抗滑及整体稳定能力。再在其上方设置冠梁，冠梁与卸荷板、挡土板连接，如图 4-28（*c*）所示，卸荷板上覆回填土增加抗倾覆能力且减少人工挖孔灌注桩的弯矩和位移；冠梁凌空侧设置花槽以利园林绿化景观，同时加强梁桩顶冠梁刚度有利于减少桩顶位移；疏排桩桩间可充分利用做绿化处理及做排水措施。削坡回填至回填区，再在上方设置栏杆及其道路，如图 4-28（d）所示。陡坡抗滑挡土支护设计新型式充分利用人工挖孔灌注桩同时抵抗水平力和竖向力，利用卸荷板同时抵抗整个体系的倾覆力和减少桩身内力，利用冠梁同时作为支护体系转换构件和园林绿化花槽连接母体，各构件充分发挥各自作用，起到相辅相成的完整支护体系。

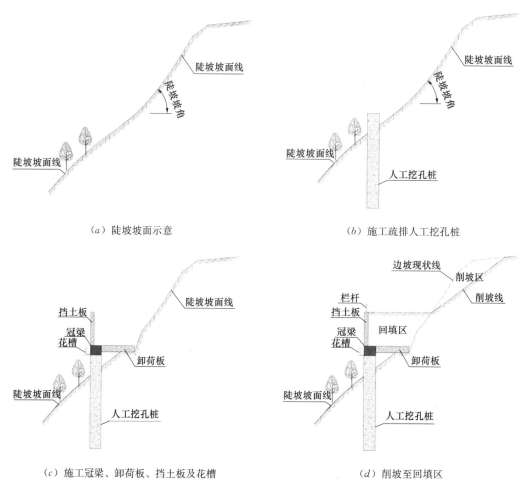

（a）陡坡坡面示意   （b）施工疏排人工挖孔桩

（c）施工冠梁、卸荷板、挡土板及花槽   （d）削坡至回填区

图 4-28　陡坡抗滑挡土支护施工

（3）基坑评审意见

方案基本可行，存在如下问题：

1）补充"通道"两侧的支护设计；部分支护段所标示的"锚杆轴力设计值"不合理，需复核；锚索设计的"双控"标准需复核其可实施性，补充基坑的排水设计；

2）部分属永久支护的支护段，其摩阻力取值及锚索防腐处理需按规定要求，并明确其监测周期；

3）部分支护段计算书中的基坑深度、嵌固深度、锚杆（索）抗拔力设计与支护剖面不完全相符，需复核；

4）由于地形变化较大，建议支护段的划分进一步细分；

5）基坑是按场区已平整到设计标高后进行支护设计、未考虑现状超高部分的土体荷载，因此场区应在基本平整后再实施基坑支护结构的施工与开挖；

6）永久边坡削坡幅度过大，对周边生态环境破坏较大，建议尽可能减少削坡范围。

（4）评议与讨论

本工程部分基坑桩兼作边坡抗滑桩，为永久性结构，支护桩应按永久性结构计算、配筋，在满足边坡抗倾覆同时还需满足强度、裂缝等结构要求。永久性锚索不同于临时锚索，在做好永久防护、防腐措施，且竣工后应保持监测，一旦出现锁定值松弛应及时二次张拉，以保证边坡安全。本工程由边坡、基坑、挡墙组成，设计标高较多且高差大，施工工序复杂，尤其是土方开挖如何安排，直接关系到工程能否顺利进行，故专家提出应做场平处理，并细化支护段。边坡削坡挖方量大，局部位置可能破坏到山体地貌，对周边生态环境破坏较大，故调整坡率尽可能减少削坡范围，并保留孤石做美观处理。

（5）类似工程的专家意见汇总

1）应完善坡顶、坡脚及中间平台的排水系统；

2）应进一步完善总体区域地质构造和微观节理的分析，查明地层分布、断裂及潜潜在滑坡体，预测可能发生的地质灾害；

3）应根据工程建设形成边坡的位置、高度、岩体结构、规模和特征等进行边坡稳定的定性和定量评估，并分区段进行场地边坡稳稳定性计算分析；

4）永久性边坡锚杆所用钢筋的直径应不小于 28mm；

5）应充分考虑该场地花岗岩残积土遇水易软化且沿坡体向开挖面顺层倾斜的特点；

6）应进一步查明地层分布及潜在滑坡体；

7）应增设检修道，并增加边坡长期监测内容和监测点布置，永久边坡的锚杆（索）应采取严格的防腐、防锈措施，并做好锚头防腐蚀和封闭的设计和施工；

8）应复核排水沟的排水量。场场地的排水系统应按防山洪暴发标准进行设计。场地的排水系统应优先实施，以利基坑安全；

9）应复核邻近采石场采空区的范围，并复核锚杆（索）锚固段长度能否满足设计承载力要求；

10）建议调整总体布局，减少山体破坏程度，减小高边坡坡率，以节约长期维护费用；

11）应根据各侧支护结构面的组合特征相应调整锚杆和土钉的长度和倾角，对于向坑内倾斜的岩层和边坡坡体超载等结构面组合不利的支护区段应增设预应力锚索，永久边坡坡脚挡土墙应设泄水孔；

12）局部区段建筑物与坡面之间的回填、美观等方面应按永久边坡的要求进行设计。部分放坡区段放坡高度较大，应进行分级放坡；

13）应明确永久性边坡的排水系统设计，并采取可靠措施防止桩间水土流失，应对永久性边坡的监测提出具体要求，定期分析边坡的稳定性，并作好监测资料的归档工作；

14）坡顶水沟应进行经常性疏浚检查，确保不漏水、溢水；

15）永久性锚索伸出用地红线以外，对相邻地块的后续开发造成不利影响，应慎重考虑，相邻山体削坡及永久支护结构的施工应先于基坑支护工程完成；

16）应采取有效措施避免雨水侵蚀遇水易软化崩解的全风化岩层。场地细砂岩内存在少量炭质页岩夹层，实际施工时应根据岩层节理面分布、夹层分布等现场地质条件及周周边环境进行局部支护结构调整并确保安全；

17）应补充临时边坡排洪设计并完善基坑排水设计；临时边坡应按规范要求设置马道平台；场地花岗岩残积土遇水易软化崩解，应采取坑底、坑顶土体表面硬化措施；

18）应明确永久边坡支护区段与基坑支护区段的分界。应加强永久边坡支护区段的设计，永久边坡支护区段支护桩、冠梁、腰梁应加强，锚杆宜采用粗钢筋；

19）应补充永久边坡支护区段的排水、监测、绿化设计。应明确基坑支护及其上接永久性边坡支护的施工顺序；

20）应补充土地平整方案、坑顶及坑底排水设计、坡体孤石处理方案。

4.2.8 评审案例八（逆作法＋桩撑结构＋桩锚＋放坡）

（1）工程名称

广州东塔-周大福中心基坑项目

（2）工程概况

该工程位于广州市天河区珠江新城花城大道以南、冼村路以西。拟建建筑物地上为111层，地面以上高度为530m；拟建5层地下室，本工程±0.000相对于绝对标高10.100m，场地较平整，现状地面为8.4m（绝对标高），基坑开挖深度26.6m，拟建建筑物塔楼区域基坑为一期基坑，目前已开挖到底，本次设计为拟建建筑物裙楼地下室二期基坑，支护总周长约668m。

本基坑设计侧壁安全等级为一级，基坑支护结构使用年限自支护结构完工之日起计为一年。

（3）工程地质条件

场地地形较平坦，地貌单元属珠江冲积平原，据钻探资料，场区内覆盖层自上而下依次为第四系人工填土层（1）、冲积层（2）、残积层（3），下伏基岩为白垩系大朗山组黄花岗段沉积岩（4），现分述如下：

1）人工填土

该层主要为杂填土，全部钻孔均有分布。杂色，由黏性土、碎石、砖块及混凝土碎块等建筑垃圾堆填而成，稍湿，结构松散，为新近填土，层号为<1>。

2）冲积层

冲积层主要为粉质黏土夹砂层，局部夹淤泥质土透镜体，根据其工程特性，可分为四个亚层：淤泥质土（2-1）、粉质黏土（2-1）、砂层（2-3）、淤泥质土（2-4）。

① 淤泥质土：局部钻孔分布，深灰、灰色，饱和，流塑，有腥臭味，局部夹腐木，含粉细砂，层号为<2-1>。

② 粉质黏土：场地普遍有分布，棕红、红褐、灰白、灰、浅灰等色，局部呈花斑状，可塑为主，局部硬塑或软塑，黏性较好，土质不均匀，手捏有砂感，局部夹砂层及淤泥质土透镜体，层号为<2-2>。

③ 砂层：主要为中粗砂，局部夹粉细砂，仅在场地中东部的部分钻孔中钻遇。浅黄、灰白、浅灰、灰黄、黄、褐黄等色，饱和，稍密～中密，级配差～一般，次棱角状，局部级配良好，含黏粒，稍具黏性，砂质成分以石英为主，层号为＜2-3＞。

④ 淤泥质土：该层仅在局部钻孔钻遇，深灰、灰等色，饱和，流塑，有腥臭味，局部夹腐木，含粉细砂，层号为＜2-4＞。

3）残积层

粉质黏土：该层在场地断续分布，仅在部分钻孔中钻遇。红褐、褐红、棕黄等色，可塑～硬塑，黏性一般～好，为泥岩风化残积土，湿水后易软化，层号为＜3＞。

4）白垩系大山组黄花岗段沉积岩

① 全风化岩：主要为粉砂质泥岩，在场地分布不连续，仅在部分钻孔中钻遇。红褐色，风化剧烈，岩石结构已基本破坏，岩芯呈坚硬土柱状，湿水后易软化，层号为＜4-1＞。

② 强风化岩：主要为粉砂质泥岩，局部夹砂岩，在场地分布不连续，在大部分钻孔中有钻遇。红褐色，岩石风化强烈，岩石结构大部分已破坏，岩芯呈半岩半土状、碎块状，风化不均匀，夹中风化岩，层号为＜4-2＞。

③ 中风化岩：主要为粉砂质泥岩，局部夹砂岩，在场地分布普遍，各孔中均有钻遇。红褐色，泥质胶结，裂隙较发育，岩石较破碎，岩芯呈柱状及块状，风化明显，色泽暗淡，层号为＜4-3＞。

④ 微风化岩：主要为粉砂质泥岩，局部夹砂岩，红褐色，泥质胶结，裂隙不发育，岩石较完整，岩芯呈柱状，节长 3～60cm，柱面光滑，风干后易开裂，层号为＜4-4＞。

（4）总体设计思路

考虑本工程一期基坑（塔楼）正在施工上部主体结构，为保证二期基坑开挖不影响塔楼施工工期，二期基坑开挖共分为三个区，先施工基坑 A 区，将塔楼四周土方保留作为塔楼主体结构施工平台；再施工基坑 C 区逆作法负一层楼板，此时利用塔楼北侧、东侧预留土台作为塔楼主体结构施工平台；最后再施工 B 区及 C 区负二～负五层，挖除预留施工土台，施工地下室结构。

A 区基坑北侧临近已有地下空间及地铁五号线，因此北侧主要采用旋挖桩＋内支撑支护，西侧考虑卸土至地下空间底后再采用挖孔桩＋预应力锚索支护，南侧为一期塔楼预留施工土台主要采用放坡＋喷锚支护，东侧主要采用人工挖孔桩＋混凝土内撑支护。A 区止水主要采用搅拌桩、桩间旋喷桩及岩层内桩间袖阀管注浆止水。

B 区根据周边环境情况，主要采用人工挖孔桩＋预应力锚索支护。B 区主要采用旋喷桩止水至岩层。

C 区为尽可能减小对塔楼施工的影响，经与建设单位协商采用逆作法施工，将负一层楼板作为塔楼施工平台。C 区止水主要采用搅拌桩、旋喷桩止水至岩层（如图 4-29 所示）。

（5）基坑评审意见

该工程位于珠江新城花城大道，基坑开挖深度约为 26.6m，周长约为 668m。基坑周边环境复杂。基坑北侧紧邻花城大道，花城大道路面以下为已建地下城市空间及地铁五号线隧道；西侧紧邻珠江大道，珠江大道路面以下为已建地下城市空间；南侧紧邻花城南路；东侧距已开挖到底的珠江新城 J2-2 项目基坑最近约 6m。基坑周边路面以下有众多市政管线。场地中部西段为已建本工程一期地下室。场地由上到下的地层主要为人工填土层、淤泥质土层、粉质黏土层、中粗砂层、淤泥质土层、粉质黏土层及不同风化程度的粉砂质泥岩、砂岩层，存在较厚砂层、淤泥质土层等不利地层。原设计采用以下支护型式：基坑北部（A 区）分区段分别采用分三级放坡喷锚、ϕ1200@1500 人工挖孔灌注桩加三～四道预应力锚索结合桩间袖阀管注浆止水、ϕ1200@1400 旋挖灌注桩（ϕ1200@1500 人工挖孔灌注桩）加二～四道钢筋混凝土内支撑结合桩间袖阀管注浆搭接单排 ϕ550@350 双重管旋喷桩（或双排 ϕ550@350 搅拌桩）止水，上部采用 ϕ1200@1500 人工挖孔灌注桩加二道钢筋混凝土内支撑结合桩间袖阀管注浆搭接单排 ϕ550@350 双重管旋喷桩止水、下部采用喷锚的支护型式；基坑南部（B 区）上部采用 ϕ1200@1500 人工挖孔灌注桩加二～三道钢筋混凝土内支撑（或二～三道预应力锚索）结合单排 ϕ550@350 搅拌桩止水、下部采用喷锚的支护型式。现因场地施工条件受限等原因进行变更设计。变更设计根据场地地质条件和周边环境，基坑北部（A 区）分区段分别采用上部 ϕ1000@1200 旋挖灌注桩加四道钢筋混凝土内支撑结合单排 ϕ550@350 搅拌桩止水、下部喷锚，上部利用地下城市空间 ϕ1200@1600 人工挖孔灌注桩加二道钢筋混凝土内支撑结合单排 ϕ600@400 双管旋喷桩止水、下部 1200@1400 人工挖孔灌注桩加二道钢筋混凝土内支撑的支护型式；基坑南部（B 区）采用上部 ϕ1200@1500～1600 人工挖孔灌注桩（局部区段桩顶与原有 ϕ1200@1600 人工挖孔灌注桩拉结）加三～四道预应力锚索结合单排 ϕ550@350 搅拌桩止水、下部喷锚的支护型式；基坑东部（C 区）东侧采用喷锚的支护型式。上述变更设计支护型式总体可行。存在问题如下：

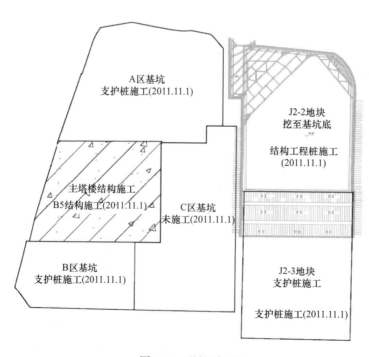

图 4-29 基坑平面图

1）A 区 B-B 剖面吊脚桩支护区段拆撑工况下支护桩桩底传给地下室侧墙的受力取值偏小，应复核，并采取有效措施确保该区段地下室侧墙、基坑外侧珠江新城 J2-2 项目基坑及其主体结构的安全；

2）A 区 B3-B3 剖面支护区段内支撑与主体结构楼板的连接设计不合理，应加强连接，建议采用植筋加强连接，或采取其他有效措施确保内支撑与主体结构的连接；

3）应补充 C 区东侧放坡侧面的支护设计；

4）锚索抗拔力设计值与计算书不符，应复核；

5）应加强砂层、填土层区段支护桩间的止水措施，建议桩间喷网；

6）其他未尽事项按穗建科办函〔2011〕212 号文的有关意见执行；

7）投入运营的地铁五号线珠江新城-猎德区间隧道从本基坑北侧花城大道下方穿过，本基坑有关地铁保护的要求应按广州市地下铁道总公司《关于广州东塔二期基坑支护结构优化变更设计方案请审的复函》（穗铁地保〔2012〕8 号）有关规定执行。

（6）施工监测与监测结果分析

1）本基坑支护安全等级为一级，基坑最大水平位移不允许超过 35mm，位移报警值为 30mm，土方开挖时每两天观测一次，遇大雨后加密监测；

2）基坑施工前布设周边建筑物沉降观测点，基坑开挖过程中严密观测，如有异常情况，即由甲方、施工、设计、监理等有关各方商定加固方案；

3）基坑监测必须选择有资质的单位进行，施工单位应与监测单位密切配合，做好监测元件的安放及保护工作；

4）当水平位移达到 25mm，地面沉降达到 15mm 或 12h 内位移超过 5mm 时，应及时通知设计人员及有关部门采取相应措施。

4.2.9　评审案例九（双排桩＋内支撑＋预应力锚索）

（1）工程名称

广州立白大厦基坑工程项目

（2）工程概况

建筑地点：本项目位于广州市荔湾区陆居路 2 号，地处珠江隧道东边，珠江河南岸的长堤街南边。

建筑规模：总用地面积 17646 m²，总建筑面积约 10 万 m²，其中地下 4 层，地上 25 层，地下室水平投影面积约 10015 m²，基坑深度约 20.00～22.30m。

（3）工程地质条件

1）地形地貌及环境条件

① 地形地貌

场地原地貌单元属珠江三角洲冲积平原地带，现地面较平坦，各钻孔孔口标高介于 7.53～8.18m 之间，最大高差 0.65m。

② 场地周边环境

拟建建筑场地位于广州市荔湾区芳村陆居路与长堤街交汇处，场地北面为长堤街及珠江沿江风光带、珠江河、东面临近陆居路、南面为新隆沙三马路，西侧为长堤路及珠江隧道，对外交通十分便利。经现场勘查，场地内地下有供水管线和电缆线存在，设计、施工时应注意避开和保护地下管线。

2）地层结构及其工程地质特征

根据野外钻探结果，场地岩土层按成因类型自上而下分别为填土层（Q^{ml}）、冲积层（Q^{al}）、残积层（Q^{el}）以及白垩系（K）含砾粉砂岩，现分述如下：

① 填土层（Q^{ml}）

<1>杂填土

杂色，湿，松散，主要为黏性土或砂土、中粗砂，其次为混凝土、砖块等建筑垃圾堆填而成，部分地段顶部 10～40cm 为地面混凝土，局部夹块石。该层 30 个钻孔均有揭露，层厚 0.80～3.10m，平均 1.38m；顶面标高 7.53～8.18m，平均 7.82m。

② 冲积层（Q^{al}）

该层按土的颗粒级配或塑性指数及产出的先后顺序，自上而下可划分为：<2-1>中（粗）砂、<2-2>淤泥质黏土 2 个亚层。

<2-1>中（粗）砂

灰黄、灰白、黄色，饱和，松散～稍密，含少量黏粒，局部夹黏土薄层。该层 27 个孔有揭露，局部地段（ZK10，ZK13，ZK20）缺失。层厚 0.90～3.70m，平均 2.14m；顶面埋深 0.8～3.10m，平均 1.31m；顶面标高 4.72～7.11m，平均 6.51m。取扰动土样 2 件作颗粒分析；标准贯入试验 15 次，实测锤击数 $N'=8.00～13.0$ 击，经杆长修正后锤击数 $N=7.5～12.3$ 击，平均 8.7 击。标准差 $\sigma=1.2$ 击，变异系数 $\delta=0.133$，修正系数 $\gamma_s=0.939$，标准值 $N_k=8.1$ 击。

推荐该土层地基承载力特征值 f_{ak} 取 150kPa。

<2-2>淤泥质黏土

深灰、灰黑色，饱和，流塑，略具腥臭味，黏手，手捻具滑腻感，含较多量有机质和少量中细粒，局部夹粉砂、中砂及黏土薄层。该层 21 个孔（ZK1～ZK6、ZK9～ZK15、ZK19～ZK23、ZK26、ZK29、ZK30）有揭露，大部分地段分布，局部地段缺失。层厚 0.70～4.20m，平均 1.82m；顶面埋深 1.20～5.10m，平均 3.06m；顶面标高 2.65～6.56m，平均 4.71m。取原状土样 7 件，标准贯入试验 14 次。

推荐该土层地基承载力特征值 f_{ak} 取 65kPa。

③残积层（Q_{el}）

含砾粉砂岩残积土主要为粉质黏土，呈可塑～硬塑状。场地内残积土层厚度变化较大，依据塑性状态，划分为可～硬塑状粉质黏土<3-1>、<3-2>层。

<3-1>粉质黏土

褐红色，可塑，以粉黏粒为主，残留少量细粒，为含砾粉砂岩风化残积土，原岩残余结构可以辨认。该层 10 个孔（ZK1～ZK2、ZK4、ZK9、ZK17、ZK22～ZK23、ZK26～ZK27、ZK29）有揭露，局部地段分布，大部分地段缺失。层厚 0.90～8.00m，平均 2.95m；顶面埋深 3.50～21.30m，平均 7.63m；顶面标高 −13.61～4.49m，平均 0.17m。取原状土样 6 件，标准贯入试验 8 次。

推荐该土层地基承载力特征值 f_{ak} 取 210kPa。

<3-2>粉质黏土

褐红色，硬塑，以粉黏粒为主，残留少量细粒，为含砾粉砂岩风化残积土，原岩残余结构可以辨认。该层 17 个（ZK1、ZK5、ZK7、ZK9～ZK11、ZK13～ZK15、ZK17、ZK20～ZK23、ZK27～ZK29）孔有揭露，部分地段缺失。层厚 1.60～9.50m，平均 4.77m；顶面埋深 3.45～12.20m，平均 6.30m；顶面标高 -4.37～4.52m，平均 1.55m。取原状土样 10 件，标准贯入试验 31 次。

推荐该土层地基承载力特征值 f_{ak} 取 250kPa。

④ 基岩（K）

该场地下伏基岩主要为白垩系（K）含砾粉砂岩。根据本次钻探揭露情况，按其风化程度划分强风化、中风化、微风化三个岩带。

<4-1>强风化岩带

褐红色，岩石风化强烈，岩芯呈半岩半土状或夹岩夹土状，岩块手折易断、手捏易碎，岩石强度低，岩质很软，部分地段揭露有中风化和微风化含砾粉砂岩夹层。该岩带在 28 个（ZK1、ZK3～ZK29）孔中有揭露，仅 ZK2、ZK30 地段缺失。厚度 0.50～13.60m，平均 3.47m；顶面埋深 3.15～28.5m，平均 11.48m；顶面标高 -20.67～4.78m，平均 -3.64m。标准贯入试验 16 次，实测锤击数 $N'=50.0～93.0$ 击，经杆长修正后锤击数 $N=37.0～78.0$ 击，平均 46.1 击，标准差 $\sigma=11.4$ 击，变异系数 $\delta=0.246$，修正系数 $\gamma_s=0.891$，标准值 $N_k=41.1$ 击。该岩带取 1 组岩样作天然抗压强度试验，抗压强度 2.0～2.3MPa。

推荐该岩带地基承载力特征值 f_{ak} 取 550kPa。

<4-2>中风化岩带

褐红色，含砾粉粒状结构，中厚层状构造，岩石组织结构部分破坏，矿物成分基本未变化，风化裂隙较发育，裂隙面见铁锰质浸染，岩芯呈块～短柱状，少量碎块状，岩质软，敲击声哑，且易击碎，部分地段揭露有强风化和微风化岩夹层。该岩带在所有孔中均有揭露，揭露厚度 0.50～9.00m，平均 2.93m；顶面埋深 3.40～25.60m，平均 12.94m；顶面标高 -17.87～4.57m，平均 -5.11m；取 8 组岩样作天然抗压强度试验，范围值 $f_r=3.8～6.8MPa$，平均 4.9MPa，标准差 $\sigma=1.1MPa$，变异系数 $\delta=0.218$，修正系数 $\gamma_s=0.853$，标准值 4.1MPa。

中风化含砾粉砂岩属极软岩，岩体较破碎，根据《岩土工程勘察规范》GB 50021-2001 表 3.2.2-3 有关规定，岩体基本质量等级为 V 类。建议岩石天然单轴极限抗压强度 f_r 取 4.0MPa，折减系数取 0.28，推荐该岩带地基承载力特征值 f_{rk} 取 1150kPa。

<4-3>微风化岩带

褐红色，含砾粉粒状结构，中厚层状构造，岩石组织结构未破坏，矿物成分未变化，风化裂隙稍发育，岩芯呈短～长柱状，少量块状，岩质较软，敲击声稍脆，且不易击碎，部分地段揭露有强风化和中风化岩夹层。该岩带在所有孔中均有揭露，揭露厚度 0.90～21.82m，平均 8.46m；顶面埋深 6.50～33.50m，平均 18.02m；顶面标高 -25.67～-1.28m，平均 -10.20m。

取 20 组岩样作天然抗压强度试验，剔除 2 组异常值（$f_r=36.8MPa$、62.2MPa），

$n=18$，$f_r=10.0\sim23.4$MPa，平均 14.7MPa，标准差 $\sigma=3.8$MPa，变异系数 $\delta=0.261$，修正系数 $\gamma_s=0.891$，标准值 13.1MPa。

微风化含砾粉砂岩属软岩，岩体较完整，根据《岩土工程勘察规范》GB 50021—2001 表 3.2.2-3 有关规定，岩体基本质量等级为 Ⅳ 类。结合地区经验，建议岩石天然单轴极限抗压强度 f_r 取 13.0MPa，折减系数取 0.35，推荐该岩带地基承载力特征值 f_{ak} 取 4500kPa。

⑤ 空洞

仅 ZK22 孔揭露有空洞，揭露于微风化含砾粉砂岩中，为含砾粉砂岩的溶蚀空洞，揭露洞身高度 0.80m，洞顶埋深 22.60m，顶面标高 −14.88m。

（4）总体设计思路

根据拟建场地的岩土工程地质与水文地质条件、周边环境条件结合本工程基坑开挖深度，为了选择安全、经济、技术可行而工期短的基坑支护与止水方案，我们对常用的基坑支护结构形式，如地下连续墙＋锚杆、钻孔桩或人工挖孔桩＋锚杆（或支撑）、深层搅拌桩或旋喷桩＋喷锚支护结构、单排或双排桩（或墙）悬臂支护结构与放坡结合的方案等进行可行性和技术分析，并进行了比较。通过综合分析后认为：地下连续墙方案止水和挡土效果最好，但是，造价高、工期长、施工技术要求高，另外，本场地总体上地质条件，中、微风化岩面埋藏较浅，地下连续墙入岩深度大，施工成槽难度大；人工挖孔桩方案风险较大，不适宜采用；桩或墙悬臂结构工程量大，造价高、工期长、不经济；钻孔桩（或旋挖桩）＋搅拌桩或旋喷桩＋支（锚）撑方案，止水和挡土效果较好，易于施工，造价适中、工期较合理。

根据开挖深度、场地地层及周边环境进行分析计算后，决定双排搅拌桩止水＋单排 $\phi1000@1200$ 和 $\phi1200@1400$ 钻冲孔桩（或旋挖桩）＋钢筋混凝土内支撑支护为主，部分段采用预应力锚索支护的方案。上述方案充分考虑了既能保证基坑及周边的安全，有效地控制基坑变形，又易于施工，工程造价和工期也较合理，如图 4-30 所示。

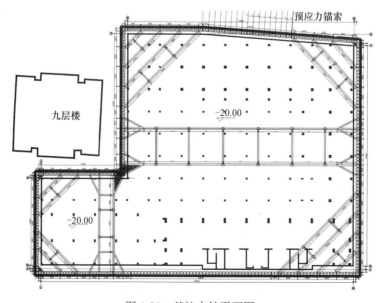

图 4-30 基坑支护平面图

根据基坑周边场地环境和地质条件的差异，进行分区设计：

A1 区：开挖深度为 20.00m，位于基坑西边的中部，西边距 9 层楼较近（约 10m），为确保临近楼房安全，该区采用双排搅拌桩止水+φ1000@1200 支护桩+2 层钢筋混凝土内支撑+1 层预应力锚索支护。本段地质条件较好，基岩埋藏较浅，支护桩部分采用吊脚桩。

A2 区：开挖深度为 20.00m，位于基坑西北角，西边局部距 9 层楼较近（约 8m），北边地下管线繁多，为确保临近楼房和管线安全，该区采用双排搅拌桩止水+φ1000@1200 支护桩+2 层钢筋混凝土角支撑+1 层预应力锚索支护。本段部分地质条件较好，且基岩埋藏较浅，因此支护桩部分采用吊脚桩。

A3 区：开挖深度为 20.00m。位于基坑东北角，上部地质条件相对较差，下部地质条件较好，中下部基本为中、微风化岩，地面较空旷，但地下管线较多（特别北边段），需进行地下管线迁改工作；该区采用双排搅拌桩止水+φ1200@1400 支护桩+3 层钢筋混凝土角支撑支护。

A4 区：开挖深度为 20.00m。位于基坑东边的中部，本段地质条件相对较差，基岩埋藏相对较深，地面较空旷，但东边近基坑的陆居路边有较多地下管线，该区采用双排搅拌桩止水+φ1200@1400 支护桩+2 道钢筋混凝土内支撑+一层预应力锚索支护。

A5 区：开挖深度为 20.00m，电梯井位置处开挖深度为 22.30m。位于基坑东南角，本段地质条件相最差，基岩埋藏较深，强风化层较厚，局部有软、应夹层，地面较空旷，但地下管线较多（特别东南角部位），需进行地下管线迁改工作；该区采用双排搅拌桩止水+φ1200@1400 支护桩+3 层钢筋混凝土角支撑支护。

A6 区：开挖深度为 20.00m。位于基坑西南角地段，本段地质条件较好，基岩埋藏较浅，但强风化层厚度较大，靠北边局部距 9 层楼较近（约 7m），西边道路有较多地下管线，其外约 21m 有地铁隧道和珠江隧道，该区采用双排搅拌桩止水+φ1000@1200 支护桩+3 层钢筋混凝土内支撑支护。

B1 区：本段承台距离基坑边线较近，考虑承台厚度后，开挖深度为 20.50m。位于基坑北边中部，本段地质条件较好，基岩埋藏较浅，基中下部基本为中、微风化岩，地面较空旷，但北边地下管线繁多且紧贴基坑边或进入基坑内，需进行地下管线迁改工作，该区采用双排搅拌桩止水+φ1000@1200 支护桩+4 层预应力锚索支护。

B2 区：开挖深度为 20.00m，电梯井位置处开挖深度为 22.30m。位于基坑南边中部，本段上部地质条件相较差，基岩埋藏较深，但下部地质条件较好，基坑下部已进入微风化岩中，地面较空旷，仅局部有地下管线需进行地下管线迁改；该区采用双排搅拌桩止水+φ1000@1200 支护桩+4 层预应力锚索支护。

关于基坑截水和坑内降水措施：本基坑工程对地下水的控制采取以止水帷幕截水为主，坑内排降地下水为辅，截、降结合的措施。根据场地地质条件，本场地覆盖第四系松散层厚度不大，三层厚度较薄，砂层底部大多有淤泥质土或粉质黏土过度，局部有砂层直接接触强、中风化岩的现象，但砂层底埋深较浅，采用改良的搅拌桩可以解决止水问题，因此，采用 2φ550@350 搅拌桩止水，隔绝与外界的水力联系是有把握的。坑内降水可采用局部明坑进行降水，带地下水位降低后在全面开挖基坑。坑底和坑顶分别设置排水明沟，便于基坑排水的疏导。

关于地下洞穴处理：根据地质资料显示，ZK22 孔揭露有一个空洞，洞顶埋深 22.6m，洞高 0.8m，本场地基岩为白垩系（K）的含砾粉砂岩，一般条件下不会有大量的地下溶洞和土洞形成，但有可能是岩石的胶结物存在局部的碳酸钙，在地下水的作用下溶蚀所致。为避免地下溶洞对建筑物的不良影响，建议进行灌浆充填处理。另外适当加密钻孔进一步查明溶洞发育情况，建议对建筑物柱基部位记性超前钻勘察，查明持力层下一定深度基岩完整程度和是否存在溶洞。

本基坑采用了理正深基坑支护计算软件 F-SPW6.01 进行辅助设计，计算结果见《立白大厦基坑支护设计计算书》。基坑支护结构布置详见《立白大厦基坑支护设计方案图》。

（5）施工监测与监测结果分析

1）对预应力锚索，在全面施工之前，宜选取 3 根预应力锚索进行基本实验，以便取得实际岩土参数，复核设计方案，必要时调整设计，使支护方案更合理经济。对工程预应力锚索应按规范进行张拉验收试验，钻孔桩应进行抽芯检测，搅拌桩的成桩质量、止水效果应进行检测试验，合格后方可基坑开挖；检测验收试验项目和数量按广东省标准《建筑地基基础检测规范》DBJ 15-60-2008 有关规定执行。

2）沉降观测：沿基坑周边顶部每隔 15～25m 布置 1 个观测点，进行水平位移及沉降观测；对支护桩进行测斜管监测，监测其变形状态；对预应力锚索和钢筋混凝土支撑布置应力监测点，监测其工作期间的应力状态；基坑周边外围设置水位观测井，监测外围地下水位变化情况。对 3 倍基坑深度范围的建（构）筑物应布点进行沉降监测。详见基坑监测点布置图。

3）监测频率：基坑开挖期间至开挖完成后 7d 内，监测频率为 1 天监测 1 次，开挖完毕 7～15d，每 2 天监测 1 次，开挖完毕 15～30d，每 4 天监测 1 次，开挖完毕 30d 后至基坑回填以前，每 7d 监测 1 次。如遇大雨或暴雨时应加密监测频率。要求监测结果及时反馈与设计人员和有关单位，做到动态设计、信息化施工。

4）坑壁水平位移与周边地面沉降控制：本基坑按一级控制，地面沉降控制值 40mm，报警值 36mm；坑顶位移与坑壁土体位移—控制值 40mm，报警值 36mm。周边建筑物沉降控制值：沉降控制值 25mm，沉降差 0.2%，整体倾斜 0.004h。

5）基坑实测位移达到上述报警值时，应及时通知设计人员及有关单位，以便分析原因，必要时采取有效措施进行加固处理。基坑支护施工及开挖应进行严格的质量和工艺的控制，监测结果及时通报设计人员和有关单位，以便做到动态设计、信息化施工；确保基坑及周边建筑和设施的安全。

（6）评审意见

该工程位于荔湾区长堤街南侧、陆居路 2 号，基坑开挖深度约 20～22.3m，周长约 450m。基坑东侧距陆居路约 3～10m，路下有电力、电信、给排水等市政管线，对面为广州市信息工程学校；南侧距新隆沙三马路约 40m，路下有电力、电信、给排水等市政管线，对面为二～三层民居；西侧南段距花地大道约 10m，路下有电力、电信、给排水等市政管线，距珠江隧道和运营中的地铁一号线"芳村～黄沙"区间隧道约 21m，路下有电力、电信、给排水等市政管线；西侧北段距一栋九层住宅楼约 7～11m；北侧紧邻长堤街，路下有电力、电信、给排水、路灯等市政管线。场地自上至下主要地层为：人工填土层、中砂层、淤泥质土层、粉质黏土层和不同风化程度含砾粉砂岩层，存在淤泥质土层和砂层等不利地层。设计根据场地地质条件和周边环境，南侧和北侧中段采用 $\phi1000@1200$ 灌注桩加四道预应力锚索结合桩外侧双排 $\phi550@350$ 搅拌桩帷幕止水、其余侧采用 $\phi1200@1400$（$\phi1000@1200$）灌注桩加三道钢筋混凝土内支撑（或两道钢筋混凝土内支撑加一道预应力锚索）结合桩外侧双排 $\phi550@350$ 搅拌桩帷幕止水（西侧北段支护桩采用长短桩交错布置）的支护型式总体可行。存在问题如下：

1）应进一步查明基坑周边建筑物的基础型式及其与基坑的位置关系以及周边地下管线的分布情况，并采取必要的保护和监测措施，以确保安全；

2）A1、A2′剖面支护区段短桩长度应加长至锚索腰梁以下，确保拆撑工况安全；

3）支护桩（尤其是 A1、A2′剖面支护区段长短桩）间空隙应挂网喷射混凝土护面；

4）本工程西侧邻近地铁一号线"芳村～黄沙"区间明挖隧道，有关地铁保护的要求应严格按广州市地下铁道总公司《关于立白大厦项目基坑设计请审的复函》（穗铁地保〔2012〕18 号）的规定执行。

4.2.10　评审案例十（地下连续墙＋内支撑＋预应力锚索）

（1）工程名称

广州南汽车客运站基坑工程项目

（2）工程概况

拟建场地位于番禺区石壁南一路、石壁南二路。地貌单元属珠江三角洲冲洪积平原地貌单元，地面较平坦，勘察期间实测孔口标高：7.34～7.94m（本工程采用广州高程系，下同）；拟建工程为一级汽车客运站站房，由南北地块两部分组成，基本为对称结构，现基坑支护为北侧地块，站房为钢筋混凝土结构，地下两层，拟采用筏板基础。地下室基坑总占地 21538m²，基坑边周长约为 873m，负二层基坑开挖深度相对标高为 −15.25m（局部−15.80m、−16.00m）；其中考虑地下室底板面标高为−14.25m（局部−14.80m、−15.00m），地下室筏板厚度为 0.90m，垫层厚度为 0.10m。本基坑形状近似呈长条形，本工程±0.00 标高相当于广州城建标高程 7.70m；施工前对场地适当平整到 7.70m，因此基坑实际开挖深度为 15.25m（局部−15.80m、−16.00m）；由于基坑周边环境复杂，周边管线较多，对变形要求严格，因而基坑支护安全等级为一级，侧壁重要性系数取 1.10。对于车道出入口底板埋深较浅（−7.65～−12.49m），但考虑到承台厚度（2.0m），故基坑安全等级定为一级，侧壁重要性系数取 1.10。

（3）工程地质条件

根据勘察报告反映地质资料，场地岩土层自上而下划分为：据场地实钻 29 个钻孔的揭露，该区地层按地质成因依次分为：第四系素填土层<1>（Q^{ml}）；冲积-洪积土层<2-1>、<2-2>、<2-3>（Q^{al+pl}）；泥质粉砂岩强风化层<5>（K）；泥质粉砂岩中风化层<6>（K）；泥质粉砂岩微风化层<7>（K）。

按成因、岩性及状态划分，自上而下的分层描述如下：

1）素填土（Q^{ml}）

由黏性土、混凝土、碎砖、碎石等组成，结构松散，欠固结。大部分钻孔上部填土含植物根系。29 个钻孔均有揭露，层厚 2.00（ZK17）～4.00（ZK28）m，平均层厚 2.72m。本层在钻孔柱状图和剖面图中编号为<1>。

2）冲-洪积层（Q^{al+pl}）

① 细砂（Q^{al+pl}）

灰色，以粉细砂为主，含少量中粗砂，主要成分为石英，级配一般，饱和，呈松散～稍密状态为主，饱和，部分钻孔夹较多淤泥。本场地 28 个钻孔有揭露，部分钻孔分两层揭露，揭露到的层面埋深 2.00（ZK12）～13.60（ZK27）m，厚度 0.60（ZK27）～8.00（ZK26）m；平均厚度 4.24m。

在本层进行标准贯入试验 60 次，其实测击数一般 $N'=6～15$ 之间，统计平均值为 $N'=13.45$ 击，修正后平均值为 $N=12.2$ 击。地基承载力特征值 $f_{ak}=100～120$kPa。钻（冲）孔灌注桩桩侧摩阻力特征值 $q_{sa}=8～10$kPa。本层在钻孔柱状图和剖面图中编号为 <2-1>。

② 粉质黏土（Q^{al+pl}）

灰褐、灰黄色，以粉黏粒为主，含较多砾砂，以呈可塑状态为主。本场地有 29 个钻孔全有揭露，揭露到的层面埋深 5.20（ZK6）～12.20（ZK33）m，厚度 0.90（ZK33）～5.00（ZK13）m，平均厚度 2.85m。本层共取土样 10 件，土工试验主要指标见土工试验成果总表，数理统计见表 1。

在本层进行标准贯入试验 35 次，其实测击数一般 $N'=6～14$ 之间，统计平均值为 $N=9.86$ 击，修正后平均值为 $N=8.1$ 击。地基承载力特征值 $f_{ak}=140～160$kPa。钻（冲）孔灌注桩桩侧摩阻力特征值 $q_{sa}=20～26$kPa。本层在钻孔柱状图和剖面图中编号为 <2-2>。

③ 淤泥（淤泥质土）（Q^{al+pl}）

灰黑色、深灰色，以粉黏粒为主，质纯，含腐殖质和较多粉细砂，部分钻孔含腐木，流塑状态，饱和。本场地 25 个钻孔有揭露，揭露到的层面埋深 2.20（ZK5）～12.00（ZK26）m，厚度 0.80（ZK28）～4.40（ZK15）m，平均厚度 2.53m。本层共取土样 12 件，土工试验主要指标见土工试验成果总表，数理统计见表 2。

在本层进行标准贯入试验 30 次，其实测击数一般 $N'=1～2$ 之间，统计平均值为 $N=1.73$ 击，修正后平均值为 $N=1.4$ 击。地基承载力特征值 $f_{ak}=30～40$kPa。钻（冲）孔灌注桩桩侧摩阻力特征值 $q_{sa}=5～6$kPa。本层在钻孔柱状图和剖面图中编号为<2-3>。

本勘察场地的基岩为白垩系泥质粉砂岩，呈棕红色。本场区按岩石风化程度可分为强风化岩、中风化岩、微风化岩等，下面分别进行描述。

3）泥质粉砂岩强风化层（K）

棕红色，风化强烈，裂隙很发育，原岩结构大部分已破坏，岩芯多呈半岩半土状～碎块状，局部夹中风化岩块。本场地统计到该层的个数有 29 个，揭露到的层面埋深 8.00（ZK6）～14.70（ZK20）m，层厚 1.20（ZK22）～3.80（ZK34）m，平均厚度 2.11m。

在本层进行标准贯入试验 20 次，其击数介于 $N'=51～65$ 击之间，统计平均值 $N=$

54.8 击，修正后平均值 $N=41.1$ 击，标准贯入试验数理统计结果见表 3《各土、岩层标准贯入试验实测（修正）击数数理统计表》。建议地基承载力特征值 $f_{ak}=500\sim600$ kPa。钻（冲）孔灌注桩桩侧摩阻力特征值 $q_{sa}=60\sim80$ kPa。钻（冲）孔灌注桩桩端阻力特征值 $q_{pa}=600\sim800$ kPa。土层的变形模量 $E_0=130\sim150$ MPa。本层在钻孔柱状图和剖面图中编号为 <5>。

4）泥质粉砂岩中风化层（K）

棕红、灰绿等色，泥质结构，层状构造，裂隙发育，岩芯较破碎，多呈块状～短柱状。本场地统计到该层的个数有 16 个，层面埋深 13.6（ZK4）～18.0（ZK25）m，层厚 0.60（ZK3）～5.10（ZK24）m，平均厚度 2.32m。

岩石坚硬程度为软岩，岩体完整程度为较破碎，岩体基本质量等级 Ⅴ 级。

地基承载力特征值 $f_a=1000\sim1200$ kPa。本层在钻孔柱状图和剖面图中编号为 <6>。

5）泥质粉砂岩微风化层（K）

棕红、灰绿色，泥质结构，层状构造，岩芯多呈长柱状和短柱状。本场地统计到该层的个数有 29 个，层面埋深 9.30（ZK7）～21.90（ZK24）m，揭露钻出的层厚为 4.39～9.40m。

在该层取岩样 29 个，进行岩样天然和饱和单轴抗压强度试验，统计结果为：

天然范围值 $f_c=10.3\sim40.4$ MPa，平均值 $f_c=19.5$ MPa，变异系数 $=0.40$，修正后标准值 $=17.4$ MPa。饱和范围值 $f_r=7.9\sim36.7$ MPa，平均值 $f_r=19.8$ MPa，变异系数 $=0.38$，修正后标准值 $=16.8$ MPa。

岩石坚硬程度为较软岩或软岩，岩体完整程度为较完整，岩体基本质量等级 Ⅲ～Ⅳ 级。

地基承载力特征值 $f_a=2500\sim2800$ kPa。本层在钻孔柱状图和剖面图中编号为 <7>。

基坑开挖所遇土层主要为人工填土（Q^{ml}）、第四系冲积层（Q^{al+pl}）粉细砂层、淤泥层、粉质黏土层及白垩系（K）基岩等四大类，基坑底主要位于强风化泥质粉砂岩基岩上，局部中、微风化岩层。

（4）总体设计思路

由于场地西侧为地铁及高架桥、冷却塔等，路面上埋有较多市政管线。若基坑支护措施不当，基坑开挖产生将较大变形，对市政道路、管线的稳定及邻近建筑物的安全带来不利影响，因此，本基坑工程的成败关键在于严格控制位移及控制水土流失，防止水位下降对周边建筑物的影响，同时考虑场地地处繁忙地段，出土便利也是基坑支护设计必须考虑的重要因素。

支护方案分析：根据地质条件、环境条件及基坑开挖深度后认为：基坑控制位移和止水是本工程成败的关键，出土便利是设计应考虑的重要因素。以安全可行、经济合理、方便施工为设计原则，综合分析研究本工程的有利和不利因素，以安全、方便快捷施工、经济合理为原则，本地下室基坑支护结构采用了"地下连续墙＋混凝土内支撑"，"地下连续墙＋预应力锚索"，如图 4-31 所示。

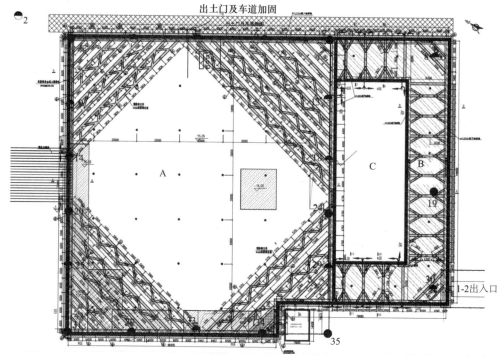

图 4-31　基坑支护平面图

　　为了防止地下连续墙接口处漏水及为了减少地下连续墙施工时对周边环境的影响，沿基坑边施工二排水泥土搅拌桩对土层进行加固，对于北面出土口及通道，采用水泥土搅拌桩进行加固处理。

　　其优点在于：

　　1）受力性能较好，刚度较大，对变形控制较好，对周边管线及道路影响较小；

　　2）止水效果好，安全可靠，对市政道路、管线造成影响较小；

　　3）施工具有可行性，能够确保合理施工工期。

　　其缺点在于：

　　施工空间受支撑影响，出土不方便，造价较高。

　　（5）施工监测与监测要求

　　1）基坑周边设立水平、沉降变形观测点各 36 个，测斜观测点 39 个，进行水平位移、沉降变形及支护桩倾斜监测；水位观测点 27 个，周边建筑物及管线观测点 50 个，12 处墙位进行钢筋应力监测，支撑轴力监测点 80 处支撑轴力监测点 80 处（第一层为 42 处，第二层为 38 处，上下相同对应位置），立柱沉降观测点 41 个，预应力锚索应力监测按总数的 3% 进行监测且不少于 3 根。

　　2）变形监测必须选择有经验及有资质的测量单位完成。

　　3）观测周期及次数：a. 施工期间每 1～2d 观测 1 次，雨天（中雨以上）施工，应加密监测频率；b. 基坑开挖到底后，变形未稳定前，每 5～7d 观测 1 次，变形稳定后可每间隔 15～20d 观测 1 次；c. 遇特殊情况（如变形出现突变或出现险情）时，应加密监测或连续监测；d. 地下室结构完成，并进行侧边回填土后，可停止变形监测；e. 对周边邻近已有建筑物应设置变形观测点（点位及数量由现场确定）进行观测，观测周期应与基坑监测同步；f. 监测结果应及时反馈业主、设计、监理及施工单位，做到信息化施工动态设计。

4）本基坑支护型式为地下连续墙＋内支撑支护或地下连续墙＋预应力锚索，累计最大水平位移及沉降不超过 30mm，报警值 25mm，水平位移速率不超过 5mm/d；在地下结构施工期间的水平位移速率不超过 3.0mm/d。变形不收敛或出现突变或达到控制值时要采取加固措施。对于 SC1 主撑最大支撑轴力为 7000kN，报警值为 5600kN；对于 SC2 次撑最大支撑轴力为 4000kN，报警值为 3200kN。

（6）评审意见

根据审查的资料情况，地铁十八号线仍处于项目初期研究论证阶段（尚未开展前期工作），地铁线位、站位方案尚未正式确定，地铁公司目前仅提供了一个与南站汽车站二期工程合建的站位方案（地铁站位位于南站汽车站二期工程用地红线范围内），鉴于上述情况，建议对广州南汽车客运站二期工程与地铁衔接方案进行以下研究：

1）南站汽车站二期工程与地铁合建方案在技术上是可行的，可研究一起建设或南站汽车站二期工程在预留地铁暗挖的柱网宽度要求后先行施工，建议尽快启动该地铁站的方案设计，以稳定条件；

2）可考虑将南站汽车站二期工程与地铁分开设置，在地铁站位不变的情况下，客运站站位整体向外移约 30m，建议征求相关部门的意见，调整客运站用地红线。

4.2.11　评审案例十一（土钉＋放坡）

（1）工程名称

南汉二陵博物馆基坑项目

（2）工程概况

本项目位于广州大学城的公共绿化区。整个项目规划总用地约为 33 万 m²，包括博物馆、康陵保护上盖及园林景观区三部分。此次设计为博物馆基坑设计，博物馆用地面积约 4.9 万 m²，建筑面积约为 2 万 m²，层数为三层，采用钢筋混凝土框架结构。基础类型为柱下独立基础与墙下条形基础，局部地基需做混凝土搅拌桩处理，底板厚度 0.35m，垫层 0.1m，疏水层 0.5m。

本工程采用珠江高程系统，±0.00 相当于绝对标高 10.800m，现地面标高为 10.5～27.00m，高差 16.50m。基坑周长约 638m，开挖面积 2.5 万 m²，基坑深度约 0～12.0m（坑外有 0～5.2m 永久边坡），其中东北角最大开挖深度为 17.2m，南面基坑底平规划路面。

（3）工程地质条件及水文地质情况

1）工程地质条件

根据广州南汉二陵博物馆岩土工程详细勘察报告，场地地貌单元属丘陵地貌，局部为冲沟。场地起伏较大。地基土主要由人工填土（Qml）层及植物层（Qpd），第四系冲积层（Qal）、第四系坡积层（Qdl）及第四系残积层（Qel），下伏基岩为燕山期（γy）花岗岩组成。场地岩土层情况自上而下分布如下：

① 人工填土①，层厚 0.20～4.40m，呈松散状态为主，局部稍压实；

② 植物层②，层厚 0.10～0.60m，结构松散；

③ 淤泥③-1，层厚 1.10～7.00m，呈饱和、流塑状态，局部软塑状态；

④ 粉砂③-2，层厚 0.50～3.00 m，呈饱和、稍密，局部松散状态；

⑤ 黏土③-3，层厚 0.50～9.40 m，呈饱和、可塑状态，局部硬塑状态；

⑥ 粉质黏土④，层厚 0.40～14.80 m，呈饱和、硬塑状态；

⑦ 黏性土⑤，层厚 1.30～7.00 m，呈饱和、可塑状态；

⑧ 黏性土⑤，层厚 1.00～18.50 m，呈饱和、硬塑状态；

⑨ 全风化花岗岩⑥-1，层厚 0.80～16.60 m，岩芯呈土柱状，手捏易散，合金钻具易钻进；

⑩ 强风化花岗岩⑥-2，层厚 03.10～8.10 m，岩芯呈土柱状、土夹碎块状，岩块用手易折断，合金钻具易钻进。

在基坑开挖范围内，除东南角 ZK77、ZK80、ZK81 三个钻孔存在填土层（①）及淤泥层（③-1），其他范围内由上至下主要为松散植物层、硬塑冲积粉质黏土层（④）、残积黏土层（⑤-1、⑤-2）、全风化岩层（⑥-1）。

2）场地水文条件

拟建场地地下水主要有两种赋存方式：一是第四系土层孔隙水；二是基岩裂隙水。第四系土层孔隙水的主要类型属潜水，主要赋存于人工填土①、植物层②、淤泥③-1、粉砂③-2、黏土③-3、粉质黏土④、黏性土⑤-1 及黏性土⑤-2 中。基岩裂隙水主要是花岗岩各风化带裂隙水，花岗岩强风化带是主要储水层段。基岩裂隙水具如下特征：即地下水的分布受赋存岩体裂隙发育程度的影响较大，具明显的各向异性特点，属非均质渗流场，在节理裂隙较发育的地段，裂隙水赋存丰富，且透水性较强。

拟建场地地下水的补给来源主要是大气降雨和鱼塘地表水。地下水的排泄主要是大气蒸发。地下水位的变化与季节关系密切。雨季时，大气降水充沛，地下水位上升；而在枯水期因降水减少，地下水位会随之下降。勘察期间，各钻孔均遇见地下水，勘察时测得地下水水面埋藏深度介于 0.20～11.00m 之间，相当于标高 6.52～19.86m。

拟建场地内粉砂③-2 属强透水性地层（基础开挖范围只在 ZK73 有），其余各地层均属于弱透水性地层。场地内地下水水质在强透水地层中对混凝土结构具弱腐蚀性，在弱透水地层中对混凝土结构具微腐蚀性；水质对钢筋混凝土结构中的钢筋具微腐蚀性。

（4）总体设计思路

根据现场周边环境以及地质情况，场地开阔，三倍开挖深度范围内无重要建（构）筑物和管线，基坑大部分采用土钉墙与放坡结合的支护方式，第一级土钉墙坡度 1：0.5，第二级土钉墙坡度 1：0.75，放坡坡度 1：1 或 1：1.25，两级之间设宽为 1500～9500mm 的平台。

东南角局部含有淤泥层，采用水泥搅拌桩与放坡支护；东北角因开挖深度较大达 17.2m，采用预应力锚杆复合土钉墙支护。如图 4-32 所示。

（5）施工监测与监测要求

基坑工程监测工作应委托有资质的专业监测单位承担，施工单位应采取有效的安全监

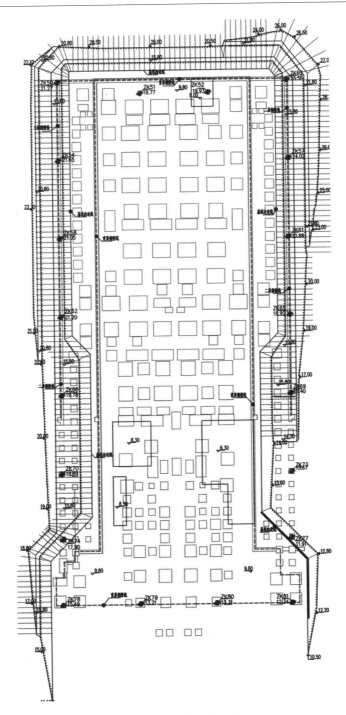

图 4-32 基坑支护平面图

测措施应进行自检观测。

在本基坑工程中，监测的主要项目有：

1) 支护结构顶部水平位移；

2) 支护结构顶部竖向位移；

3）土体侧向变形；

4）地下水位；

5）周边管线变形；

6）周边地表沉降；

7）周边建（构）筑物沉降倾斜；

8）锚杆（索）拉力。

测点布置和精度要求见表 4-1，预告值及控制值见表 4-2。

基坑监测项目、测点布置和精度要求 表 4-1

序号	监测项目	位置或监测对象	仪器	监测精度	测点布置
1	支护结构顶部水平位移	边坡上端部	水准仪经纬仪	1.0mm	间距 10～15m
2	支护结构顶部竖向位移	边坡上端部	水准仪经纬仪	1.0mm	间距 10～15m
3	土体侧向变形	周边土体	测斜管测斜仪	1.0mm	同一孔测点间距 0.5m
4	地下水位	基坑周边	水位管水位计	5.0mm	间距 40～50m
5	周边管线变形	管线接头	水准仪经纬仪	1.0mm	间距 15～25m
6	周边地表沉降	基坑周围地面	水准仪	1.0mm	间距 15～25m
7	周边建（构）筑物沉降倾斜	建（构）筑物周边角点	水准仪经纬仪	1.0mm	间距 10～20m
8	锚杆（索）拉力	锚杆位置或锚头	钢筋计压力传感器	<0.5/100（F·s）	不少于锚杆总数的 1%，且不少于 3 根

基坑监测项目预告值及控制值 表 4-2

监测项目	警告值	控制值	
支护结构顶部水平位移	40mm 或每天发展 10mm	50mm	
支护结构顶部竖向位移	40mm 或每天发展 5mm	50mm	当出现《建筑基坑工程监测技术规范》GB 50497—2009 第 8.0.7 的情况时，均应报警并应采取应急措施
土体侧向变形（深层水平位移）	40mm 或每天发展 5mm	50mm	
地下水位	1000mm 或每天发展 300mm	1500mm	
周边管线变形	20mm 或每天发展 3mm	30mm	
周边地表沉降	40mm 或每天发展 4mm	50mm	
周边建（构）筑物沉降倾斜	40mm 或每天发展 4mm	50mm	
锚杆（索）拉力	锚杆特征值的 80%	详支护剖面图	

注：基坑开挖期间每 2d 监测一次，非开挖期间每 5d 监测一次。

（6）评审意见

　　该工程位于广州市大学城的公共绿化区，基坑开挖深度约为 0～17.2m，周长约为 638m。基坑北侧 95m 外为大学城西四路；基坑西侧和东侧为低矮山岳；基坑南侧 95m 外为大学城南三路。基坑周边有电力、排水及电信光纤等市政管线需要保护或迁改。场地主要地层从上到下依次为：人工填土层、植物层、淤泥层、粉砂层、黏土层、粉质黏土层、黏性土层及不同风化程度的花岗岩层等，局部存在淤泥层和砂层等不利地层。设计根据场地地质条件和周边环境，基坑采用放坡或放坡土钉墙或复合土钉墙（局部坡底加 ϕ550@400 水泥搅拌桩止水）的支护型式基本可行。存在问题如下：

　　1）基坑边坡高度较大的 6-6、7-7 剖面段应按一级基坑设计，并复核坡顶山坡地形对基坑边坡的影响；

　　2）应落实基坑周边相关管线的迁改方案，明确迁改后与基坑的位置关系，管线迁改完成后才能施工；

　　3）应分析场地汇水情况并完善排水系统；应加强地下水的控制措施；

　　4）应复核土钉的承载力设计值，土钉钻孔孔径应加大；基坑边坡高度较大的地段的土钉间距偏大，应调整；注意基坑阳角处土钉的交叉问题；

　　5）应补充 11-11 剖面的边坡稳定计算，必要时加强该剖面支护；

　　6）放坡平台上应布置水平位移和沉降测点，完善监测设计。

第5章 基坑支护常见监测报警分析及处理措施

5.1 基坑支护预警的意义

在深基坑工程建设迅速发展的同时，基坑事故也频繁发生：根据基坑工程事故的统计分析，基坑工程事故占基坑总数的1/4以上，事故主要表现为支护结构物产生较大位移，支护结构破坏，基坑坍塌及大面积滑坡，基坑周围道路开裂和塌陷，与基坑相邻的地下设施变位乃至破坏，邻近建筑物开裂甚至倒塌。造成基坑事故发生的原因是多方面的，但基坑工程本身的部分显著特征也是事故频繁发生的因素之一。基坑工程作为一个系统工程，它涉及地质、水文、气象等条件及土力学、结构、施工组织和管理学科的各个方面，在基坑工程施工的过程中，特别是岩土体的物理力学性质和支护结构的受力情况都会随工况的进行而不断发生变化，恰当的模拟这些变化是基坑工程施工的工程实践所必须的，而用传统的固定不变的介质本构模型及介质参数来描述上述变化是不合适的，即是说不能满足基坑工程的设计和施工的要求。

目前来说，鉴于基坑支护形式繁多，计算模型多采取近似方法，相关计算理论的不够完善，还有岩土介质的复杂性及不确定性，以及计算参数获取手段的局限，导致基坑工程事故较频繁。故此，监测对基坑工程就成为一个必要手段，"动态设计信息化施工"成为基坑工程的一个重要原则。

然而，不管基坑支护采取何种形式，也不管地质条件及周边环境如何复杂，了解基坑力学动态最直观的方法，就是基坑开挖过程中的各种监测。基坑的稳定性总能从位移的发展变化中体现出来，只要能及时捕捉各种征兆，不断回答"正在发生什么，将会发生什么"二个问题，很多基坑事故是可以避免的。

无数血的教训使我们认识到，基坑工程特别是重大基坑工程，监测是一个不可或缺的环节，它是基坑设计施工中的一个重要组成部分，来不得半点虚假。比如2005年发生在广州的"721"基坑垮塌事故，如果能认真分析前前后后的监测资料，如果能自始至终地及时捕捉各种征兆，进行必要的计算、分析，正确回答"正在发生什么，将会发生什么"这二个问题，及时处理，事故是完全可以避免的。

鉴于以上原因，迫切需要将信息化施工这一理念引进到基坑工程的施工中。信息化施工是运用系统工程施工的一种现代化施工管理办法，包括信息采集（监测）、反馈、反分析（预测）、控制与决策等几方面的内容，其原理如图5-1所示：

通过信息化施工可以解决以下几个方面的问题：

1) 根据前一阶段基坑施工期间所获得的监测资料，可以获得岩土体变化的信息，及时比较勘察、设计所预期的性状与监测结果的差别，对原设计结果进行评价并判断施工方案的合理性；

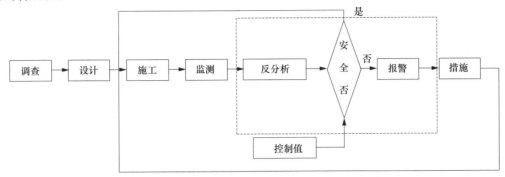

图 5-1　基坑工程监测预警原理框图

2）通过现场监测获得的数据和场地描述，可以进行分析计算和修正岩土体的物理力学参数，将基坑工程施工过程以仿真方式体现出来；

3）通过数值计算和对岩土体物理力学参数的及时修正，可以预测出未来工况下基坑的新情况，新动态，并使这些信息为设计单位和施工单位所用，以便在施工期间进行设计优化，进行合理的施工，对后续的开挖方案和开挖步骤提出指导性的建议。

4）通过对基坑下一阶段的新情况、新动态的预测预报，可以及时掌握基坑可能出现的险情信息，并采取相应的补救措施来防止基坑事故的发生。

5.2　动态设计的意义

传统的深基坑工程设计计算是根据基坑开挖的最终状态为基础，采用极限平衡的分析方法，验算基坑土体在所设计的支护条件下的稳定性。这种设计方法是在特定的空间域内对工程项目进行的"静态设计"，而实际工程中包括土质参数在内的多种参数都是变化的。为解决这一矛盾应根据施工过程中反馈的信息不断对设计加以修正，这是动态设计的思想所在。深基坑工程的动态设计是指在时间域和空间域内对工程项目进行设计计算，将设计与施工过程紧密结合起来，从而扩展了设计范畴，充实了设计内容，完善和提高了设计质量。

动态设计包括以下几个方面：动态设计计算模型的建立，预测分析与可靠性评估，施工跟踪监测，控制与决策等。预测分析是动态设计的核心环节，变形预测是其主要项目。预测分析的关键在于建立较为符合实际情况的动态设计计算模型，相应的结构构件及土体应力应变关系模型，接触点和接触面的拟合模式以及模型的各种计算参数等。由于计算模型只是实际情况的主要因素的拟合，因此，其计算结构的真实性和可靠性需要施工信息跟踪和反馈监测系统来予以检验、改善和提高。

作为信息化施工的一个主要内容，动态设计的实现依赖于系统合理的施工监测。按照建立动态设计计算模型的要求，对预定的施工过程逐次进行预测分析，并将分析结果与施工监测信息采集系统得到的信息加以比较。由于预测时采用的材料参数难以反映施工场地的复杂情况，两者之间必然存在不相符的情况。此时，可以将实测信息作为已知的参数，利用反分析方法得出场地的主要参数，然后利用这些参数再通过计算模型预测下一阶段施工中支护结构的性状，再通过信息采集系统收集下一阶段施工中的信息。如此反复地循环，便可以是深基坑的设计变为动态设计。在每一个循环中，只要采集得到的信息与预测结果相差较大时，便可以修改原来的设计方案，从而使得设计更加合理。

5.3 基坑工程预警报警流程及处理

基坑信息化监测是在基坑开挖施工过程中通过运用先进的科学仪器手段，对支护结构、周边环境的位移和变形以及地下水位的动态变化、土层孔隙水压力变化等进行综合观测。信息化监测方案的设计原则主要包括以下几个：可靠性、经济合理性、与施工相结合、关键部位优先和兼顾全面、系统性。首先信息化监测方案的设计必须在技术上满足可靠成熟，操作安全的原则；其次具体实施过程中在保证安全可靠的基础上，应用技术方法的选择应以有效简单直观为原则，监测点的布置方面应在保证精度的基础上，数量尽可能的减少，这样有利于监测成本的控制以及工作效率的提高；再次在实施信息化监测之前，必须对施工场地进行现场勘查，选择合适的水准点及监测点，以保证关键部位在监测准确性；同时从整体上对监测点分布的均匀性进行把握；最后在设计方案时变形监测的项目都不应该视为独立的个体，而是应该把他们结合起来进行看待和分析，各个监测项目所获取的实测数据应该要相互验证；并且要尽量保证能够及时准确地获取项目的监测数据。基坑监测反馈过程可见图 5-2。

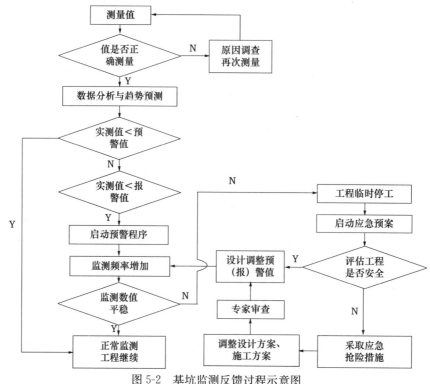

图 5-2 基坑监测反馈过程示意图

根据以上预警报警流程确定如表 5-1 所示报警体系。

三级预警报警体系　　　　　　　　　　　　　　　　表 5-1

预警等级	报警指标	相应措施
安全	所有测点监测内容小于预警值	正常施工
预警	三个以上测点或监测内容超过预警值： 1. 内撑和锚索（杆）内力按其承载能力设计值的 70% 作为预警值 2. 位移预警值根据支护形式和基坑安全等级按《建筑基坑工程监测技术规范》GB 50497—2009 中报警值的 80% 执行	通知项目部，由业主牵头召开会议，分析原因并且确定应对措施，讨论在保证基坑安全的前提下监测预警值放大的可能性 监测单位应提高注意，提高监测频率，紧密关注其发展情况，通报施工、设计及监理和业主单位 必要时增加监测点，甚至采取限荷、卸荷、斜撑等措施
报警	三个以上测点或监测内容超过报警值： 1. 内撑和锚索（杆）内力按其承载能力设计值的 80%～90% 作为报警值 2. 位移报警值根据支护形式和基坑安全等级按《建筑基坑工程监测技术规范》GB 50497—2009 执行	工程临时停工，组织专家评估工程安全性，并且加强临时支护，提出抢险方案及对策

根据《广州市建筑工程基坑支护设计技术评审要点》中第六点基坑监测的要求，应明确对基坑及其周边环境监测的要求。主要内容包括基坑监测项目、基准点的布置、测点布置、监测频率、监测时限、控制值和报警值等等。

1）砂层场地的地下水位监测为必做项目，且监测点水平间距不大于 20～30m。

2）周边每栋建筑物沉降监测点每边不少于 2 个。

3）基坑水平位移及支护结构测斜监测点间距不宜大于 30m。

4）支撑应布置轴力监测点；每条支撑立柱应布置沉降监测点。

5）每道预应力锚索应进行内力监测或土钉检测。

5.4　基坑工程报警处理案例

5.4.1　监测报警值讨论

监测的目的是为基坑工程的施工提供一系列量化的、表示安全程度的值，这些值若处于安全范围内，可按计划正常开展各项施工工序，一旦超出安全范围，工程就会出现种种危险或事故。

《监测规范》中相关监测项目的位移报警值采用正常使用极限状态设定是合适的，但对相关支护结构内力监测项目的报警值采用 60%～80% 的承载能力设计值，在日常监测中会容易引起报警。当监测结果接近报警值时，已需加强监测、巡查；监测结果达到报警值，并启动应急预案，基坑停工并进行专题分析和专家评估基坑的安全性，必要时需进行加固处理。所以，报警值须慎重设置，以达到保护周边环境和基坑安全的前提下不影响参建各方工作和基坑施工进程的作用。

报警值是人为规定的数值，它的作用是观测数据一旦达到此数值，监测单位就应在第一时间采取特殊的、明确的方法向委托方报警。报警值不能按上述的"最大允许值"取用，而应在"最大允许值"上乘一个小于1的系数，一般取0.8倍的"最大允许值"为"报警值"。之所以这样做，是因为"最大允许值"是一个"安全"与"不安全"的分水岭，一旦超过，随时会发生不安全的事故。各项监测必须有"报警值"。报警值由"累计值"和"单位时间的变化值（一般用日变化值）"两部分组成。

主要影响支护结构受力的土压力、水压力和施工堆载均为恒载，当支护结构内力的监测值等于计算荷载标准值 S_{GK} 时，进行报警以引起重视是合适的。设计值可作为控制值 S，承载力极限标准值 R_k $(f_k, \cdots\cdots)$ 作为安全度的判别标准，根据荷载标准值与承载能力设计值 R $(\gamma_R, f_k, a_k\cdots\cdots)$ 的比值确定报警值。我们根据基坑安全等级的重要性系数，一级 $\gamma_0=1.1$，二级 $\gamma_0=1.0$，三级 $\gamma_0=0.9$；钢筋、钢绞线或者混凝土的材料性能分项系数 $\gamma_f\geqslant1.4$ 和按国家基坑规范的荷载分项系数 $\gamma_G=1.25$。按永久荷载控制的荷载组合简化计算公式：

$$S=\gamma_0\gamma_G S_{GK}$$

按承载能力设计值 R 和极限强度标准值 R_k 的计算公式：

$$\gamma_f R \ (\gamma_R, f_k, a_k\cdots\cdots) = R_k \ (f_k, a_k\cdots\cdots)$$

按 $S\leqslant R$ 设计时，取 $S=R$，代入上述相关符号数值，可得到对应的安全系数（表5-2）：

承载能力安全系数对比表 表5-2

安全系数	荷载组合标准值 S_{GK}	荷载组合设计值 S	承载能力设计值 R	极限强度标准值 R_k
一级	1	1.375	1.375	1.925
二级	1	1.250	1.250	1.75
三级	1	1.125	1.125	1.575

基坑支护的设计工况发生在基坑施工期间，有临时性、短期性的特点，可考虑充分发挥材料性能。由上表可知，安全度按一级、二级和三级基坑对应极限承载能力标志值的安全系数分别有1.925、1.75和1.575。按一级、二级和三级基坑对应承载能力设计值的安全系数分别有1.375、1.25和1.125，结合考虑一般按 $S\leqslant R$ 设计时，实际配置的截面尺寸会有一定的富余安全度，实际安全系数还会更大些。基坑监测构件的内力达到内力标准值 S_{GK} 报警时，一级、二级和三级基坑对应承载能力设计值的 $1/1.375=73\%$、$1/1.25=80\%$ 和 $1/1.125=89\%$。

另外，目前勘察报告中提供的锚索与土体侧摩阻力标准值，大多按一次注浆值提供，甚至提供的是土体的侧摩阻力特征值，因此实际锚索轴力抗拉设计值比要求的设计值大很多，富余量较大。

由此，支护结构内力监测项目的报警值较现有规范平均提高 10％，采用 70％～90％的承载能力设计值作为报警值是安全适用，经济可行的。

5.4.2　监测报警处理措施

根据以上预警报警体系，预警等级为安全时可由监测单位继续监测，密切关注监测值发展趋势，不另行采取措施；对于预警等级为报警等级时，应组织参建单位甚至安监部门、社会专家进行抢险加固处理；对于预警等级为预警时，可采取适当调整报警值的措施，以达到保护周边环境和基坑安全的前提下不影响参建各方工作和基坑施工进程。

1）各参建单位组织了解该阶段施工现场情况、监测情况、主体结构施工进度和周边环境变化情况等，分析监测值偏大的原因；

2）针对监测结果，分析监测值偏大的监测点其他监测值的监测结果，同时分析临近监测点的监测结果，判断基坑安全性；

3）根据监测分析结果，适当放大监测报警值；

① 在原混凝土支撑轴力报警值基础上增加 10％的原设计值，并按 90％承载能力设计值作为控制值，应充分考虑支护构件的施工质量及其实际承载能力；

② 在原锚索轴力报警值基础上增加 10％的原设计值，并按 90％承载能力设计值作为控制值，应充分考虑支护构件的施工质量及其实际承载能力；

③ 变形按原报警值增加 5mm 逐渐扩大报警值，一级基坑按 35～38mm 作为控制值，二级基坑按 45～55mm 作为控制值；

④ 地下水位按原报警值增加 500mm 逐渐扩大报警值，一级基坑按 2200mm 作为控制值，二级基坑按 2500mm 作为控制值。

4）至少每天两次的监测频率加强监测，及时上报结果；

5）必要时，采取限制荷载、卸荷甚至采取坑内斜撑的方式加固；

6）如监测值（速率）3 天内持续增加并达到新的报警值，则进行抢险加固措施。

5.4.3　基坑工程报警处理案例

广州市珠江新城核心区市政交通项目 8 区地下停车库基坑工程，位于广州市新城市中心核心区珠江新城黄埔大道以南，金穗路以北，华夏路与珠江大道西之间，南北向长约 189.6m，东西向宽约 73.6m，平面形状为矩形。本工程为大型地下停车场，主体地下室设计为三层，基坑开挖深度约为 18.55m。基坑开挖面积约 15000m²，基坑周长约 560m。

本基坑南侧为广晟大厦，已投入使用多年，其中地下室深度约 22m，靠近本基坑一侧支护形式为桩锚＋放坡（图 5-3）；两个地块地下室之间净距约 6.7m。

目前，本基坑工程主体结构已完成至负一层楼板，准备拆除第一道支撑；因赶进度，地下室与支护桩之间未回填，但采用素混凝土短梁与支护桩进行一桩一顶的换撑措施。

经设计单位复核，同意该换撑方案并同意拆第一道支撑；因担心拆撑导致支护桩位移偏大，将监测报警值由原来的 25mm 调整至 40mm。见图 5-4。

2017 年 11 月 20 日，现场监测发现靠近广晟一侧的地面开裂，裂缝长度约 50m，宽度约 1～2cm，同时水平位移监测点 CK16 点位移达到 35mm。业主组织施工、监理、设计和监测等相关单位去现场踏勘、分析原因并要求提供解决方案。

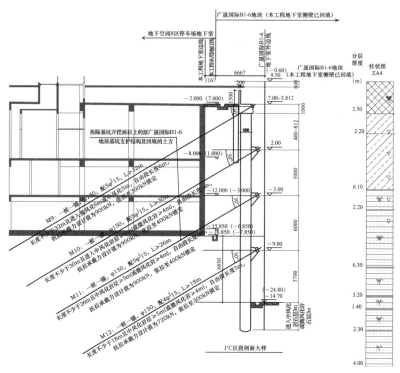

图 5-3 地下空间靠近广晟大厦一侧支护剖面示意图

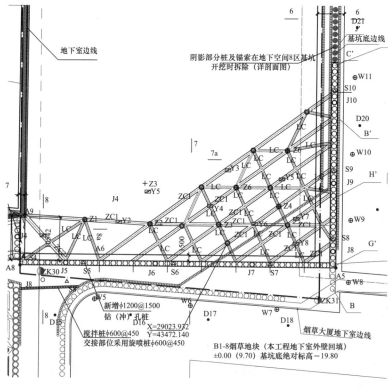

图 5-4 地下空间靠近广晟大厦一侧支撑布置及监测示意图

　　根据监测资料反映，该侧支护桩水平位移监测仅 CK16 点位移达到 35mm，其他监测点均为 20～24mm；支护桩顶位移 4.6～17.7mm；周边建筑沉降 0.4～4.7mm。从监测资料看，目前基坑处于安全状态，CK16 点支护桩水平位移偏大，可能的主要原因是拆撑结果的影响；支护结构外地面开裂，可能的主要原因是：①拆撑导致支护桩瞬间变形较大，导致沥青路面拉裂；②该段时间气温骤然降低，沥青材料冷缩，结合拆撑因素，导致路面拉裂；③本基坑支护结构外至广晟地下室之间的回填土未经压实，因拆撑的瞬间应力释放，导致地面沉降明显。

　　根据各单位反应的现场情况和监测结果，形成的结论如下：

　　1）目前基坑仍处于安全状态，但监测单位应按每天两次的频率加强监测，及时上报每次的监测结果，位移报警值按 40mm 控制；

　　2）开裂的路面，在裂缝两侧切割 50cm 宽路面，然后采用无压力灌水泥浆封堵裂缝，并加强监测，位移和沉降按 30mm 控制；

　　3）限制路面大车行驶，3 天内控制小车行驶，待 3 天监测结果正常后可行驶小车；

　　4）如监测结果接近报警值，则在混凝土腰梁和主体结构框架梁上焊接钢板并采用钢支撑作为斜撑进行加固；

　　5）超过报警值，则按基坑抢险加固措施处理，并启动应急预案。

第6章　基坑工程风险分析与应急处理措施

基坑工程是最近30多年中迅速发展起来的一个领域，由于高层建筑、地下空间的发展，深基坑工程的规模之大、深度之深，成为岩土工程中事故最为频繁的领域，给岩土工程界提出了许多技术难题，当前，深基坑工程已成为国内外岩土工程中发展最为活跃的领域之一。

根据住建部颁布的《危险性较大的分部分项工程安全管理办法》规定，基坑工程属于危险性较大的分部分项工程。尤其是深基坑工程，属于其中的重大危险源。主要是由于：

1）深基坑工程是一项技术综合性及风险性都很高的工程，它不仅所用到的学科门类知识是非常多的，包含有建筑学、构造学、土木工程力学、原位测试学等，而且在深基坑工程建设过程中还要考虑排水止水防护、施工检测等方面内容。

2）深基坑工程绝大部分都是分布在城市中心地带，但其施工环境差（空间小、限制多、地线管线密集），质量要求很高（支护质量、开挖后地表稳定性等），如果在建设过程中对某一工程环节如：地表软土流变、支护构造力学、地下排水等做得不够精细，很容易引起深基坑支护工程事故，给社会和人们带来极大的危害。所以，在进行深基坑支护工程建设时，要清楚地识别容易出事故的工序及其引起的原因，然后做好各项预防措施，提高工程质量。

住房和城乡建设部在2018年2月发布了《大型工程技术风险控制要点》，明确了包括基坑工程在内的大型工程技术风险控制要点。基坑工程风险要点主要包括：坍塌风险、坑底突涌风险、坑底隆起风险、基桩断裂风险、地下结构上浮和受浮力破坏风险、高切坡工程风险等。

6.1　基坑工程风险分类及统计

6.1.1　基坑破坏主要原因分类

基坑支护开挖事故的常见原因包括：

1）支护结构的强度不足，结构构件发生破坏。

2）支护桩埋深不足。不仅造成支护结构倾覆或出现超常变形，而且会在坑底产生隆起，有的还出现流砂。

3）支撑体系设计不合理。对带有内支撑的基坑支护结构，由于支撑设置的数量、设置的位置不合理，或支撑设置、施加预应力不够及时，支护结构变形很大而造成事故。

4）基底土失稳。由于基坑开挖使支护结构内外土重量的平衡关系被打破，桩后土重超过坑底内基底土的承载力时，产生坑底隆起现象。如果支护采用的板桩强度不足，板桩的入土部分破坏，坑底土也会隆起。此外，当基坑底下有薄的不透水层，而且在其下面有承压水时，基坑会出现由于土重不足以平衡下部承压水向上的顶力而产生隆起。当坑底部为挤密的桩群时，孔隙水压力不能排出，待基坑开挖后，也会出现坑底隆起。

5）施工质量差与管理不善。诸如支护用的灌注桩质量不符合要求；桩的垂直度偏差过大，或相邻出现相反方向的倾斜，造成桩体之间出现漏洞；钢支撑的节点连接不牢，支撑构件错位严重；基坑周围乱堆材料设备，任意加大坡顶荷载；挖土方案不合理，不分层进行，一效仿挖至基坑底标高，导致土的自重应力释放过快，加大了桩体变形。

6）不重视现场监测。决定基坑支护结构的安全因素很多，有许多是设计前不一定能估计到的，因此为了确保支护结构使用中的安全，重视现场监测，随时掌握支护结构的变形与内力情况，采取必要的措施是十分重要的。不少支护结构失败的实例证明，不重视现场监测是造成事故的重要原因之一。

7）降水措施不当。例如在可能出现流砂的基坑采用明排水，导致流砂发生，周围地面出现较大沉降；又如采用人工降低地下水位时，没有采用回灌措施保护邻近建筑物而造成事故等。

8）基坑暴露时间过长。大量数据表明，基坑暴露时间愈长，支护结构的变形也愈大，这种变形直到基坑被回填才会停止。所以在基坑开挖至设计标高以后，基础的混凝土垫层应随挖随浇，快速组织施工，减少基坑暴露时间。

从造成基坑失稳、桩体断裂、地表沉降及坑底隆起、管涌等事故的原因分析中可以得知，不合理的设计方案、不良的施工技术和施工管理是造成基坑事故的主要原因，但一个事故的出现往往是诸多不利因素的综合表现，如表 6-1 所示：

基坑事故破坏主要类型及原因（按破坏类型分）　　　　　表 6-1

破坏类型	原因分析	预防措施
施工质量不合格导致支撑失效	圈梁、钢筋混凝土支撑和系杆的中心线不在同一平面内，圈梁产生局部扭转效应，从而产生混凝土开裂导致锁口刚度严重下降	严格按照设计图纸施工，保证支撑体系施工质量
坑外堆土，导致支撑失效	坑外堆土，导致支撑体系受力过大	基坑外堆土时，堆土应距基坑边沿 1m 以外，堆土高度不得超过 1.5m
支撑桩抗力不足	围护桩嵌固长度不足	围护桩的嵌固深度应进行核算，即核算被动区水平抗力是否满足
围护桩踢脚	坑外土体压力过大	监测即将发生破坏的迹象以保证安全，如设置测斜管、轴力计等
立柱破坏	与基坑开挖引起的坑底隆起、竖向开挖卸荷、开挖方式、工程桩坐落的地层特性、承压水头、支撑类型与支撑道数等多因素相关	当基坑尺寸较大时，可减少支撑的计算长度

续表

破坏类型	原因分析	预防措施
基坑整体失稳	坡顶堆载、行车；基坑边坡太陡；开挖深度过大；土体遇水使得土的自重增加；地下水的渗流产生一定的动水压力；土体竖向裂缝中的积水产生侧向静水压力等	综合考虑影响基坑边坡稳定的各种因素，根据经验确定土方放坡，保证边坡排水，使坡顶荷载符合规范和设计要求，或设置必要的支护
坑底隆起	由于开挖后的卸载引起回弹量，基坑周围土体在自重的作用下使得坑底土向上隆起	采取抗隆起措施，加强坑底位移监测。一旦发现某部分坑底位移达到警戒值，立即在该处回填土，直至坑底不再产生位移，然后利用旋喷机和配备的水泥对土体进行加固
桩身缺陷	未设置钢筋笼保护层垫块	减少灌桩过程中导管升降次数，导管升降次数越多越容易夹带沉渣进入混凝土中造成桩身缺陷，导管上口离孔内混凝土顶面高度足够长时，禁止导管升降拉拔，而是由导管内混凝土产生的超压力或冲击力自然下灌。当浇筑到末期混凝土确实难以下灌时，应控制升降次数，保证顶层混凝土质量。按设计要求设置保护层垫块
基坑整体变形，管桩倒楼	土方堆放不当，基坑开挖违反相关规范，产生过大的侧向土压力，管桩受剪力过大，导致塔楼倒塌	施工方对基坑开挖及土方处置须采取专项防护措施，监理方对建设方、施工方的违法、违规行为进行有效处置，对施工现象隐患及时报告

6.1.2 基坑失效主要影响因素分类

基坑工程失效的主要因素包括：

1) 设计安全度不够，考虑不周全；

2) 设计概念错误；

3) 设计人员对当地土性不熟悉；

4) 勘查数据不完善，可靠性差；

5) 地质情况局部突变；

6) 施工未按照设计图纸要求；

7) 围护桩（墙）施工质量问题；

8) 搅拌桩（旋喷桩）施工质量问题；

9) 锚杆（土钉）施工质量问题；

10) 支撑杆件施工质量问题；

11) 支撑杆件内部损坏；

12) 围护结构未达到设计强度就开挖；

13) 挖机及车辆破坏围护结构；

14) 挖机及车辆悬停支撑作业；

15) 基坑外施工荷载超出设计允许范围（特别是动荷载超标）；

16）基坑顶放坡卸土不足；

17）基坑超深开挖（超挖），没有按设计要求分层开挖；

18）基坑长期暴露，垫层和底板未及时跟进气候长时间影响；

19）恶劣气候影响；

20）周边开挖、打桩对基坑的影响；

21）止水帷幕失效。

6.2　不同开挖阶段基坑变形过大风险分析及防治措施

除基坑开挖可能引起支护体系和坑内外土体产生变形外，实际上在施工全过程中，还可因其他原因产生变形。根据基坑工程施工全过程可能产生的变形的机理、危害及控制方法，可将基坑施工全过程划分为基坑支护结构施工、基坑降排水、基坑土方开挖、基坑使用、支撑拆除、地下水恢复等 6 个阶段（图 6-1）。基坑工程施工阶段中各个阶段可能引起支护体系和周边环境的变形原因各不相同，危害及控制（防治）措施也不一样。

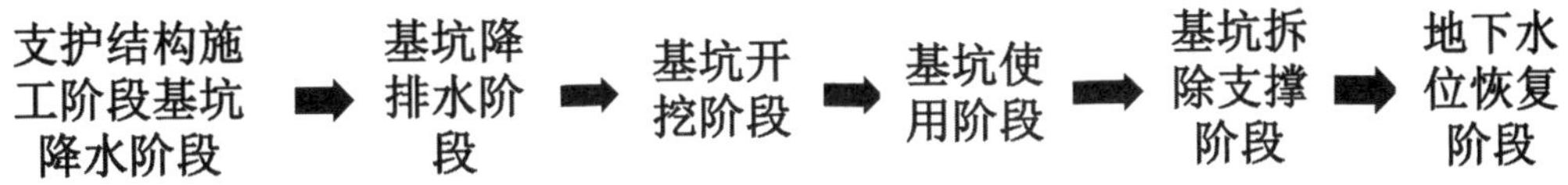

图 6-1　各阶段风险点分析

总的来说，按支护类型出现的破坏形式分类，如表 6-2 所示：

基坑事故破坏主要类型及原因　　　　　　　　　　表 6-2

支护形式	事故类型	最主要原因
放坡	坡体开裂、滑坡	土体遇水软化
土钉墙	坡体开裂	土钉长度不足
排桩	桩身倾斜、桩角软化	锚索长度不足，水的作用
地下连续墙	墙身接缝漏水	防水措施不足
重力式水泥土墙	墙身强度不足、墙体挡土宽度小	
锚杆	抗拔力不足	
内支撑	内支撑局部破坏	剪力过大
SMW 工法	三轴搅拌桩漏水	
逆作法	结构体系安全问题	结构体系考虑不足
双排桩	桩身倾斜、桩角软化	锚索长度不足，水的作用
组合式支护结构	内支撑局部破坏	剪力过大

6.2.1　支护结构施工阶段可能产生变形

（1）支护结构施工可能产生变形、危害及防治

大量工程实践和理论研究表明，支护结构施工可能使土体产生变形，当采用水泥搅拌桩作为基坑截水帷幕或重力式挡土墙时、地下连续墙成槽时、大直径密排灌注桩成孔时以及锚杆施工时均可能导致土体产生变形，其变形产生原因、机理及控制措施见表6-3。

支护结构施工阶段可能产生的变形、危害及防治措施　　　　　　表6-3

产生阶段	产生原因	产生机理	变形形式及危害	防止措施
支护结构工程	水泥搅拌桩截水帷幕施工	注水、注浆搅拌导致土体失去强度	地表下沉；邻近建筑物沉降	搅拌桩与建筑物之间设置隔离排桩
		软土中因注浆及搅拌在周围土体中产生超净孔隙水压力	软土地表隆起和侧移；影响邻近管线或荷载小的结构（如围墙）上台	减小施工速度、减少注水量
	地下连续墙成槽	塌孔	地表下沉；邻近建筑物沉降；邻近管线变形；邻近地下隧道变形；邻近建筑物、桥梁桩基位移、产生附加弯矩	与建筑物之间设置隔离排桩或隔离墙、减小槽段长度、膨润土泥浆护壁
		槽段内泥浆不能补偿槽段开挖前槽壁应力		
	大直径、密排灌注桩成孔	塌孔		桩实行跳打、设置隔离排桩或隔离墙、膨润土泥浆护壁
	锚杆施工	高水位砂、粉土中锚杆钻孔过程中水土流失	地表下沉；邻近建筑物沉降；邻近管线变形	锚杆施工时采取防止水砂流失措施；采用其他内支撑形式

地下连续墙施工对周边土体位移的影响程度，主要与沟槽的宽度、深度及长度以及泥浆的护壁效果紧密相关。一般认为，由于地下连续墙成槽施工引发的上体的位移占整个基坑开挖变形总量的比例很小，但是，在一些工程中，地下连续墙成槽施工引发的沉降量却占总沉降量的40%～50%，尤其是对于基坑周边环境保护要求较高的情况，其影响程度需要给予足够的重视。

除了地下连续墙成槽施工对周边土体产生影响外，灌注桩或咬合桩的施工也会对周边地层产生一定的影响。工程实践表明，灌注桩或咬合桩引发周边土体位移不仅包含竖向沉降，还包含水平方向的位移，其中，沉降影响范围约1.5倍的桩深，对应于灌注桩或咬合桩，其最大位移分别可达0.08%～0.04%的桩深。

（2）支护结构向基坑内侧位移的预防措施

当支护结构向基坑内侧产生位移，从而导致桩后地面沉降和附近房屋裂缝，边坡出现滑移、失去稳定，应采取以下预防措施：

1）支护结构挡土桩截面及入土深度应严格计算，防止漏算桩顶地面堆土、行驶机械、运输车辆、堆放材料等附加荷载。

2）灌注桩与截水旋喷桩间必须严密结合，使之形成封闭帷幕，阻止桩后土体在动水

压力作用下大量流入基坑。

3）基坑开挖前应将整个支护体系包括土层锚杆、桩顶冠梁等施工完成，挡土桩墙应达到强度，以保证支护结构的强度和整体刚度，减少变形。

4）锚杆施工必须保证锚杆能深入到可靠锚固层内。

5）施工时，应加强管理，避免在支护结构上大量堆载和停放挖土机械和运输汽车。

6）基坑开挖前应进行降水，减少桩侧土压力并防止水流入基坑，从而避免围护桩产生位移。

7）当经监测出现位移时，应在位移较大部位卸荷和补桩，或在该部位进行水泥压密注浆加固土层。

6.2.2　基坑降水阶段可产生变形

（1）基坑降排水可能产生的变形、危害及防治

根据实际工程中基坑降排水可能产生的沉降影响，将基坑降水又进一步分为基坑开挖前的降水阶段，基坑疏干降水阶段以及基坑开挖至一定深度进入承压层的降压井抽降承压水三个阶段。各阶段可产生的变形、危害及防治措施见表 6-7。关于后两阶段可能产生的变形，一般工程技术人员已较为熟悉，因各种原因也可能引起基坑内外土体变形并造成环境影响，有的甚至造成危害、破坏，如表 6-4 所示。

施工降水全过程可能产生的变形、危害及防治措施　　　　　表 6-4

产生阶段	产生原因	产生机理	变形形式及危害	防止措施
基坑降水	基坑开挖前的坑内降水	降水导致降水深度范围内土体有效应力增加；在墙产生水平位移前墙两侧降水产生压力差	桩墙产生水平位移，引起坑内地面建筑物沉降	先设置水平支撑分段（分仓）降水分层降水
	基坑疏干降水	截水帷幕未进入隔水层，导致坑外地下水位下降	地表下沉；邻近建筑物沉降；邻近地下隧道变形；管线变形曲率过大；邻近建筑物、桥梁桩基位移、产生附加弯矩	截水帷幕进入隔水层坑外回灌
		地下水产生自坑外向坑内的渗流，坑外竖向		
	基坑开挖开始后抽降承压水	承压含水层头下降，有效应力增加		截断承压含水层；减少抽水量；缩短工期；减少承压水水头下降；承压含水层回灌
		弱透水层失水固结		
		相邻含水层产生越流，水头下降，有效应力增加		

（2）应重视基坑降排水可能产生的变形

在基坑开挖前的降水可能产生的变形，目前尚未被多数工程技术人员认识到，其研究成果较少。对深基坑来说，基坑降水可包括土方开挖前的疏干降水、土方开挖过程中的降水和基坑下伏承压水的降水（压）。譬如，某地铁车站基坑采用地下连续墙作为围护结构，

基坑周围紧邻多幢居民住宅和一幢四层砖混结构办公楼，其沉降应严格控制。在基坑开挖前 10 天，大里程路段基坑进行降水，由此引发地下连续墙发生侧移，随着降水的展开，地下连续墙发生了悬臂式的位移，墙顶最大位移达到了 9.7mm，可见基坑开挖前的降水对地下连续墙的位移产生了明显的影响，可以相应引起坑外地面和建筑物的沉降。

6.2.3 基坑开挖阶段引起的变形

（1）基坑开挖引起的变形、危害及防治

将基坑开挖阶段引起的变形分为围护桩（墙）的水平位移、坑底隆起变形及由二者共同引起的坑内外土体变形，这三者之间是相互关联的。基坑开挖阶段可产生的变形、危害及防治措施见表 6-5。

基坑开挖阶段可能产生的变形、危害及防治措施 表 6-5

产生阶段	产生原因	产生机理	变形形式及危害	防止措施
基坑开挖	桩、墙水平位移	坑内开挖卸荷，造成坑内外压力差；坑内灌注桩桩孔不回填；支撑安装不及时；土方开挖方案不合理；坑外荷载过大；水平支撑因温差膨胀、收缩	地表下沉；邻近建筑物沉降；邻近地下隧道变形；管线变形曲率过大；邻近建筑物、桥梁桩基位移、产生附加弯矩	合理选择桩、墙及支撑刚度；及时设置支撑；合理的开挖方案；控制坑外荷载
		基坑因开挖深度、坑外荷载、土质条件、土方开挖、坑外注浆等原因造成不对称，基坑发生整体位移	同上	进行考虑不对称的基坑整体设计；采取减小不对称所产生变形的控制措施
	坑底隆起	坑底地基土承载力不足；桩、墙插入深度小；被动区支护结构物向基坑前移（踢脚）；坑开挖减载土体回弹；地下水自坑外向坑内渗流；坑地下承压水的上扬压力	桩墙附加水平位移（引起环境影响同上）；水平支撑的支撑立柱向上位移；逆作法（盖挖逆作法）施工时间柱墙出现差异变形并产生附加内力；工程桩中产生拉应力，严重时工程桩断裂；降低坑底工程桩竖向承载力与刚度	增大桩、墙插入深度；被动区土体加固；坑底隆起变形大的区域设置减小隆起的桩；分块开挖土方、分块施工基础底板；缩短基坑暴露时间；减小地下水渗流的水力梯度；降低承压水水头

（2）基坑开挖引起周边地面沉陷、建筑物裂缝的防治措施

基坑开挖时，基坑底部的土体进入流动状态，随地下水流一起从坑底或四周涌入基坑，引起基坑周围地面沉陷、建筑物裂缝，应采取以下预防措施：

1）施工前应加强地质勘察，探明土质情况。

2）挡土桩墙宜穿透基坑底部粉细砂层。

3）当挡土桩间存在间隙，应在桩墙背面设旋喷截水桩，避免出现流水缺口，造成水土流失。

4）桩嵌入基坑深度应计算确定，应确保围护桩嵌入基坑深度满足设计要求，并使土颗粒的浸水密度大于桩侧上渗动水压力。

5）截水帷幕设计应使其与挡土桩墙相切，保持紧密结合，以提高支护刚度和起到幕墙的作用。

6）施工中应先采用井点或深井对基坑进行有效降水。

7）大型机械行驶及机械开挖过程中应防止损坏周边地下给、排水管道，出现破裂应及时修复。

（3）基坑开挖导致支护结构失效、基坑失稳塌方的防治措施

基坑开挖过程中出现支护结构失效，边坡局部大面积失稳塌方时，应采取以下防治措施：

1）挡土桩墙设计应有足够的刚度、强度，并用顶部冠梁将挡土墙连成整体。

2）土层锚杆应深入到坚实土层内，并灌浆密实。

3）挡土桩墙应有足够入土，并嵌入到坚实土层内，保证支护结构的整体稳定性。

4）基坑开挖前应先采用有效降水方法，将地下水位降低到开挖基坑底 0.8m 以下。

5）应防止随挖随支护，特别要按设计规定程序施工，不得随意改动支护结构受力状态或在支护结构上随意增加支护设计未考虑的大量施工荷载。

6.2.4　基坑使用阶段可引起的变形

当基坑开挖至设计坑底标高后，进入基坑使用阶段。在这个阶段中，可产生的变形、危害及防治措施见表 6-6。

基坑使用阶段可产生的变形、危害及防治　　　　　　　　表 6-6

产生阶段	产生原因	产生机理	变形形式及危害	防止措施
基坑使用阶段	地面静荷载	堆土、堆料引起附加土压力	地表下沉；邻近建筑物沉降；邻近地下隧道变形；管线变形曲率过大；邻近建筑物、桥梁桩基位移、产生附加弯矩	控制地表荷载大小、距离
	坑外动荷载	扰动土体，降低土体强度产生超净孔隙水压力		控制动荷载大小、距离；设计考虑动荷载影响
	截水帷幕渗漏	坑外水土流失；排桩与截水帷幕之间桩间土流失		提高截水帷幕质量；及时封堵渗漏点；减小桩距，防止桩间土流失
	坑外注浆（堵漏、注浆纠倾）	桩墙作用在墙体上压力加大		控制注浆压力；增加坑内支撑；选择合理的注浆介入时间
	土体固结	开挖阶段产生的负孔压消散，土体有效压力减小	坑底隆起变形增加	分块开挖土方、分块施工基础底板、缩短基坑暴露时间
			桩、墙水平位移增大	
			稳定安全系数减小	
	土体流变	土体蠕变	桩、墙变形持续增加	减小基坑工作时间；坑底土体加固；分块开挖土方、分块施工基础底板
		应力松弛	导致主、被动区土体对墙体作用力重新分布	

产生阶段	产生原因	产生机理	变形形式及危害	防止措施
基坑使用阶段	温度变化	温差导致水平支撑膨胀或收缩	温度升高导致支撑轴力增加、墙体向外位移并导致土压力增加；反之则墙体向坑内位移	设计阶段予以考虑；对钢支撑进行覆盖；必要时对钢支撑进行浇水降温等措施
		墙后土体冬季冻结	增加墙后土压力、墙体向坑内位移	设计阶段予以考虑

6.2.5　基坑拆除支撑阶段可引起的变形

（1）拆除支撑引起的变形

当基坑开挖到底后，随着基础底板的施工，水平支撑可逐渐拆除。已有的工程实践表明，在达到拆除支撑条件前提拆除支撑、地下室外墙与桩、墙之间回填土不密实、没有按照设计要求在拆除支撑时进行换撑等，均会产生围护桩的附加水平位移，其产生影响与"基坑开挖"中"桩、墙水平位移"产生的影响相同。

（2）防治措施

按设计要求拆除支撑、按设计要求换撑、回填土按要求压实、在地下室楼板标高处设置混凝土传力带等。

6.2.6　地下水位恢复阶段可引起的变形

（1）停止降水可能引起的变形及防治

1）当基坑坑底以下分布有隔水层，其下为承压含水层时，如基坑底在承压水水头作用下不满足抗突涌稳定安全系数时，需对隔水层以下承压含水层进行抽排承压水，降低承压水水头以满足坑底抗突涌稳定安全系数。

2）当基坑底基础及地下室结构施工进度达到停止抽降承压水的条件前停止抽降承压水。将可能导致基础底板上浮，增大坑底隆起量，对工程桩造成不利影响。

3）当基坑停止降水时，如已施工的地下结构的重量小于地下水的浮力，还将会引起地下结构上浮。

4）当地下室外墙与维护桩之间土方回填质量不高，当地下水位上升可造成松散回填土湿陷时，也可能造成围护桩的水平位移，并引起地面沉降，此时，除应保证回填土质量外，还应在围护桩与地下室之间在楼板标高处设置力带。

（2）基坑变形控制

基坑变形的严格控制应考虑其施工全过程可能产生的变形。同时，基坑降水、基坑开挖引起的支护结构变形和坑内外土体变形之间是相互关联的，欲控制某一种变形，需要同时考虑直接对需控制的变形和其相互关联的变形的控制。例如，控制坑底隆起量，可对围护桩（墙）的变形和坑内土体沉降起到减小作用。

6.3 不同类型基坑工程主要风险原因分析及防治措施

6.3.1 基坑工程风险分类

深基坑工程安全质量问题类型很多，成因也较为复杂。在水土压力作用下，支护结构可能发生破坏，支护结构形式不同，破坏形式也有差异。渗流可能引起流土、流砂、突涌，甚至造成破坏。围护结构变形过大及地下水流失而引起周围建筑物及地下管线破坏也属基坑工程事故。粗略地划分，深基坑工程事故形式分类如表 6-7 所示。

基坑工程事故分类表 表 6-7

	深基坑工程事故分类		
	基坑周边环境破坏	深基坑支护体系破坏	土体渗透破坏
破坏形式	1) 周边建筑变形 2) 地下管线破坏	1) 基坑围护体系折断事故 2) 基坑围护体失稳事故 3) 基坑围护踢脚破坏 4) 坑内滑坡导致基坑内撑失稳	1) 基坑壁流土破坏 2) 基坑底突涌破坏

（1）基坑周边环境破坏风险

在基坑工程施工过程中，会对周围土体有不同程度的扰动，一个重要影响表现为引起周围地表不均匀下沉，从而影响周围建筑、构筑物及地下管线的正常使用，严重的造成工程事故。引起周围地表沉降的因素大体有：基坑墙体变位；基坑回弹、隆起；井点降水引起的地层固结；抽水造成砂土损失、管涌流砂等。

1）周边建筑变形

根据地勘报告基坑开挖时护坡桩在周围土体作用下，会产生向基坑内的水平位移，从而必然导致基坑周围地面的沉陷，对周围道路、地下管线等有一定影响，为避免长时间抽水影响基坑周边建筑物及地面沉降，除设立建筑物和地面的沉降观测点外，另在基坑外侧设置观测井，对周围建筑物进行沉降监测，对每个监测点数据和降水监测综合分析，以调整降水方案。采取分层、分部位降水。避免因一次降排水量过大周围地层失水而引起沉降。邻近建筑物和地下管线降水井的抽水时间应尽量缩短必要时应建立水力屏障。周边建筑物变形接近报警值并有继续发展的趋势时，应根据施工进展情况及专家会审的处理意见采取相应措施。若出现在上方开挖阶段，应立即停止开挖，采取回填和坑内外注浆加固等措施，控制变形的继续发展，同时加强监测。在各项措施落实、周边建筑物变形趋于稳定或变形趋于减小的情况下，再继续施工。若出现在垫层浇筑期间，则可适当提高垫层的强度等级或在垫层中增加钢筋，以加快施工进度。缩短垫层浇筑时间，尽快形成垫层支撑。若出现在结构施工阶段，则可增加临时钢支撑，同时增加施工人员，缩短结构施工时间，尽早形成安全、稳定的永久支撑结构。

2）地下管线保护措施

土方开挖不得危及周边建筑物和地下管线等基础设施安全。施工前先取得地下管网图及相关资料，并采用地质雷达探测方法，探明场区内的地下管线及场区周围市政道路下的管线分布情况。根据探测结果绘制地下管线和障碍物的分布图，制定切实可行、科学合理的管线保护方案。在已经查明的地下管线路径上设立标志，地下管线两侧 2m 范围内采用人工作业，做到逐层轻打浅挖。维护单位人员到现场监护，一旦发现损坏应及时组织抢修。挖出的电缆、管线按监护人员要求进行保护和迁移，保证既有设备的正常使用。监测过程中若发现地下管线沉降或位移累计或变形速率接近报警值，应立即将管线靠基坑一侧打槽钢封闭，管线距基坑较近时，设支撑架将管线架空，与土体脱离，同时采取调整基坑施工顺序，施工方法等措施。要保证基坑土方施工安全，除采取必要的安全措施和应急预案外，还需合理安排施工顺序、加强管理，使基坑支护及土方开挖能形成有效的流水施工，减少基坑暴露时间。

因此如何预测和减小施工引起的地面沉降已成为深基坑工程界亟需解决的难点问题。

（2）深基坑支护体系破坏风险

包括以下 4 个方面的内容：

1）基坑围护体系折断事故

主要是由于施工抢进度，超量挖土，支撑架设跟不上，是围护体系缺少大量设计上必须的支撑，或者由于施工单位不按图施工，抱侥幸心理，少加支撑，致使围护体系应力过大而折断或支撑轴力过大而破坏或产生大变形。

2）基坑围护体整体失稳事故

深基坑开挖后，土体沿围护墙体下形成的圆弧滑面或软弱夹层发生整体滑动失稳的破坏。

3）基坑围护踢脚破坏

由于深基坑围护墙体插入基坑底部深度较小，同时由于底部土体强度较低，从而发生围护墙底向基坑内发生较大的"踢脚"变形，同时引起坑内土体隆起。

4）坑内滑坡导致基坑内撑失稳

在火车站、地铁车站等长条形深基坑内区放坡挖土时，由于放坡较陡、降雨或其他原因引起的滑坡可能冲毁基坑内先期施工的支撑及立柱，导致基坑破坏。

根据变形主体，主要分为：

1）支撑构件变形

支撑结构的立柱在上部荷载及基坑开挖土体应力释放的作用下，会发生沉降和水平位移，其应急措施如下：

① 按施工工况对立柱进行沉降估算，协调基坑开挖或在桩上施加荷载，使立柱沉降满足结构设计要求；

② 当相邻柱间沉降差超过报警值时，停止挖土、采取注浆和加固措施；

③ 支撑应力过大时应增加临时支撑，如支撑柱变形破坏，则应停止相应作业，对支撑柱进行补强及必要的换撑。

2）支护桩侧向位移

① 安全预防措施

a. 基坑开挖过程中，边开挖边架设钢支撑，支撑连接处要可靠，每层开挖深度不超过设计深度，确保支撑体系稳定；

b. 施工时严格控制钢支撑各支点的竖向标高及横向位置，确保钢支撑轴力方向与轴线方向一致；

c. 在基坑开挖期间要加强对支撑的观察、每班要有专人巡察、当支撑轴力超过警戒值时，立即停止开挖，分析原因，制定对策；

d. 开挖期间加强监测频率，对监测报表中的数据要进行认真的分析；

e. 支撑施工要严格按设计要求架设。对支撑材料要严格把关，杜绝使用有缺陷的支撑材料。

② 应急措施

a. 出现险情时，现场人员立即从安全通道有序疏散，同时对可能造成影响的周边单位或住宅内的人员进行疏散；

b. 在失稳的钢支撑旁加设钢支撑，进行坑底加固，如采用注浆、高压喷射注浆等，提高被动区的抗力，同时对周围支撑复查，查找是否有支撑松弛，如果发现有支撑松弛，应立即采取加固措施；

c. 如由于支撑失稳已经引起基坑坍塌，立即对基坑坍塌处回填土方，并清理基坑周边的超载，如果围护结构背土发生土体流失，要立即填充砂或混凝土，同时对周围支撑复查，查找是否有支撑松弛，如果发现有支撑松弛，应立即加垫木楔，防止失稳现象扩散。

3）基坑坑底隆起

① 安全预防措施

a. 基坑开挖过程中加强基底隆起监测，对监测报表中的数据要进行认真的分析；

b. 地基加固、周边设降水井降水等措施严格按设计要求施工；

c. 基坑周边防止过多的超载；

d. 开挖前对围护质量摸底、详查，对可能会发生渗漏的部位进行注浆封堵处理。

② 应急措施

a. 立即疏散险情现场作业人员，同时对可能造成影响的周边单位或住宅内的人员进行疏散；

b. 发现坑底隆起迹象，应立即停止开挖，并应立即加设基坑外沉降监测点；

c. 回填注浆或回填土，直至基坑外沉降趋势收敛方可停止回灌和回填。

③ 土体渗透破坏风险

包括以下三个方面内容：

1）基坑壁流土破坏

在饱和含水地层（特别是有砂层、粉砂层或者其他的夹层等透水性较好的地层），由于围护墙的止水效果不好或止水结构失效，致使大量的水夹带砂粒涌入基坑，严重的水土流失会造成地面塌陷。

2）基坑底突涌破坏

由于对承压水的降水不当，在隔水层中开挖基坑时，当基底以下承压含水层的水头压力冲破基坑底部土层，将导致坑底突涌破坏。

3）基坑底管涌破坏

在砂层或粉砂底层中开挖基坑时，在不打井点或井点失效后，会产生冒水翻砂（即管涌），严重时会导致基坑失稳。

以上深基坑工程安全质量问题，只是从某一种形式上表现了基坑破坏，实际上深基坑工程事故发生的原因往往是多方面的，具有复杂性，深基坑工程事故的表现形式往往具有多样性。

根据深基坑工程事故形式分类，表 6-8 为不同类型基坑工程风险对应情况分析：

不同类型基坑工程风险情况分析　　　　　　　　表 6-8

类型	支护体系破坏 与防治	土体渗透破坏 与防治	基坑周边环境 破坏与防治	其他因素造成 安全事故
具体 分类	一、土钉墙及复合土钉墙支护 二、重力式水泥土墙支护 三、型钢水泥土搅拌墙（SMW 工法和 TRD 工法） 四、排桩墙支护地下连续墙 五、内支撑 六、支护结构与主体结构相结合支护体系 七、逆作法 八、基坑开挖	一、基坑底部的渗透破坏 二、截水帷幕失效或遭破坏 三、截水帷幕失效或遭破坏 四、截水帷幕失效或遭破坏	一、减少对环境不利影响的防治措施 二、截水帷幕失效或遭破坏 三、重力式水泥土墙施工对环境的影响及控制 四、排桩支护施工对环境的影响及控制 五、地下连续墙施工对环境的影响及控制	一、塔吊倾覆、伤人 二、钢筋笼起吊散架：高处坠落，伤人 三、钢筋混凝土支撑底模坠落伤人 四、栈桥或基坑坡顶临边防护跌落 五、监测点破坏，无法信息化施工 六、台风、暴雨等恶劣天气：应急措施不到位 七、浇筑混凝土时，炸泵伤人等

以下将分别阐述基坑工程中周边环境破坏、支护体系破坏、土体渗透破坏和其他几种不同类型事故的分析和防治措施。

表 6-9 为不同类型基坑工程风险情况分析：

不同类型基坑工程风险情况分析　　　　　　　　表 6-9

类型	支护体系破坏 与防治	土体渗透破坏 与防治	基坑周边环境破坏 与防治	其他因素造成 安全事故
具体分类	一、土钉墙及复合土钉墙支护 二、重力式水泥土墙支护 三、型钢水泥土搅拌墙（SMW 工法和 TRD 工法） 四、排桩墙支护地下连续墙 五、内支撑 六、支护结构与主体结构相结合支护体系 七、逆作法 八、基坑开挖	一、基坑底部的渗透破坏 二、截水帷幕失效或遭破坏 三、截水帷幕失效或遭破坏 四、截水帷幕失效或遭破坏	一、减少对环境不利影响的防治措施 二、截水帷幕失效或遭破坏 三、重力式水泥土墙施工对环境的影响及控制 四、排桩支护施工对环境的影响及控制 五、地下连续墙施工对环境的影响及控制	一、塔吊倾覆、伤人 二、钢筋笼起吊散架：高处坠落，伤人 三、钢筋混凝土支撑底模坠落伤人 四、栈桥或基坑坡顶临边防护跌落 五、监测点破坏，无法信息化施工 六、台风、暴雨等恶劣天气：应急措施不到位 七、浇筑混凝土时，炸泵伤人等

本节阐述基坑工程中支护体系破坏、土体渗透破坏、周边环境破坏和其他几种不同类型事故的分析和防治措施。

6.3.2　基坑周边环境破坏风险分析与防治

（1）减少对环境不利影响的防治措施

基坑工程施工，由于各种原因，可能对周边环境，包括建（构）筑物、地下管线、地面道路产生不利影响，因此必须采取有效措施，减少对环境不利的影响。

1）根据基坑的规模、深度、周边环境工程地质和水文地质条件等因素，选择合理的基坑支护方案和地基加固方案。

2）选择适宜的降、排水方案和截水隔水措施，开挖前增加坑内降水时间，确保基坑作业面干燥无水。

3）合理运用基坑时空原理，选择适宜的土方开挖方案，分层、分块、均衡、对称开挖基坑土方，减少基坑无支撑和坑底暴露时间，基坑见底时及时浇筑垫层，减少基坑流变变形量。

4）调查基坑场地和周边环境，尽量减小基坑及周边超载。

5）对周边被保护事先采取保护措施（如地基加固，隔离保护，管线架空等），对施工中根据监测数据，对被保护物采用跟踪注浆等应急保护预案。

6）对基坑及周边环境加强监测，根据工况进行分阶段控制，根据监测数据分析调查施工参数，运用信息化指导施工。

（2）邻近建（构）筑物、地下管线的位移及控制

1）基坑开挖必须加强监测

基坑开挖后，坑内挖去大量土方，土体平衡发生很大变化，对坑外建（构）筑物、地下管线往往也会引起较大的沉降或侧移，有时还会造成建（构）筑物的倾斜，并由此引起房屋裂缝，管线断裂、泄漏。基坑开挖时必须加强观察与监测，当位移或沉降值达到报警值后，应立即启动应急预案，采取措施，消除隐患。

2）周边建（构）筑物沉降的控制

对建（构）筑物的沉降的控制一般可采用跟踪注浆的方法。根据基坑开挖过程，连续跟踪注浆。注浆孔布置可在围护墙背及建（构）筑物前各布置一排。注浆深度应在地表至坑底以下 2～4m 范围，具体可根据工程条件确定。此时注浆压力控制不宜过大，否则不仅对围护墙（桩）会造成较大侧压力，对建筑物本身也不利。注浆量可根据围护墙（桩）的估算位移量及土的孔隙率来确定。采用跟踪注浆时，应严密观察建筑物的沉降状况，防止由注浆引起土体搅动而加剧建筑物的沉降甚至将建筑物抬起。对沉降很大，而压密注浆又不能有效控制的建筑物，如其基础是钢筋混凝土的，则可考虑采用锚杆静压桩的方法。

如果条件许可，在基坑开挖前对邻近建筑物下的地基或围护墙（桩）背土体先进行加固处理，如采用压密注浆搅拌桩、锚杆静压桩等加固措施，此时施工较为方便，效果更佳。

3）周边地下管线保护的应急措施

对基坑周围地下管线保护的应急措施一般有两种方法：

① 打封闭桩或开挖隔离沟

对地下管线离开基坑较远，但开挖后引起的位移或沉降又较大的情况，可在管线靠近坑一侧设置封闭桩，为减少打桩挤土，封闭桩宜选用树根桩，也可采用钢板桩、槽钢等，施打时应控置打桩速率，封闭管桩离管线应保持一定距离，以免影响管线。

在管线边开挖隔离沟也对控制位移有一定作用，隔离沟应与管线有一定距离，其深度宜与管线埋深接近或略深些，在管线一侧还应作出一定坡度。

② 管线架空

对地下管线离开基坑较近的情况，设置封闭桩或隔离沟既不易实施也无明显效果，则可采用管线架空的方法。

管线架空前应先将管线周围的土挖空，在其上设置支撑架，支撑架的搁置点应可靠牢固，能防止过大位移与沉降，并应便于调整其搁置位置。然后将管线悬挂于支撑架上，如管线发生较大位移与沉降，可对支承架进行调整复位，以保证管线的安全。

（3）重力式水泥土墙施工对环境的影响风险分析及控制

1）原因分析

重力式水泥土墙的施工设备一般采用水泥搅拌桩机或高压旋喷桩机，由于施工中对原状地基土注入了大量的水泥浆，该水泥浆大部分与地基土拌合并渗入土的空隙中，但也会产生一定的返浆量（砂层中返浆量较少，黏性土中返浆量较大）；同时较大的注浆压力亦会引起周边土体的上拱，造成周边地形地基的变形。

2）防治措施

为了减少返浆量造成周边土体的上拱，可在墙位处结合清障先行开挖土槽，在施工中及时清走返浆体，对周边建（构）筑物距离较近时可设置隔离槽。

（4）排桩支护施工对环境的影响风险分析及控制

1）排桩间渗漏的原因与防治措施

为防止排桩间土体发生塌落或流砂破坏，通常在桩间施工粉喷桩等，与桩排一起作为截水帷幕。当两者之间存在空洞、蜂窝、开叉时，在基层开挖过程中，地下水有可能携带粉土、粉细沙等从截水帷幕外渗入基坑内，使得土方开挖无法进行，有时甚至造成基坑相邻路面下陷和周围建筑物沉降倾斜、地下管线断裂等事故。

① 原因分析

a. 土层不均匀或地下障碍物等影响截水帷幕施工质量。

b. 受施工设备限制，超过某一深度之后（如10m）深层搅拌质量无法保障。

c. 施工中，粉喷桩均匀性差，桩身存在缺陷或垂直度控制不好，这都会影响桩间搭接质量，导致形成渗漏通道。

d. 为抢工期，在粉喷桩没有达到设计强度就开始挖土，基坑变形后低强度粉喷桩桩身易发生裂缝，形成渗漏通道。

e. 桩排设计刚度不够，基坑变形过大，使桩排与粉喷桩产生分离。

② 防治措施

a. 立即停止土方开挖，寻找并确定渗漏范围，迅速用堵漏材料处理截水帷幕。一般情况下，可采用压密注浆对截水帷幕进行修补和封堵。若漏水严重，可采用双液注浆化学堵漏法；先在坑内筑土围堰减少坑内外水头差及渗流速度，后在漏点范围内布置直径108mm 钻孔，钻孔穿过所有可能出现渗漏通道的区域，再往孔中填充细石料，填塞渗漏缝隙，当坑内外水头差较小时，进行化学注浆，封堵渗漏间隙。若漏水量很大，应直接寻找漏洞，用土袋和 C20 混凝土填充漏洞。

b. 在渗漏发生部位设置井点降水，将地下降水低到基坑开挖深度以下。

2）周边建筑物基础下地基受扰动风险分析的防治措施

排桩锚杆穿过周边建筑物基础下方，锚杆采用不合理的施工工艺而使其地基受到扰动、变形，造成建筑物基础下沉。其防治措施：

a. 锚杆采用套管护壁施工工艺。

b. 调整锚杆标高或倾角，尽量远离建筑物基础。

c. 锚杆跳打，成孔后立即插入锚杆杆体和注浆，不得分批注浆。

（5）地下连续墙施工对环境的影响风险分析及控制

地下连续墙的施工过程，特别是成槽过程中，常常会产生相应的环境影响，尤其是地处繁华市区的基坑工程，地下连续墙的施工过程中的环境保护更显重要。施工过程中的环境保护与控制的主要内容包括土层位移的控制、噪声的控制及废弃物的处理等。

1）地下连续墙施工产生的变形风险分析

地下连续墙的施工流程一般包括导墙施工、沟槽挖掘和混凝土浇筑等三个主要阶段。其中，导墙一般深度约为 2～3m，有时可能达到 5m，但其引起的周边土体位移较小，常常忽略。所以，地下连续墙施工引起的坑外土体的位移主要发生在沟槽挖掘和混凝土浇筑两个施工阶段。在沟槽挖掘阶段，采用泥浆进行护壁以减小土方开挖引起的不平衡，但是开挖槽壁上的原始侧向土压力与泥浆压力之差仍将导致土体发生减荷，从而使得槽壁发生位移，并间接引引发周边地表土体发生位移，而当进行墙体混凝土的浇筑时，混凝土产生的侧向土压力大于泥浆压力，故槽壁将发生一定的回缩，但其对减小地表土地位移的作用很小，故地下连续墙施工时导致的坑外地表土体的位移主要发生在沟槽开挖阶段。此外，在地下连续墙混凝土形成强度期间，坑外土体超静孔隙水压力的消散、土体的固结易将周边地表土体产生一定的位移。

从上述分析可知，地下连续墙施工引发周边土体位移的影响程度，主要与沟槽的宽度、深度及长度，以及泥浆的护壁效果紧密相关。一般认为，由于地下连续墙成槽施工引发的土体位移占整个基坑开挖变形总量的比例很小，但在一些工程中，地下连续墙成槽施工引发的沉降量却占总沉降量的 40%～50%，尤其是对基坑周边环境保护要求较高的情况，其影响应给予足够的重视。

① 土质条件对地面沉降的影响

成槽施工导致的周边地表沉降区域达到 2 倍左右的槽深，虽然沉降值与槽深比例并不是很大，但当槽深较大时，周边的地表沉降就十分显著。香港地区某基坑地下连续墙深度为 37m 时，其地表沉降的最大值达到了 50mm，而其他工程的最大沉降值则一般为 5～10mm。总体上，土质越软弱，地下连续墙成槽引起的沉降越大。

通过有限元模型对中密砂土中地下连续墙的施工过程进行模拟，其中模拟工序包括泥浆下挖槽、混凝土浇筑及混凝土的硬化等三个阶段，分析结果表明地下连续墙的三个施工

阶段均对槽壁及周边土体的位移有重要影响,且位移大小同槽深、砂土的密度及地下水位的位置等因素有重要的关系,主要结论是:

a. 随槽深增大,地表沉降值增大。

b. 随砂土压缩性的增大,地表沉降值增大。

c. 随地下水位深度增大,地表沉降值减小。

② 槽段宽度对地面沉降的影响

通过离心机模型试验对地下连续墙的施工过程进行模拟,地表沉降结果表明:

a. 由于空间效应的影响,当槽段宽度越大时,槽段中心线及角部的地表沉降均比宽度较小的槽段沉降值大。

b. 由于地下水位的高低直接影响土体的有效应力及强度,从而间接影响土体的变形能力,因此当地下水位较高时,其相应的地表沉降值大于地下水位较低的情况。

③ 单一槽段和多槽段对地面沉降的影响

通过三维有限元对地下连续墙的施工过程进行模拟,模型包含对三幅地下连续墙的成槽开挖和混凝土浇筑,分析结果表明:

a. 对称中心线上坑外地表沉降槽最大沉降发生在 0.2 倍的地下连续墙开挖深度,且影响范围为 1.5 倍的地下连续墙开挖深度。

b. 左右两幅地下连续墙的地表影响区域同中间地下连续墙的影响范围接近,即约为 1.5 倍的地下连续墙开挖深度。

通过对多幅地下连续墙施工的三维数值分析,对地下连续墙施工过程中的三维空间效应进行研究,后续地下连续墙施工对已施工地下连续墙侧向土压力及位移的影响,其研究结果表明:

a. 平面应变分析得到的周边土体侧向位于显著高于三维分析结果,显示出明显的三维空间效应。

b. 地下连续墙槽段的长度对土体侧向位移有重要影响,随长度增大而增大,反之减小。

c. 后续地下连续墙的施工仅对其相邻一个槽段地下连续墙处的土体侧向土压力产生影响。

④ 异形地下连续墙对地面沉降的影响

带扶壁地下连续墙同平板地下连续墙施工引发的地表沉降基本一致,其范围约为 1.5 倍槽深,最大地表沉降值约为 0.04% 的槽深;而带扶壁地下连续墙施工引发的水平位移范围略大于平板地下连续墙,约为 1.5 倍槽深,最大水平位移约为 0.07% 的槽深。

⑤ 咬合桩连续墙对地面沉降的影响

除了地下连续墙成槽施工对周边土体产生影响外,咬合桩的施工也将对周边地层产生一定的影响。工程实践表明,咬合桩引发的周边土体位移不仅包含竖向沉降,还包含水平方向的位移,其中,沉降影响范围约为 2.0 倍桩深,最大沉降值约为 0.05% 桩深,而最大侧移的影响范围约为 1.5 倍桩深,对应于咬合桩连续墙,其最大水平位移分别可达到 0.08% 和 0.04% 的桩深。

⑥ 对邻近建筑物沉降的影响

　　除了上述介绍的地下连续墙施工对周边地表的位移影响，同时地下连续墙施工对周边建筑物沉降亦存在影响。对于距离地下连续墙 1.0 倍槽深范围内的建筑物，施工将引发显著的沉降，且主要的沉降范围为 1.5 倍槽深，在这一范围之内，受开挖影响的建筑物沉降将显著减弱，同时影响程度与建筑物的基础埋深有重要关系，埋深越浅，其建筑物的沉降越大，反之越小。

　　2）地下连续墙施工引起土层位移的风险分析

　　① 地下连续墙成槽影响范围

　　地下连续墙的成槽过程对周边环境产生一定的影响，根据土层地质条件及施工水平存在一定的差异，其水平位移及沉降影响范围一般为 1.5～2.0 倍的槽深，最大沉降值约为 0.05%～0.15% 的槽深，最大水平位移一般小于 0.07% 的槽深。

　　② 控制措施

　　为了防止因沉槽施工而导致地下连续墙周边土层产生过大的位移，在施工过程中需要控制以下几个方面：

　　a. 采用优质护壁泥浆：针对土质条件优化泥浆性能。在遇到较厚的粉砂、细砂地层（尤其是埋深 10m 以上）时，可适当添加外加剂。增大泥浆黏度，保证泥皮形成效果。

　　b. 合理选择导墙类型。可采用整体性好的现浇导墙，优化导墙宽度和深度。

　　c. 保证泥浆的液面高度，随开挖的进行及时补浆，确保液位位于地下水位以上 0.5m，并不低于导墙顶面以下 0.3m。

　　d. 当预先知道槽段开挖深度范围内存在软弱土层时，可在成槽前对不良地层采用水泥土搅拌桩或高压旋喷桩等工艺进行加固，确保槽壁的稳定性，减小成槽开挖导致的槽壁变形。

　　e. 缩短槽段宽度。针对后续槽段对沉降影响较小的机理，缩短槽段宽度可有效减少沉降影响范围和沉降大小。因此，在周边保护建筑物的附近的地下连续墙槽段应尽可能减小至 4m 左右。

　　f. 设置隔离桩、墙。在周边保护的建筑物与地下连续墙之间设置钢板桩、密排灌注桩、搅拌桩等，隔离地下连续墙成槽引起的变形对建筑物的影响。

　　g. 减小槽段附近荷载。严格限制槽段附近重型机械设备的反复压载及振动，必要时对槽段周边道路进行减载，且施工机械应采用铺设钢板办法减小集中荷载的作用，并严禁在槽段周边堆放施工材料。

　　h. 减小对槽段附近土体的扰动。应做好地面排水措施，妥善处置废土及废弃泥浆，避免因泥浆撒漏导致施工场地泥泞恶化，并影响槽段周围土体的稳定性。

　　i. 缩短成槽至混凝土灌注桩之间的时间。尽量缩短钢筋笼在孔口焊接、吊放、混凝土灌注的实施时间，有助于减小成槽后的沉降。

6.3.3　深基坑支护体系破坏风险与防治

　　(1) 土钉墙及复合土钉墙支护风险分析

　　1）土钉墙及复合土钉墙的质量安全问题与防治

　　土钉墙及复合土钉墙在施工中由于各种原因产生的质量安全问题，使土钉墙支护体产生隐患，甚至坍塌破坏。

① 土钉注浆效果差

施工中最常见的问题是土钉注浆质量无法保障，采取以下防治措施：

a. 当软土或粉土、粉砂中出现孔困难、局部塌孔或注浆效果差时，可将传统的螺纹钢筋土钉改为直径 48mm 壁厚 3mm 花钢管直接打入土中，在花钢管直接打入土中，在花管中注浆。注浆时，首先进行低压注浆，压力控制在 0.2MPa 以内，待水泥浆液初凝后进行二次注浆，提高注浆压力。

b. 当土层中存在块石等障碍物影响成孔时，可改成击入式土钉或选择其他支护方式。如果局部地段障碍多，土钉设计方案无法实施，施工单位须及时告知设计单位，修改原设计方案。

c. 土钉置入土中后，须及时进行注浆，注浆要连续、饱满。

d. 土钉锚固体的强度达到设计强度后才能进行下一层土方开挖；至少间隔 24h 以上。

e. 底层复杂时，须对土钉进行抗拔试验，检验实际的抗拔力是否满足设计要求。

② 土方超挖与挖土过快

在土方开挖过程中，由于赶施工进度或为了施工方便或疏于管理等，常常出现土方超挖或挖土过快等现象，因此土方分层开挖的厚度须满足同一层土钉施工要求。一般黏性土中，分层开挖不要超过 2m；软土中不要超过 1.2m。砂性土、软土由于黏聚力小，若分层厚度太小，无土钉施工时间，须设置超前支护。土方开挖作业五原则"分段、分层、适时、平衡、对称"中，前三个原则是必须严格遵守的。软土中，分段长度不要超过 20m。土建施工、监理、设计各单位加强管理，坚持统一指挥、分工负责的原则，并进行有效的监测，由监测结果指导施工，避免挖土过快或超挖。

③ 不按设计方案施工

在施工过程中，因土钉长度范围内出现障碍物等原因使施工无法进行，有的施工方盲目迷信经验，心存侥幸，不顾施工安全，私自修改设计，也不上报设计单位。因此，采取以下防治措施：

施工中须加强施工作业人员责任心和提高施工组织管理水平，选择技术力量强、管理严格、质量意识高、有一定的土钉施工经验的施工单位进行施工。

④ 水泥土搅拌桩截水帷幕渗漏水

由于水泥土搅拌桩施工中搭接不够等原因，开挖过程中容易出现漏水险情。采取以下防治措施：

应先确定渗漏点范围，然后采用双液注浆化学堵漏法：先在坑内筑土围堰蓄水，减少坑内外水头差，减小渗流速度，之后在漏点范围内布设 108mm 钻孔，钻孔穿过所有可能出现渗漏通道的区域，再往孔中填充砾石，填堵渗漏缝隙；当坑内外水头差小于 2m 时，开始化学注浆。当漏水量很大，应直接寻找漏洞，用土袋和 C20 混凝土填充漏洞。

⑤ 雨天出现滑塌险情

无论是地下水或地表水渗入土体，使土体的抗剪强度和抗压强度大大降低，是影响土钉墙支护安全性的首要因素，特别是暴雨期间容易发生滑塌事故。

2）防治措施

土钉墙及复合土钉墙在施工中，由于各种原因产生的质量安全问题，应采取以下防治措施：

① 在土钉墙坡面及坡顶浇筑钢筋混凝土护面，并沿基坑坡顶及坑内的四周设置排水沟，避免雨水流入坑中。

② 若基坑周围 2 倍的开挖深度范围内出现裂缝，尽快用水泥浆封堵。

③ 雨天须及时抽排坑内积水，确保坑底无积水。

④ 若发现地下水管有大量水体渗出，须尽快找到水源处，关闭出水口，或将水体引出，排往他处。

⑤ 加强雨天巡查，发现异常情况，找出原因，尽快采取修补加固措施。

（2）重力式水泥土墙支护风险分析

重力式水泥土墙常见的工程问题与防治措施

1）施工缝的处理

① 原因分析

在施工过程中，由于施工机械设备维修、维护或停电等原因，造成施工不能连续，前后施工的水泥土墙无法有效搭接，应预留施工缝；几台施工机械在其平面交界处，施工的水泥土墙亦无法有效搭接，也应预留施工缝。

② 防治措施

施工缝宜采用高压旋喷桩进行有效的搭接，预留施工缝的大小应根据拟用的高压旋喷桩的类型及其有效成桩直径确定，一般比有效成桩直径小 300～400mm；当水泥土墙兼作截水帷幕时，应保证高压旋喷桩与水泥土墙有足够的搭接，其搭接长度不小于 200mm，高压旋喷桩的桩长同水泥土墙。

2）施工中遇地下障碍物而出现短桩的处理

重力式水泥土墙施工前，一般应对水泥土墙平面位置进行尽可能深的地下障碍物清除工作，但是，实际施工中遇地下障碍物而出现短桩的问题时有发生。

① 原因分析

由于工程地质勘探的特点，勘探点间距一般均在 20m 或更大，同时地下情况千变万化，难以对场地的地下障碍物完全了解清楚；另外场地亦可能存在局部少量埋深较大的无法清除的障碍物。因此在水泥土墙施工中将遇地下障碍物，使墙体（桩体）无法施工到设计标高，出现短桩现象。

② 防治措施

个别的短桩可能影响水泥土墙的墙体抗深性能及其整体性；成片出现短桩时（特别是地下障碍物较厚时）将严重影响水泥土墙的整体性及稳定性，应采取必要的措施。

a. 一般需用具有同样成桩直径（或更大）的高压旋喷桩进行接桩处理，桩的平面位置同原设计水泥土墙，桩顶与水泥土墙的接桩高度不小于 1000mm，桩底标高同原设计水泥土墙，搭接处一般可放置一根 $\phi48$（长 2～3m。）的钢管保证其上下的连续性及传力的可靠性。

b. 当出现成片的连续的短桩现象，同时地下障碍物较厚时，除了以上的高压旋喷桩接桩外，还应在墙面（地下障碍物范围内）外挂钢筋混凝土护面，必要时可设置（短）锚杆。以保证水泥土墙的整体性及稳定性。

3）水泥土强度达不到设计要求的处理

根据相关规范要求，在基坑土方开挖前，应对重力式水泥土墙的桩身强度进行钻孔取芯检测。水泥土强度达不到设计要求的原因及防治措施如下：

① 原因分析

由于水泥材料、土层原因或由于施工管理原因，实际工程中曾出现取芯试样的室内抗压强度达不到设计要求。

② 防治措施

由于一般支护结构的施工机械设备已经退场，且已临近土方开挖，其后的其他工序也已安排就绪。水泥土墙的强度主要涉及墙体的刚度及截面承载能力，为了提高墙体的抗变形及截面承载能力，可随着土方的开挖，在墙面增设锚杆（索）、增设型钢角或内斜撑，此方法对工期影响小且效果好。

4）基坑开挖高度大于设计挖深，即基坑挖土超挖，其原因及防治措施如下：

① 原因分析

由于工程建设的工期短，有时在地下建筑层高及方案尚未完全确定的情况下，要求基坑支护结构及桩基先行施工；土方开挖过程中，由于建筑设计方案（有时仅为局部）的变更，使基坑开挖高度（有时仅为局部电梯井、承台厚度或位置）大于原设计挖深。

② 防治措施

首先，应遵循基建顺序，应在设计施工图完成后才能组织施工，尽量避免超挖的情况发生。

其次，在发生超挖的情况下，原支护结构的稳定性、刚度、强度等均不能满足设计要求，且土方已经开挖，有时甚至开挖过半，能采取的措施较少，主要有以下措施：

a. 在围护墙背后进行挖土卸载处理。

b. 增设一道或多道锚杆（索），使得原单独的重力式水泥土墙变为其与锚杆（索）组成的组合支护结构，来满足基坑的稳定性要求和水泥土墙的强度要求，同时组合支护结构的刚度亦优于原重力式水泥土墙并使其墙身变形满足规范要求。

5）在施工过程中，墙背水位升高，水压力突然增大的原因及防治措施如下：

① 原因分析

基坑支护结构的施工、土方开挖、地下结构施工，其总工期少则3、5个月，多则半年甚至一年以上，其间难免会遇到常年雨季或不可预计的暴雨的影响，这必然导致坑外地下水位的升高（高于原设计水位），使坑外水压力突然增大。

② 防治措施

坑外地下水位的升高、水压力增大对原重力式水泥土墙的稳定性等有较大影响，同时往往墙体变形增大，在墙后与土体交接处出现水平裂缝，裂缝的出现更进一步加剧水压力的不利影响，为了减缓不利影响，可采取以下防治措施：

a. 在墙背进行挖方卸载处理。

b. 强身增设泄水孔，一般要求在原设计坑外水位标高附近上下各设一道，孔径不小于100mm，孔的间距可根据墙后土层的渗透性确定，一般为1～2m。

c. 墙背处设置临时降水井、集水井（坑），进行集中降、排水，以降低坑外水头标高。

（3）型钢水泥土搅拌墙风险分析

型钢水泥土搅拌墙是在连续套接形成的水泥土墙内插入型钢形成的复合挡土、截水的支护结构。目前在国内应用较多、技术相对成熟的有 SMW 工法和 TRD 工法。SMW 工法是目前国内应用最多的型钢水泥土搅拌墙。

它主要利用三轴型长螺旋钻孔机钻孔掘削土体，边钻进边从钻头端部注入水泥浆液，达到预定深度后，边提钻边从钻头端部再次注入水泥浆液，与土体原位搅拌，形成一堵水泥土墙；然后在依次套接施工其余墙段；期间根据需要插入型钢，形成具有一定强度和刚度、连续完整的地下墙体。但往往存在一些问题需要解决。

1）三轴水泥土搅拌桩强度取值问题

① 问题原因分析

目前工程中对搅拌桩强度争议较大。

② 防治对策

水泥土力学性能受多种因素影响，如土层情况、养护条件、施工参数等。通过强度试验可知，水泥土强度试验最低值取 0.5MPa 较为合理。基坑工程中水泥土搅拌桩的强度验算应能满足抗剪承载力要求。实际工程中对水泥搅拌桩的强度检测是进行 28d 无侧限抗压强度试验，因此需要明确水泥搅拌桩抗剪强度 τ 与无侧限抗压强度 P_u 之间的关系。

从目前实际工程应用情况看，已实施的工程均可以满足型钢水泥土墙技术，对于水泥土抗剪强度标准值 τ 与 28d 无侧限抗压强度 P_u 的相对数值关系，取 $\tau = P_u/3$ 较为合理和安全。

2）三轴搅拌桩强度检测方法问题

① 问题原因分析

水泥土搅拌桩的强度检测存在一定的缺陷，试块试验不能真实地反映实际桩身的强度值，钻孔取芯对芯样有一定的破坏，试验强度值偏低，而原位测试方法还缺乏大量的对比数据。因此，对水泥土搅拌桩的强度检测方法进行系统研究，力求简单、可靠、可操作是必要的。

② 防治措施

浆液试块强度试验是值得推广的搅拌桩强度检测方法。具有以下优势：

a. 取浆试验现场操作方便，试块为标准试块，费用低，速度快。

b. 对试样扰动较小，强度检测结果离散性小。

c. 不会对已施工的搅拌桩强度和截水性能带来损坏。

由于养护条件与搅拌桩现场条件存在差异，强度值一般大于现场取芯试块的强度检测值。该方法的推广依赖于取样装置的简便实用性。

取浆试验在搅拌桩一定深度获取的尚未初凝的水泥土浆液，需要在试验室进行养护，浆液试块强度检测一直以来难于推广的一个重要原因是国内没有简便实用的取样装置。

3）三轴搅拌桩浆液流量控制与监测问题

① 原因分析

注浆泵流量控制是否与三轴搅拌机下沉（与提升）速度相匹配，直接影响到三轴水泥土搅拌桩的水泥掺入量和成桩质量。施工过程中，应严格控制配制浆液的水灰比及水泥掺入量。目前国内只能通过整体水泥用量大概统计水泥掺入量，缺乏有效的实时监测仪器，来准确确定每根水泥土搅拌桩的用量。

② 防治措施

为解决三轴水泥土搅拌桩施工过程的即时检查问题，在三轴水泥土搅拌桩施工过程中，提倡采用参数自动监测记录装置，以控制每根桩的注浆泵流量、总浆量、搅拌机钻进与提升速度、成桩深度等参数，便于实行信息化施工，并自动生成搅拌桩施工报表。

4）三轴机施工中存在问题与防治措施

① 原因分析

目前三轴水泥土搅拌桩的施工工艺，存在桩体均匀性和垂直度有待提高、超深搅拌桩施工设备改进、坚硬土层施工工艺改进、施工过程冒浆和浆液处理等问题。另外，过高的钻机机架在施工中安全隐患也较大。

② 防治措施

在坚硬土层施工的技术措施可采用预钻孔后成墙的方式，先行施工，局部疏散和捣碎地层，然后用三轴水泥搅拌桩机选择跳槽式双孔全套打复搅或单侧挤压连接方式施工水泥土连续墙体。

如果三轴水泥土搅拌桩设计深度超过 30m，通过加接 2~3 根钻杆，搅拌桩深度可施工至 35~45m。

坚硬土层中施工超深水泥土墙时，三轴水泥土搅拌桩机应先行试桩，确保施工操作的可行性。反之，可采用 TRD 工法进行超深水泥土墙的施工。

（4）排桩墙支护风险分析

排桩墙支护体系是由排桩、排桩加锚杆或支撑组成的支护结构体系的统称，其结构类型可分为：悬臂式排桩、锚拉式排桩、支撑式排桩和双排桩等。

排桩通常采用混凝土灌注桩（钻孔桩、挖孔桩、冲孔桩），也可采用型钢桩、钢管桩、钢板桩、预制桩和预应力管桩等桩型。

排桩墙支护施工中常见的问题与防治

1）支护桩向基坑内偏位和倾斜

2）支护桩的设计与施工应考虑其施工偏差对地下主体结构施工空间的影响。根据现有施工设备的性能和技术水平，正常情况下桩位偏差应控制在 50mm，桩垂直度偏差应控制在 0.5%。当用地紧张、支护结构给地下主体结构预留的施工空间较小时，设计与施工应充分考虑正常的施工偏差的影响，防止支护桩向基坑内偏位和倾斜，而缩小施工空间或侵占地下主体结构的位置，不得剔凿支护桩，给基坑带来安全隐患。

防治措施：

① 设计时，排桩轴线定位应预留正常的桩位偏差和桩垂直度偏差所产生的桩位偏差量。

② 施工时，控制桩位和桩垂直度的偏差只能向基坑外层偏移。

3）锚杆钻孔孔口涌水

采用截水帷幕的锚拉式排桩，施工时锚杆孔孔口涌水，导致锚杆无法施工，注浆液流失。

防治措施：

① 在粉土、砂土、卵石层中，铺杆钻孔孔口的设计标高宜设在地下水位以上。

② 锚杆钻孔孔口在地下水位以下时，宜采取双套管护壁成孔工艺，不应采用螺旋钻锚杆钻机。

③ 锚杆注浆后，需及时进行封堵、修补帷幕。

④ 锚杆宜采用二次高压注浆工艺以弥补地下水流动对一次注浆造成的缺陷。

4）桩间土塌落、桩间护壁破损

出现桩间土塌落、桩间护壁破损时，应及时进行修补。

防治措施：

① 设计时，针对具体土层条件，采用效果好的桩间护壁方式。

② 基坑开挖后，桩间土不稳固时，可在桩间护壁面层施工前，先及时用喷射混凝土防护。

③ 桩间土塌落并形成空洞时，可采取沙袋等填充、钢筋网喷射混凝土护壁，对未充填密实的孔隙采用打入钢花管注入水泥浆等方式及时修补。

④ 因冻胀、漏水等原因使桩间护壁面层脱落、破损、护壁后出现空洞时，应及时修补加固或返修面层、对孔隙进行注浆填充。

5）支护桩的嵌固深度不足

支护桩的嵌固深度不足时，可采取在基坑底部增设锚杆、支撑的防治措施，但其嵌固深度应同时满足坑底隆起、基坑整体稳定的条件。

6）滑移面外的锚固长度不足

锚拉式排桩在拟设置锚杆的部位受基坑外地下建、构筑物影响，滑移面外的锚固长度不足时，可采取以下防治措施：

① 改用大倾角锚杆，使锚杆进入建、构筑物底部以下土层。

② 局部改用内支撑或双排桩。

③ 当障碍物高度有限时，在障碍物上下方均设置锚杆。

7）锚杆钢腰梁使钢绞线弯折

组合型钢腰梁中双型钢之间的设计净间距尺寸，必须满足锚杆杆体能够顺直穿过腰梁的要求，设计与施工应考虑型钢腰梁净间距与锚杆孔位在垂直方向的偏差。如孔位偏差按50mm考虑，腰梁双型钢之间的净间距应不小于 $2\times50=100mm$，考虑目前的实际施工水平，腰梁双型钢之间的净间距宜更大。双型钢之间的净间距又关系到锚具垫板的尺寸及厚度。双型钢之间的净间距越大，垫板的跨度越大，为保证垫板刚度，垫板需有较大的厚度。

(5) 地下连续墙风险分析

地下连续墙施工中的常见问题与防治措施如下：

1）槽壁失稳破坏

在地下连续墙施工过程中，当墙体槽壁发生坍塌时，通常会有如下状况：

① 槽内泥浆大量漏失、液位出现显著下降。

② 泥浆中冒出大量泡沫或出现异常搅动。

③ 排出的泥土量明显大于设计断面土方量。

④ 导墙及周边地面出现沉降。

2）钢筋笼不能按设计标高就位

吊放钢筋笼时，常由于某些原因使钢筋笼不能按设计标高就位。当出现这种情况时，应根据具体原因采取相应补救措施，防止塌槽等严重的后果。

① 当因槽底沉渣过厚、钢筋笼下沉过程中塌槽等原因而无法下到设计标高（或槽底）时，应根据槽壁稳定情况，尽快决策，灌注混凝土或提出钢筋笼后进行回填处理，再重新挖槽以防止塌槽。

② 当地下连续墙下端主要用于截断承压水含水层时，如因墙底沉渣导致连续墙不能可靠穿越承压水含水层而将其截断时，应根据具体情况决定。

③ 当发生钢筋笼吊放过程中因槽壁倾斜、钢筋笼倾斜时，可尝试轻微上提钢筋笼然后再进行下放，如多次尝试不能成功时，应在钢筋笼下放至现有标高基础上，迅速浇灌混凝土，防止塌槽，并在之间设置严密的防渗构造。或迅速回填砂土，并用抓斗进行逐层填埋压实，在按前述方法处理后重新挖槽。

3）槽段钢筋被部分切割

当成槽过程中，遇到地下障碍物而无法清除时，为顺利下放钢筋笼，需将钢筋笼切割一部分，钢筋切割处的墙体厚度也可能因障碍物影响而不能达到设计厚度。为了弥补由此导致的对墙体受力的影响，可采取下列防治措施：

① 当钢筋切除位置于基底以下，墙体受力较小，且钢筋仅少量切除时，可在相应位置处进行旋喷加固，保证墙体的截水性能。

② 当被切掉的钢筋笼仅是局部或一小部分时，可以在相应处的坑外增设几根钻孔灌注桩进行加固，同时围绕灌注桩进行高压旋喷加固，形成截水帷幕。

③ 当在一个槽段较大范围内将钢筋笼切除并导致墙体难以满足要求时，应在问题槽段地下连续墙外侧增加一单元槽段的地下连续墙，并在后作墙体接缝处采用高压旋喷进行截水加固，起到承载及防水功能。

④ 当钢筋切除位置位于开挖面以上时，可在对墙体受力与变形进行可靠复核计算基础上，在开挖后进行修复。将钢筋切除处的混凝土凿除。并凿出相邻两槽段的钢筋笼后将侧面清洗干净，焊上该处所缺钢筋，并架设墙体坑内的模板，浇筑与原墙体同一强度等级或高一等级的混凝土，同时在墙体内侧设置钢筋混凝土内衬墙，保证墙体的防渗性能。

4）墙身缺陷

当地下连续墙施工不当时，墙体可能出现墙身方面的缺陷的防治措施：

① 墙身表面出现露筋或孔洞

当墙身表面出现露筋时，先清除露筋处墙体表面的疏松物质，并进行清洗、凿毛和接浆处理，然后采用硫铝酸盐超早强膨胀水泥和一定量的中粗砂配置成的水泥砂浆来进行修补，混凝土强度等级应较墙身混凝土至少高一个等级。

当墙身出现较大孔洞时，除了采取进行清洗、凿毛和接浆处理外，采用微膨胀混凝土进行修补，混凝土强度等级应该较墙身混凝土至少高一个等级。

② 槽段接缝夹泥

槽段接缝夹泥是黏性土中成槽常见的缺陷。当发现槽身接缝夹泥时，应尽快清除至一定深度（保证地下水不涌出），然后用快硬微膨胀混凝土进行处理。为防止接缝处未清除的夹泥及处理的混凝土在墙外地下水压力作用下被挤出而导致渗漏，还可在接缝处采用钢板封堵，钢板采用膨胀螺栓固定在槽身上。

③ 墙身局部出现渗漏

当墙身出现局部渗漏的修补措施：

a. 根据渗漏情况查找渗水源头，将渗漏点周围夹泥和杂质清除，并用清水进行冲洗干净。

b. 在接缝表面两侧一定范围内凿毛，凿毛后在沟槽处理安入塑料管，对漏水进行引流，并用水泥掺合料进行封堵。

c. 在水泥掺合料达到一定强度后，选用水溶性聚氨酯堵漏剂，用注浆泵进行化学压力灌浆。

d. 待注浆凝固后，拆除注浆管。

5）墙身接缝渗漏

在地下连续墙的施工过程中，接缝渗漏是墙体常见的质量通病。应对接缝渗漏部位进行有效的修补处理，根据接缝渗漏的严格程度，一般将渗漏情况分为以下两种情况：

① 接缝少量渗漏

当发现接缝有轻微渗漏时，可采用双快水泥结合化学注浆法，其处理方法为：

a. 观察接缝的湿渍状况，确定渗漏部位，并清除渗漏部位处松散混凝土、夹砂和夹泥等。

b. 沿渗漏接缝处手工凿出 V 形槽，深度控制在 $50 \sim 100 \text{mm}$。

c. 配置水泥浆水灰比为 $0.3 \sim 0.35$ 的堵漏料，搅拌均匀，并揉捏成料团，并放置至有硬热感，即可使用。

d. 将堵漏料塞进凹槽，并用器械进行挤压，并轻砸保证挤压密实。

e. 当渗漏较为严重时，可采用特种材料处理，埋设注浆管，待特种材料干硬后 2h 内注入聚氨酯进行填充。

② 接缝严重渗漏

当接缝存在大面积夹泥或存在水头较高的高渗透土层位置处，接缝渗漏严重时，应采取以下修补措施：

a. 可采用沙袋等进行临时封堵。严重时可采用沙袋围成围堰，并在围堰内浇灌混凝土进行封堵，并对渗漏水进行引流，以免影响正常施工。

b. 当渗漏是由于锁口管的拔断引发，可将钢筋笼的水平筋和拔断的锁口管凿出，并在水平向焊接 $\phi 16@50 \text{mm}$ 的钢筋以封闭接缝，钢筋间距可根据需要适当加密。

c. 当渗漏是因为导管拔空导致接缝夹泥引起时，应对夹泥进行清除后修补接缝。

d. 在严重渗漏处的坑外相应位置，进行双液注浆填充，其中水泥浆与水玻璃的体积比为 $1:0.5$，水泥浆水灰比为 0.6，水玻璃浓度为 $35\text{Be}°$、模数 25，注浆压力视深度而定，约为 0.1～0.4MPa，保证浆液速凝，注浆深度比渗漏处深度不小于 3m。对于已发生严重渗漏的情况采用回填土或混凝土进行反压、进行堵漏后无渗流现象的。在再次开挖前，可在坑外接头原渗漏点附近处进行钻孔压浆，并在坑内对应位置钻孔至原渗漏点以下0.5m，如在 0.2～0.3MPa 压力下坑内未发生渗漏，说明堵漏效果良好，方可开挖。

e. 在已发生严重渗漏且采用回填土或混凝土进行反压后无渗流现象的，当渗漏点附近有重要建筑物或地下管线、设施时，还可采用冻结法对渗流进行处理。

（6）内支撑风险分析

支护结构的内支撑在施工或使用过程中，会出现质量或安全问题，对此应认真及时进行处理，避免产生事故。

1）钢立柱与支撑距离过大的连接处理

钢立柱施工时定位发生偏差，或者立柱平面布置时为避让主体竖向结构，导致钢立柱平面上部分或者完全偏离出混凝土支撑截面之外时，在设计阶段需考虑到这一特殊情况。

设计时可通过将混凝土支撑截面局部位置适当扩大来包住钢立柱，扩大部分的支撑截面配钢筋时应结合立柱偏离支撑的尺寸、该位置混凝土支撑的自重及施工超载等情况来确定。

2）钢立柱垂直度施工偏差过大的处理

钢立柱在实际施工过程中，由于柱中心的定位偏差、柱身倾斜、基坑开挖或浇筑桩身混凝土时产生位移等原因，会产生钢立柱中心偏离设计位置或竖向垂直度偏差过大的情况，过大偏心将造成立柱承载能力的下降，因此在设计阶段要考虑到这一特殊情况。

基坑开挖土方期间，钢立柱暴露出来以后，应及时复核钢立柱的水平偏差和竖向垂直度，应根据实际的偏差测量数据对钢立柱的承载力进一步校核。若施工偏差过大以致钢立柱不能满足承载力要求，应采取限制荷载、设置柱间支撑等措施，确保钢立柱承载力和稳定性满足要求。

① 限制荷载

对于栈桥区域的施工偏差过大的钢立柱应限制其对应区域的栈桥施工荷载。

② 设置柱间支撑

对于施工偏差过大，钢立柱可采取设置柱间支撑的方式进行加固，工程中一般常用槽钢或角钢作为柱间支撑。

3）钢立柱与支撑节点钢筋穿越问题的处理

角钢格构柱一般由四根等边的角钢和缀板拼接而成，角钢的肢宽以及缀板会阻碍混凝土支撑主筋的穿越。由于施工偏差的原因，角钢格构柱平面位置上发生偏移或者角钢发生偏转时，更加大了混凝土支撑主筋穿越立柱的难度，因此在设计阶段要考虑到这一特殊情况。

设计时，根据混凝土支撑截面宽度、主筋直筋，以及数量等情况。主筋穿越柱节点位置一般有钻孔钢筋连接法、传力钢板法以及梁侧加腋法。

① 钻孔钢筋连接法

钻孔钢筋连接法是为了便于支撑主筋在柱节点位置的穿越，在角钢格构柱的缀板或角钢上钻孔穿支撑钢筋的方法。该方法在支撑截面宽度小、主筋直筋较小以及数量较少的情况下适用，但由于在角钢格构柱上钻孔对基坑施工阶段竖向支撑钢立柱有截面损伤的不利影响，因此该方法应通过严格计算，确保截面损失后的角钢格构柱截面承载力满足要求，方可使用。

② 传力钢板法

传力钢板法是在格构柱焊接连接钢板，将角钢格构柱阻碍无法穿越的支撑主筋和传力钢板焊接连接的方法。该方法的特点是无须在角钢格构柱上钻孔，可保证角钢格构柱截面的完整性，但在施工第二道及以下水平支撑时，需要在已经处于受力状态的角钢上进行大量的焊接作业，因此施工时应对高温下钢结构的承载力降低因素给予充分考虑。

③ 梁侧加腋法

梁侧加腋法是通过在支撑侧面加腋的方式扩大混凝土支撑与钢立柱节点位置支撑的宽度，使得混凝土支撑的主筋得以从角钢格构柱侧面绕行贯通的方法。

该方法回避了以上两种方法的不足之处，但由于需要在支撑侧面加腋，加腋位置的箍筋尺寸需根据加腋尺寸进行调整，且节点位置绕行的钢筋需在施工现场根据实际情况定型加工，一定程度上增加了现场施工的难度。

(7) 支护结构与主体结构相结合支护体系风险分析

支护结构与主体结构相结合支护体系，又称"两墙合一"支护体系，即支护结构的围护墙兼作地下主体结构外墙，一般都采用地下连续墙。由于施工工艺水平的限制，地下连续墙墙身难免存在或多或少的缺陷，针对这些常见的质量通病提出以下防治对策或措施。

1）地下连续墙墙身缺陷与防治措施

① 原因分析

地下连续墙采用现场泥浆护壁成槽施工。水下浇筑混凝土容易出现表面露筋与孔洞、局部渗漏水等质量问题，尤其在遇到地下障碍物或吊装中出现散笼等现象时，会影响地下连续墙的墙身质量。

② 防治措施

a. 地下连续墙表面露筋及孔洞的修补

当基坑开挖后，遇地下连续墙表面出现露筋时，首先将露筋处墙体表面的疏松物质清除，并采取清洗、凿毛和接浆等处理措施，然后硫铝盐超早强膨胀水泥和一定量的中粗砂配制成水泥砂浆来进行修补。如在槽段接缝位置或墙身出现较大的孔洞。可采取上述清洗、凿毛和接浆等处理措施后，采用微膨胀混凝土进行修补，混凝土强度应较墙身混凝土至少高一级。

b. 地下连续墙的局部渗漏水的修补

地下连续墙常因夹泥或混凝土浇筑不密实而在施工接头位置，甚至墙身出现渗漏水现象，必须对渗漏点进行及时修补。堵漏方法为：

首先，找到渗漏来源，将渗漏点周围的夹泥和杂质除去，凿出沟槽并用清水冲洗干净。

然后，在接缝表面两侧一定范围内凿毛，凿毛后在沟槽处埋入塑料管，对漏水进行引流，并用封缝材料（即水泥掺合材料）进行封堵，封堵完成并达到一定强度后，再选用水溶性聚氨酯堵漏剂。用注浆泵进行化学压力灌浆，带浆液凝固后，拆除注浆管。

2）水平梁板浇筑时模板呈现与防治措施

① 原因分析

采用水平结构相结合时，当采用支模方式浇筑梁板，由于地基土承载力不够，支设于地基土上的模板结构在混凝土浇筑时承受荷载而沉陷。

② 防治措施

a. 在浇筑梁板结构的混凝土时，应对其模板的沉降进行观察，当发现较大的沉降时，应重新调整模板的标高。当混凝土已经硬化才发现此问题时，应凿除混凝土重新进行支模浇筑。

b. 处理此类问题最好的方法还是预防为主。即对地基土进行加固，以提高土层的承载力和减少沉降，并上铺枕木以扩大模板排架的支撑面积。

（8）逆作法风险分析

当基坑开挖采用逆作法施工时，可能会出现一些问题，须采取防治措施。

1）一柱一桩的立柱垂直度偏差的处理

① 分析原因

钢立柱在实际施工过程中，由于柱身倾斜或浇筑桩身混凝土时产生位移等原因，使得钢立柱垂直度偏差过大从而因偏心而造成立柱承载力的下降。

② 防治措施

基坑开挖暴露钢立柱之后，及时检查钢立柱的实际垂直度，并根据实际的测量数据复合钢立柱的承载力。当复核出来后发现钢立柱的承载力不能满足要求时，采取限制荷载、结构开洞、设置柱间支撑等措施，确保钢立柱承载力和稳定性满足要求。

2）立柱间差异沉降（或回弹）的处理

由于基坑的时空效应及立柱承受荷载的不均，立柱之间一般会存在差异沉降（或回弹）。施工过程中一旦出现相邻立柱间差异沉降过大时，应及时停止施工，并采取有效措施控制差异沉降进一步发展，方可继续施工。一般而言，相邻立柱距离较近，由于地质条件差异引起的立柱间差异沉降较少，更多的原因是挖土施工或上部结构荷载差异。因此一旦发生相邻立柱间差异沉降过大，应通过控制荷载、挖土顺序、两立柱间设置剪刀撑、增加整体刚度等措施来控制差异沉降（或回弹）。

（9）基坑开挖风险分析

在基层开挖阶段引起的变形，分为围护桩（墙）的水平位移、坑底隆起变形及由二者共同引起的坑内外土体变形，这三者之间是相互关联的。

1）围护墙的位移

基坑开挖后支护结构发生一定的位移是正常的，但如位移过大或位移发展过快，这往往会造成较严重的后果。如发生这种情况，应针对不同的支护结构采取相应的应急技术措施。

① 重力式支护结构

对水泥土墙重力式支护结构，其位移一般较大，如开挖位移量在基坑深度的1/100以内，应尚属正常，如果位移发展渐趋缓和，则可不必采取措施，如果位移超过1/100或设计估算值，则应予以重视。首先应做好位移的监测，绘制位移——时间曲线图，掌握发展趋势。重力式支护结构一般在开挖后 1～2d 内位移发展迅速，来势较猛，以后 7d 内仍会有所发展，但位移增长速率明显下降。如果位移超过估计值不多，以后又渐趋稳定，一般可不采取措施，但应注意尽量减小坑边堆载。严禁动荷载作用于围护墙或坑边区域；加快垫层浇筑与地下室底板施工的速度。以减少基坑底暴露时间；应将墙背裂缝用水泥砂浆或细石混凝土灌满，防止雨水、地表水进入基坑及浸泡围护墙背土体。

对位移超过估计值较多，而且数天后仍无减缓趋势的情况，或基坑周边环境较复杂的情况，同时还应采取一些附加措施，常用的方法有：水泥土墙背后卸荷，卸土深度一般 2m 左右，卸土宽度不宜小于 3m；加快垫层施工，加厚垫层厚度，尽早发挥垫层的支撑作用；加设支撑，支撑位置宜在基坑深度 1/2 处。

② 悬臂式支护结构

悬臂式支护结构发生位移主要是其上部向基坑内侧倾斜，也有一定的深层滑动。防止悬臂式基坑支护结构上部位移过大的应急措施较简单，加设支撑或拉锚都是十分有效的方法，也可采用围护墙背卸土的方法。防止深层滑动也应及时浇筑垫层，必要时也可加厚垫层，以形成下部水平支撑。

③ 支撑式支护结构

由于支撑的刚度一般较大，设置有支撑的支护结构一般位移较小，其位移主要是插入坑底部分的支护桩墙向内变形。为了满足基础底板施工需要，最下一道支撑离坑底总有一定距离，对只有一道支撑的支护结构，其支撑力坑底距离更大，围护墙下段的约束较小，因此在基坑开挖后围护墙下段位移较大，往往由此造成墙背土体的沉陷。因此，对于支撑式支护结构，如发生墙背土体的沉陷，主要应设法控制围护桩（墙）嵌入部分的位移，着重加固坑底部分部位，防止措施有：

a. 增设坑内降水设施，降低地下水。如条件许可，也可在坑外降水。

b. 进行坑底加固，如采用注浆、高压喷射注浆等提高被动区抗力。

c. 垫层随挖随浇，基坑挖土应合理分段，每段基坑开挖到坑底后，及时浇筑垫层。

d. 加厚垫层、采用配筋垫层或设置坑底支撑。

对于周围环境保护有要求的工程，如开挖后发生较大变形后，可在坑底加厚垫层，并采用配筋垫层，使坑底形成可靠的支撑，同时加厚配筋垫层对抑制坑内土体隆起也非常有利。减少坑内土体隆起，也就控制了围护墙下段位移。必要时，还可在坑底设置支撑，如采用型钢或在坑底浇筑钢筋混凝土暗支撑（其顶面与垫层面相同），以减少位移。此时，在支护墙根处应设置围檩，否则单根支撑对整个围护墙的作用不大。

如果是由于围护墙的刚度不够而产生较大侧向位移，则应加强维护墙体，如在其后加设树根桩或钢板桩或对土体进行加固等。

2）坑底的隆起

基坑土方开挖是一种卸载，其开挖过程就是应力的释放过程，即由开发前的静态平衡发展到动态平衡状态。因此，深基坑变形就存在着"时空效应"问题。土体即使在开挖后处在临时平衡状态时，也会发生蠕变。如果坑底开挖后暴露时间过长，或基坑积水，或孔隙水压力升高形成超静孔隙水压力等，都将明显降低土体的抗剪强度，导致坑底隆起、边坡失稳、支护结构或桩基变形位移等。

防治措施包括：

① 基坑开挖至设计标高后，应尽快进行坑底检查与验收，并在坑底浇筑混凝土垫层和基础底板。坑底检查与验收主要内容：

a. 检查坑底的地质情况，特别是土质与承载力是否与设计相符。

b. 坑底围护结构是否基本稳定，通过基坑变形跟踪监测，及时反馈信息。

c. 坑底为砂土或软黏土时，应按设计要求，及时铺碎石或卵石，其厚度不宜小于200mm。

d. 如有局部超挖时，不能回填素土，一般用封底的混凝土垫层加厚填平。

e. 如发现坑底土层仍有树根或有古河道、杂填土等，应与设计单位商定，采取相应的技术处理措施。

② 坑底垫层施工

a. 检查验收（处理）后，应及时浇筑混凝土垫层，因时空效应的作用，坑底切忌暴露时间过长（如不能过夜）。

b. 根据国家建设工程行业标准《建筑深基坑工程施工安全技术规范》JGJ 311—2013的规定"当基坑开挖深度范围有地下水时应采取有效的降水与排水措施，土方开挖至坑底后应及时浇筑垫层，围护墙无垫层暴露长度不宜大于25m"。

③ 地下主体结构底板的抗浮验算

④ 有围护结构和有降低地下水的深基坑工程浇筑垫层和底板以后，一般不应立即停止降排水作业，要等到整个地下室施工完毕，甚至在地下室顶板上加载（如覆土等）以后，才能停止降排水。如果要提前停止降水，仅抽干坑内水时，地下室底板因地下水的水头差，就会收到向上的浮力（即静水压力），使地下室底板遭到破坏。这就要求混凝土垫层和地下室底板应有足够的强度和承受力来抵抗底板下的浮力，以保证混凝土底板不致破坏。因此，坑内外地下水有水头差的基坑混凝土底板要进行底板的抗浮验算和混凝土底板的内力计算，如果抗浮验算不能满足要求，在地下室底板下应设计抗拔桩，以满足地下室底板的抗浮要求，确保地下室结构的安全。

由于地下室底板的抗浮力未达到设计要求，在坑内外地下水有较大水头差的情况下，使混凝土整体被浮力破坏的基坑时有发生，所以，基坑施工过程中应密切监测坑内外地下水位的变化，在地下室顶板上加载之前，不能停止降排水。

6.3.4　土体渗透破坏风险分析与防治

（1）基坑底部的渗透破坏风险分析

1）坑底突涌破坏

当相对隔层较薄，不足以抵抗承压水的水压力时，基坑底部会发生突涌破坏。突涌破坏发生具有突然性，后果极其严重。如处理不及时，会引发基坑滑塌破坏。

① 原因分析

a. 承压水头过大。

b. 截水帷幕嵌入不透水层深度不够。

c. 水平封底厚度不足。

d. 大量雨水或生活废水深入土层，使得坑外地下水位升高，导致水压增大，冲破坑底隔水层。

② 防治措施

a. 对发生渗漏部位，可用袋装土对其进行反压，增加上覆荷载，阻止土颗粒随涌水流出。

b. 增设降水井或增大抽水量，降低承压水头。

c. 沿周边重要建筑物施工截水帷幕，延长地下水渗透路径，阻止砂土流失，避免环境破坏。

d. 雨天及时排水，预防雨水渗入土体。

2）坑底局部流土、管涌破坏

① 原因分析

在细砂、粉砂层土中往往会出现流土或管涌的情况，给基坑施工带来困难。如流土或管涌十分严重，会引起基坑周边的建筑物、管线的倾斜与沉降。

a. 轻微的流土现象。在基坑开挖后可采用加快垫层浇筑或加厚垫层的方法"压住"流土。对较严重的流土在周边环境允许条件下增加坑外降水措施，使地下水位降低。降水是防治流土的最有效方法。

b. 流土严重时，在基坑内围护墙脚附近易发生局部流土或者突涌，如果设计支护结构的嵌固深度满足要求，则造成这种现象的原因一般是由于坑底以下部位的支护排桩中出现断桩，或施打未达到标高，或地下连接墙出现较大的孔、洞，或由于排桩净距较大，其后截水帷幕又出现漏桩、断桩或孔洞的现象，造成渗漏通道所致。一般先采取基坑内局部回填后，在基坑外漏点位置注入双液浆或聚氨酯堵漏，并对围护墙作必要的加固。如果情况十分严重，可在原围护墙后增加一道维护墙，在新围护墙与原围护墙间进行注浆或高压旋喷桩，新墙深度与原围墙相同或适当加深，宽度应比渗透破坏为范围宽 3~5m。

② 防治措施

当基坑粉砂含量较大，坑底附近水力坡度较大时，常会发生坑底局部流土、管涌破坏，应及时采取以下防治措施：

a. 坑外侧设置井点降水，减少水力坡降；

b. 在管涌口附近用编织袋或麻袋装土抢筑围井，井内同步铺填反滤料及灌水，制止涌水带砂；

c. 流土、管涌严重，涌水涌砂量大，来不及采取其他措施时，可采用滤水性材料直接分层压在其管涌口范围，由下到上压重，颗粒由小到大，厚度根据渗流程度确定，分层厚度不宜小于 300mm；

d. 采用旋喷桩或搅拌桩对发生渗漏的支护结构渗漏范围内，施作旋喷桩或搅拌桩截水堵渗，常用做法是在桩间外侧施做一根，并在外侧施做一排相互咬合的旋喷桩或搅拌桩墙。

（2）截水帷幕失效或遭破坏风险分析

1）截水帷幕施工应做到：

① 设计时，适当增加围护桩与截水帷幕的搭接宽度；

② 严格控制围护桩与截水帷幕的定位和垂直度；

③ 高压喷射注浆帷幕施工时，采用较小的提升速度，较大的喷射压力，增加水泥用量。

④ 及时进行帷幕堵漏，防止流砂使土体内产生空洞。

2）截水帷幕失效漏水量大的防治措施

若截水帷幕失效，则漏水量大，基坑外侧地下水位急速下降，应采取以下防治措施：

① 将坑底积水排出，保证基坑不被水浸泡。

② 寻找渗漏水源及其通道，进行封堵。

③ 在基坑内测砌筑围堰，灌水抬高水头，减少基坑内外水头差和水流流速。

④ 当水流流速减少到一定程度，用高压注浆在帷幕外侧封堵帷幕缝隙和固结周围土体，可用双液浆加快水泥浆的凝固速度，注浆注入量要远大于流失量。

⑤ 在封堵水源入口的同时，应封堵支护结构间隙。当支护结构内侧不渗漏或只有轻微渗漏时，可撤掉围堰。桩间缝隙处设模板，灌注混凝土封堵。

（3）围护体桩间渗漏风险分析

1）砂性土层中围护结构的渗漏

由于围护结构在砂性土层中施工质量未达到设计要求，出现较多渗漏点，造成基坑开挖过程中砂性土随地下水涌入坑内。

防治措施：

① 严格控制围护结构的垂直度，避免开叉。

② 混凝土浇筑时，必须连续浇筑，避免出现堵管、导管拔空等现象。

③ 围护结构发生的质量问题都必须详细记录，在基坑开挖前和开挖过程中采取专项措施进行处理。

④ 加强施工监测，实时动态信息化施工管理。

2）围护墙（桩）间的渗漏

基坑开挖后，围护墙桩间出现渗水或漏水，对基坑施工带来不便。如渗漏严重时，往往会造成土颗粒流失，引起围护墙（桩）背地面沉陷甚至支护结构破坏坍塌。应及时处理，以免事故扩大，造成重大损失。

防治措施：

① 针对渗漏不大的情况

a. 对渗水量较小，不影响施工也不影响周边环境的情况，可采用坑底设排水沟的方法。

b. 对渗水量较大，但没有泥砂带出，造成施工困难，而对周围影响不大的情况，可采用"引流-修补"方法。即在渗漏较严重的部位先在维护墙上水平（略向上）打入一根钢管，内径 20～30mm，使其穿透支护墙体进入墙背后土体内，由此将水从该管引出，然后将管边围护墙的薄弱处用防水混凝土或砂浆修补封堵，待修补封堵的混凝土或砂浆达到一定强度后，再将钢管出水口封住。

c. 如封住管口后出现第二处渗漏时，按上面方法再进行"引流-修补"。如果引流出的水为清水，周边环境较简单或出水量不大，则不做修补也可，只需将引入基坑的水设法排出即可。

② 对渗漏水量很大的情况，应查明原因，采取以下修补措施：

a. 如漏水位置距离地面深度不大时，可将围护墙背开挖至漏水位置以下 500～1000mm，在墙后用密实混凝土进行封堵。

b. 如漏水位置埋深度较大，则可在围护墙后采用压密注浆方法，浆液中应掺入水玻璃，使其能尽早凝结，也可采用高压喷射注浆方法。采用压密注浆时应注意，其施工对围护墙会产生一定压力，有时会引起围护墙向坑内较大的侧向位移，这在重力式或悬臂式支护结构中更应注意，必要时应在坑内局部回填反压后进行，待注浆达到止水效果后再重新开挖。

3）桩间渗水、流砂

① 排桩与截水帷幕搭接时，可能出现桩与帷幕之间未完全搭接而造成桩间渗水、流砂的情况。可采取以下防治措施：

a. 设计时，增加桩与帷幕的搭接宽度。

b. 严格控制桩与帷幕的定位和垂直度。

c. 高压喷射注浆帷幕，施工时采用较小的提升速度、较大的喷射压力，增加水泥用量。

d. 及时进行帷幕堵漏、防止流砂使土体内产生空洞。

② 在降水或地下水位以上的桩间渗水，可采取以下防治措施：

a. 基坑周围地面应采取硬化和截排水措施，切断渗漏水管的水源，防止雨水、生活用水等地面水渗入土体内。

b. 坑壁如出现渗水，应采取插泄水管等措施，合理疏导土层中的残留水。

c. 基坑底的渗漏水应用盲沟或明沟疏导井及时排出，避免在基坑内长期积聚。

d. 检查基坑开挖后揭露的地层性状、地下水状况是否与勘察报告相符，若有差别，需根据实际情况及时进行必要的验算、调整设计及采取相应施工技术措施。

（4）基坑降水疏不干问题

"疏不干"问题的存在，是由于基坑内外地下水始终存在水力联系，基坑外地下水源源不断的补给到基坑内，所以消除或削减的对策应是切断或减弱基坑内外的水力联系。

防治措施：

1）增加管井数，缩小管井间距。

2）外围设截水帷幕，基坑内疏干降水。

3）水平井降水（水平井降水是通过一口大尺寸竖井和井内任意高度单一或多方向长度不一的水平滤水管实现）。

4）增加滤水管的过水能力。

5）含水层底板水平滤水管导流消除地下水"疏不干"问题。

6）采用落地式截水帷幕，避开"疏不干"问题。

6.3.5　其他方面原因的风险分析与防治

（1）其他因素造成安全风险

由于机械设备故障、施工失误、天气或管理失误等因素造成基坑安全事故，主要有：

1）塔吊倾覆、伤人。

2）钢筋笼起吊散架：高处坠落，伤人。

3）钢筋混凝土支撑底模坠落伤人。

4）栈桥或基坑坡顶临边防护跌落。

5）监测点破坏，无法信息化施工。

6）台风、暴雨等恶劣天气：应急措施不到位。

7）浇筑混凝土时，炸泵伤人等。

（2）防治措施

针对上述安全事故，应采取以下防治措施。

1）建立健全安全生产管理制度和安全生产管理网络，层层落实安全生产责任制纵向到底、横向到人。

2）加强安全管理和安全教育，严格按安全技术操作规程施工，提高作业人员安全防范意识，杜绝违章指挥和违章操作，防范事故发生。

3）严格安全生产检查制度，加强安全检查和危险源控制，确保机械设备正常运作；严格控制重大危险源，防范安全隐患，把事故消灭在萌芽状态，坚决杜绝重大伤亡事故。

4）制定应急响应预案，并定期组织应急预案演练。发生险情时立即启动应急预案，进行应急救缓和抢险，尽量避免重大伤亡事故。

这些安全问题只是从某一种形式上表现了基坑工程事故的复杂性，反映了深基坑工程施工安全严峻的隐患，实际上深基坑工程事故发生的原因往往是多方面的、具有复杂性的；深基坑工程事故的表现形式往往具有多样性，必须切实加强深基坑工程施工安全管理和监测，规范深基坑工程施工安全行为，避免乃至杜绝重大伤亡事故，确保财产和人员安全。

6.3.6 深基坑工程问题总结

前面对深基坑工程施工中的质量安全事故作了详细的分析，并提了，提出了防治措施和应急救援措施，为了减少基坑工程事故的发生，减少甚至杜绝不必要的经济财产损失和人员伤亡，有必要对深基坑工程施工问题进行认真总结。

1）软土地区深基坑工程属于高风险的项目，其发展趋势是深基坑工程向深度越来越深、规模越来越大、工期越来越紧、地质条件越来越复杂、风险越来越大、发生事故损失越来越严重惨重方向发展。

2）目前软土地区深基坑工程逐渐由强度控制改为变形控制为主导，对周围环境的保护成为主要目标。

3）深基坑工程地下水的危害不容忽视，大部分事故都直接或间接与地下水有关，有必要加深对地下水渗流规律的研究，将不利因素转为有利因素为我所用。

4）深基坑工程的风险是可以控制的，可以采用"前期预判、过程跟踪、总结完善"对深基坑工程风险进行全过程监测和控制。

5）从工程实例来看，采用远程监控管理是一个比较有效的控制深基坑工程风险的手段。

6.4　基坑工程发生险情的应急处理措施

6.4.1　基坑支护应急抢险统计

从公开发表的论文、公开出版的文献以及相关媒体的报道中，选取 2000 年以后的 59 起案例进行统计分析，找出应急抢险类型及相应原因的比重分布。

根据资料，将事故分为 10 种类型，即围护渗流、围护内倾、围护折断、围护踢脚、坑底隆起、坑内滑坡、支撑失稳、整体失稳、土体大变形、坑底突涌。事故类型比重分布如表 6-10 所示。

应急抢险类型比重分布　　　　　　表 6-10

支护形式	渗流(29%)	内倾(3%)	折断(3%)	踢脚(2%)	坑底隆起(2%)	坑底突涌(10%)	坑内滑坡(9%)	支撑失稳(7%)	整体失稳(28%)	土体大变形(7%)
放坡						67			33	
土钉墙		13				17			83	
悬臂板式围护墙	25								37	25
围护墙内支撑	49		3	3	3	6	17	16		3
围护墙锚杆		20	20						40	20

分析表 6-10 可知，与其他类型应急抢险相比，渗流、整体失稳、坑底突涌的比重较大，三者比重共计 67%。其中，围护渗流的比重最大，占事故总数的 29%；渗流和坑底突涌的比重为 39%，与水患有关的事故最易发生。十种事故类型中，放坡开挖以坑底突涌为主，土钉墙支护以整体失稳为主，悬臂板式围护墙以整体失稳为主，围护墙内撑以围护渗流为主，围护墙锚杆以整体失稳为主。事故类型原因统计见表 6-11。

事故类型原因统计（单位:%）　　　　　表 6-11

事故原因	整体失稳	土体大变形	坑底突涌	围护内倾	围护渗流	围护折断	围护踢脚	坑底隆起	坑内滑坡	支撑失稳
勘察失误	5.5	7.7	21.4	—	3.4	—	—	—	—	12.5
设计不当	14.5	23.1	7.1	12.5	6.9	14.3	100	33.3	—	25.0
施工方法不当	5.5	7.7	7.1		3.4	14.3				

事故原因	整体失稳	土体大变形	坑底突涌	围护内倾	围护渗流	围护折断	围护踢脚	坑底隆起	坑内滑坡	支撑失稳
监测漏警、误警	1.8	—	—	—	—	14.3	—	—	—	—
违章作业	14.5	15.4	—	12.5	13.8	14.3	—	33.3	—	25.0
降排水不利	5.5	7.7	—	12.5	10.3	—	—	—	50.0	—
施工质量差	9.1	7.7	14.3	12.5	31.0	14.3	—	—	12.5	12.5
应急反应差	1.8	—	7.1	—	—	—	—	—	—	—
施组不执行	3.6	—	7.1	—	—	14.3	—	—	—	—
施组不合理	—	—	—	12.5	—	—	—	—	—	—
监督检查不力	1.8	—	—	—	3.4	14.3	—	—	—	—
人、材、机不到位	1.8	—	—	—	—	—	—	—	—	—
人员素质差	—	—	—	—	3.4	—	—	—	—	12.5
业主干涉	9.1	—	—	12.5	3.4	—	—	—	—	—
天气恶劣	5.5	—	14.3	12.5	—	—	—	—	—	—
水及地质条件差	14.5	23.1	21.4	—	20.7	—	—	33.3	37.5	12.5
管线渗漏	5.5	7.7	—	12.5	—	—	—	—	—	—

① 围护渗流、整体失稳、坑底突涌发生频率高于其他破坏类型，围护渗流发生频率最大。

② 放坡、土钉墙、悬臂板式、围护墙内撑、围护墙锚杆支护条件下最容易发生的破坏分别为坑底突涌、整体失稳、整体失稳、围护渗流、整体失稳。

③ 有七种破坏的最大诱因是管理因素，有四种破坏的最大诱因是技术因素，有两种破坏的最大诱因是环境因素，管理到位对事故预防至关重要。其中，设计不当是技术因素中主要的子因素；水及地质条件差是环境因素中主要的子因素；施工质量差、违章作业是管理因素中主要的子因素。

下面为不同情况下发生险情时的应急措施：

　　① 基坑工程发生险情的应急措施；

　　② 截水措施失效的应急处理措施；

　　③ 围护墙体渗水的应急措施；

　　④ 流砂及管涌的应急措施；

　　⑤ 基坑土体失稳滑坡或坍塌的应急措施；

　　⑥ 基坑坑底隆起的应急措施；

　　⑦ 围护桩墙位移超过报警值的应急措施；

　　⑧ 围护结构底部位移过大应急措施；

　　⑨ 支撑施工事故的应急措施；

　　⑩ 挖土施工引发险情时应急措施；

　　⑪ 周边建筑物出现险情时的应急措施；

　　⑫ 邻近管线、管道事故应急措施；

　　⑬ 采取的其他管理措施。

　　当深基坑工程出现变形、渗水、管涌，甚至造成基坑坍塌，危及周边环境安全时，应立即启用应急预案，根据现场险情的具体情况，采取应急救援措施。下面介绍主要的险情发生时，采取的应急措施。

　　当深基坑工程出现基坑及支护结构变形较大，或监测数据超过预警值，且采取相关措施后，情况没有大的改善；周边建（构）筑物变形持续发展或已影响正常使用等险情时，应采取下列应急措施：

　　1）基坑变形超过报警值时应调整分层、分段土方开挖等施工方案或采取加大预留土墩、坑内堆砂袋、回填土反压、增设临时支撑、锚杆、坑外卸载、注浆加固、换托等。

　　2）周边地表或建筑物变形速率急剧加大，基坑有失稳趋势时，宜采取卸载、局部或全部回填反压，待稳定后再进行加固处理。

　　3）坑底隆起变形过大时，应采取坑内加载反压、调整分区、分部开挖、及时浇筑快硬混凝土垫层等措施。

　　4）坑外地下水位下降速率过快引起周边建（构）筑物与地下管线沉降速率超过警戒值，应调整抽水速度，减缓地下水位下降速度或采用回灌措施。

　　5）围护结构渗水、流土，可采用坑内引流、封堵或坑外快速注浆的方式进行堵漏；情况严重时应立即回填，再进行处理。

　　6）开挖底面出现流砂、管涌时，应立即停止挖土施工，根据情况判断分别采取措施。当判断为承压水管涌时，应立即回填并采取降水法降低水头差；判断为坑内外水位高差大引起时，可根据环境条件采取截断坑内外水力联系、坑外周边降水法降低水头差、设置反滤层封堵流土点等方式进行处理。

　　坑底突涌时，应查明突涌原因，对因勘察孔、监测孔封孔不当引起的单点突涌，宜采用坑内围堵平衡水位后，施工降水井降低水位，再进行快速注浆处理；对于不明原因的坑底突涌，应结合坑外水位孔的水位监测数据分析；对围护结构或截水帷幕渗漏引起的坑底突涌，应采取坑内回填平衡、坑底加固、坑外快速注浆或冻结方法进行处理。

　　（1）支挡法

当基坑的支护结构出现超常变形或倒塌时，可以采用支挡法，加设各种钢板桩及内支撑。加设钢板桩与断桩连接，可以防止桩后土体进一步塌方而危及周围建筑物的情况发生；加设内支撑可以减少支护结构的内力和水平变形。

在加设内支撑时，应注意第一道支撑应尽可能高；最下一道支撑应尽可能降低，仅留出灌制钢筋混凝土基础底板所需的高度。有时甚至让在底部增设的临时支撑永久地留在建筑物基础底板中。

（2）注浆法

当基坑开挖过程中出现防水帷幕桩间漏水，基坑底部出现流砂、隆起等现象时，可以采用注浆法进行固处理。

注浆法还可以用作防止周围建筑物和地下管线破坏的保护措施。总之，注浆法是近几年来广泛地用于基坑开挖中土体加固的一种方法。该法可以提高土体的抗渗能力，降低土的孔隙压力，增加土体强度，改善土的物理力学性质。注浆工艺按其所依据的理论可以分为渗入性注浆、劈裂注浆、压密注浆、电动化学注浆等。

渗入性注浆所需的注浆压力较小，浆液在压力作用下渗入孔隙及裂隙，不破坏土体结构，仅起到充填、渗透、挤密的作用，较适用于砂土、碎石土等渗透系数较大的土。劈裂注浆所需的注浆压力较高，通过压力破坏土体原有的结构，迫使土体中的裂隙进一步扩大，并形成新的裂缝或裂隙，较适用于像软土这样渗透系数较低的土，在砂土中也有较好的注浆效果。注浆法所用的浆液一般为在水灰比 0.5 左右的水泥浆中掺水泥用量 10%～30%的粉煤灰。另外还可以采用双液注浆，即用二台注浆泵，分别注入水泥浆和化学浆液，二种浆液在管口三通处汇合后压入土层中。

注浆法在基坑开挖中的应用有以下几种用途：

1）用于止水防渗、堵漏。

当止水帷幕桩间出现局部漏水现象时，为了防止周围地基水土流失，应马上采用注浆法进行处理；

当基坑底部出现管涌现象时，采用注浆法可以有效地制止管涌。

当管涌量大且不易灌浆时，可以先回填土方与草包，然后进行多道注浆。

2）保护性的加固措施。

当由监测报告得知由于基坑开挖造成周围建筑物、地下管线等设施的变形接近临界值时，可以通过在其下部进行多道注浆，对这些建筑设施采取保护性的加固处理。注浆法是常用的加固方法之一。但应引起注意的是，注浆所产生的压力会给基坑支护结构带来一定的影响，所以在注浆时应注意控制注浆压力及注浆速度，以防对基坑支护带来新的危害。

其他处理措施主要包括：

① 基坑外侧卸土；

② 基坑外侧卸荷（各种建筑材料、临时房、车辆等）；

③ 基坑内侧回填土方或沙包；

④ 基坑内侧加强混凝土；

⑤ 建筑材料反压；

⑥ 基坑内灌水平衡；

⑦ 加临时支撑（混凝土或钢支撑）；

⑧ 架设临时锚杆；

⑨ 增加挡墙；

⑩ 加设止水帷幕（高喷或搅拌桩）；

⑪ 加拉锚；

⑫ 加临时立柱（借用工程桩）；

⑬ 粘钢或碳纤维修复支撑；

⑭ 改变挖土线路；

⑮ 停止基坑外围相关施工；

⑯ 有条件修改地下室图纸等。

6.4.2　基坑工程发生险情的应急措施

当基坑工程出现基坑及支护结构变形较大或监测数据超过预警值，且采取相关措施后，情况没有大的改善；周边建（构）筑物变形持续发展或已影响正常使用等险情时，应采取下列应急措施：

1）基坑变形超过预警值时，应调整分层、分段土方开挖等施工方案或采取加大预留土墩、坑内堆砂袋、回填土反压、增设临时支撑、锚杆、坑外卸载、注浆加固、换托等。

2）周边地表或建筑物变形速率急剧加大，基坑有失稳趋势时，宜采取卸载、局部或全部回填反压，待稳定后再进行加固处理。

3）坑底隆起变形过大时，应采取坑内加载反压、调整分区、分部开挖、及时浇筑快硬混凝土垫层等措施。

4）坑外地下水位下降速率过快引起周边建（构）筑物与地下管线沉降速率超过警戒值，应调整抽水速度，减缓地下水位下降速度或采用回灌措施。

5）围护结构渗水、流土，可采用坑内引流、封堵或坑外快速注浆的方式进行堵漏；情况严重时应立即回填，再进行处理。

6）开挖底面出现流砂、管涌时，应立即停止挖土施工，根据情况判断分别采取措施。当判断为承压水管涌时，应立即回填并采取降水法降低水头差；判断为坑内外水位高差大引起时，可根据环境条件采取截断坑内外水力联系、坑外周边降水法降低水头差、设置反滤层封堵流土点等方式进行处理。

坑底突涌时，应查明突涌原因，对因勘察孔、监测孔封孔不当引起的单点突涌，宜采用坑内围堵平衡水位后，施工降水井降低水位，再进行快速注浆处理；对于不明原因的坑底突涌，应结合坑外水为孔的水位监测数据分析；对围护结构或截水帷幕渗漏引起的坑底突涌，应采取坑内回填平衡、坑底加固、坑外快速注浆或冻结方法进行处理。

6.4.3　截水措施失效的应急处理措施

（1）截水措施失效的原因分析

1）截水深度不够，地下水渗流越过帷幕底部产生管涌、流砂现象。

2）截水帷幕桩身平面位置、垂直度偏差过大，帷幕渗漏严重。

3）截水帷幕桩的水泥渗入量不够或施工工艺不合理问题造成桩体质量差，渗透系数过大，难以起到截水效果。

4）帷幕施工完不经充分养护，帷幕桩体强度很低时就急于开挖土方，造成帷幕的破坏。

5）由于支护结构变形造成截水帷幕的剪切破坏。

6）人为破坏截水帷幕，如随意开挖出土通道破坏原本封闭的截水帷幕。

（2）截水、隔水措施失效的应急处理措施

1）设置导流水管，采用遇水膨胀材料或采用压密注浆、聚氨酯注浆等方法堵漏。

2）快硬早强混凝土浇筑围护挡墙。

3）在基坑内壁采用高压旋喷或水泥土搅拌桩增设截水帷幕。

4）结合以上措施配合坑内井点降水。

6.4.4 围护墙体渗水的应急措施

1）如渗水量极小，为轻微湿迹或缓慢滴水，而检测结果也未反映周边环境有险况，则只在坑底设排水沟，暂不做进一步修补。

2）如渗水量逐步增大，但没有泥沙带出，而周边环境无险况产生，可采用引流的方法，在渗漏部位打入一根钢管，使其穿透进入墙背土体内，将水通过引管引出，当修补混凝土或水泥达到一定强度后，再在钢管内压浆，将出水口封堵。并派人进行24h监护，防止地下水寻找新的漏水点，进行压力释放。并对新的漏水点及时发现，及时堵漏。

3）当渗水量较大、呈流状或者接缝渗水时，应立即进行堵漏。采取坑内坑外同时封堵的措施，坑内封堵按上述情况进行，坑外封堵采用在墙后压密注浆的方法。注浆压力不宜过大，减少对基坑的影响，必要时应在坑内回填土方后进行，待注浆到止水效果后，再重新开挖。

4）在第一时间通过监测单位进行密切检测。同时，加密监测频率，一天至少一次。

6.4.5 流砂及管涌的应急措施

（1）安全预防措施

1）开挖过程中对围护结构桩间等薄弱部位设专人监视。

2）若发现出现少量渗漏，应及时处理，先堵漏后开挖，防止渗漏点扩大。

3）加强量控监测、对量测数据进行评审对比，密切关注围桩的变形情况。

4）监测信息围护结构变形超过允许范围时，必须立即加密支撑，防止变形进一步扩大，遇薄弱环节错位开裂，出现渗水通道时，及时处理。

（2）应急措施

1）立即疏散险情现场作业人员，同时对可能造成影响的周边人员进行疏散。

2）在涌砂处打设注浆孔注浆加固；在涌水处采用浆砌片石围堰，边用抽水机将突水排出，然后回填干砌片石，注浆加固。

在基坑开挖过程中出现轻微的流砂现象，应及时堵涌并采取加快垫层浇筑或加厚垫层的方法"压住"流砂；对较严重的流砂应增加坑内降水措施，使地下水位降至坑底以下0.8~1m。降水是防止流砂最有效的方法。

造成管涌的原因很多，如是由于基坑围护桩墙下部未达设计标高，或者是围护墙体下部出现较大的孔洞，使地下水沿围护桩墙下部下孔洞渗入坑内。如发生此类管涌，应先在该桩墙位或桩墙背进行压密注浆或高压喷射注浆，保证其在开挖时不漏水，以堵住渗水点，如果管涌十分严重，也可在围护墙体后面再打一排钢板桩，在钢板桩与围护墙体之间进行注浆。

（3）具体防治措施

1）对渗水量较小，不影响施工周边环境的情况，可采用坑底设沟排水的方法。

2）对渗水量较大，但没有泥砂带出，造成施工困难，而对周围影响不大的情况，可采用"引渗-修补"方法，即在渗漏较严重的部位现在围护墙（桩）上水平（略向上）打入一根钢管，使其穿透围护墙体进入墙背土体内，由此将水从该管引出，而后将管边围护墙的薄弱处用防水混凝土或砂浆修补封堵，待修补封堵的混凝土或砂浆达到一定强度后，再将钢管拔出，并将出水口封堵。

3）对渗漏水量很大的情况，应查明原因，采取相应的措施：如漏水位置离地面较浅处，可将围护墙背开挖至漏水位置下 500～1000mm，在围护墙（桩）后用密实混凝土进行封堵。如漏水位置埋深较大，可在墙后采用压密注浆方法，浆液中应掺入水玻璃，使其能尽早凝结，也可采用高压旋喷注浆方法。

4）如现象条件许可，可在坑外增设井点降水，以降低水位、减小水头压力。

5）对轻微的流砂现象，采用加快垫层浇筑或加厚垫层；对较严重的流砂应增加坑内降水措施；坑内局部加深部位产生流砂，一般采用井点降水方法。

6.4.6 基坑土体失稳滑坡或坍塌的应急措施

（1）边坡失稳滑坡

对于深基坑工程而言，基坑边坡滑坡将导致围护结构破坏，一旦发生此类恶性事故，首先应组织周围人员撤离，在不危及人员安全前提下，对基坑边坡补强加密桩锚；如果不能补强，则应立即组织土方回填基坑塌方处，待基坑边坡稳定后，在边坡上浇筑钢筋网（或钢丝网）混凝土护坡，然后视情况继续施工或其他加固补强措施。

（2）出现土体坍塌现象

1）挖土作业时，必须有专门的指挥人员，并有现场检查小组随时观察边坡的稳定情况。当发现边坡出现裂缝、有滑动，首先应立即暂停该区域的挖土工作，将人员撤至安全地区，随后采取安全和消除措施。

2）将坡上边的物体搬走，卸除坡边堆载物。

检查坑内是否积水较多，加大抽水、排水力度，避免土体浸泡在水中。原本采用小型挖掘机或人工挖土的土块，改用其他方式挖，避免造成塌方、人员受伤、设备损坏等情况出现。

3）对按比例放坡开挖的部位，采用钢丝网混凝土护坡。

6.4.7 基坑坑底隆起的应急措施

一旦发现基坑底部隆起迹象，应立即停止土方开挖，并应立即加设基坑外沉降监测点，迅速回填土方或混凝土，直至基坑外沉降趋稳，方可停止回灌和回填。然后会同设计人员一起分析原因，采取以下防治措施：

1）检查坑底是否有积水，排干积水。

2）加快垫层施工。

3）坑外四周地面尽量卸载。

4）视现场情况，进行回填反压或进行坑底地基土加固。

6.4.8 围护桩墙位移超过报警值的应急措施

（1）围护桩顶位移

1）检查现场情况之前的施工记录，查找是否同时有其他险情或危险行为：比如围护桩是否渗水或在没有达到设计强度要求就进行土方开挖，土方是否没有按要求分块限时开挖、出现未支护先开挖情况等，一方面将有关情况及时反馈设计单位；另一方面现场各单位就原因进行分析。

2）增加人力、机械加快当前施工分块的施工速度，若土方尚未挖完，视情况加快速度挖完或立即停止，已挖区域的垫层应及时铺设，并尽快浇筑基础底板。

3）当发现围护墙体出现位移较大时，监测数据及时反馈到设计单位，并根据设计单位指令对围护体进行加固处理，监测单位需加强检测次数，并应对基坑周边的沉降及位移每隔 2h 测得一次数据。

（2）围护桩底部侧向变形

1）立即检查围护桩的混凝土冠梁面及基坑周边，查看是否有裂缝及其他异常情况并检查坑内外地下水位，如发现产生裂缝有地表下渗入至坑外土体，增加其侧压力产生的变形，立即采取对裂缝进行修补，对地表水进行排除。具体方法为在冠梁上部开挖一条小沟，用 PVC 管切成两片放置于沟内，然后用纯水泥封死，将地表水引流至不影响基坑处。并将当前相关监测结果和现场情况报告设计单位，与设计单位协商确定控制措施。

2）如果报警处围护桩周边地面有堆载物，应立即进行卸载直至全部搬除；在问题得到妥善处理前，禁止该侧施工车辆通过，减少施工动荷载。

3）如发现围护墙背土体沉陷，应设法控制墙嵌入土体部分的位移，现场可进行以下紧急措施：增设坑内降水设备，降低地下水；如条件许可，也可以坑外降水。如降水后水位超过报警值，应进行坑底加固、采用注浆、提高被动土区抗力。

4）基坑工程施工致使围护桩墙位移呈加速趋势，并引起邻近建筑物开裂及倾斜事故时，应根据具体情况采取下列处置措施：

①立即停止基坑开挖，回填反压。

②增设锚杆或支撑。

③采取回灌、降水等措施调整降深。

④在建筑物基础周围采用注浆加固土体。

⑤制定建筑物的纠偏方案并组织实施。

⑥情况紧急时，应及时疏散人员。

6.4.9 围护结构底部位移过大应急措施

（1）围护墙底部位移过大防治措施

在基坑土方开挖较深时，如发生围护墙（桩）下部位移较大，往往会造成墙背土体的沉陷，应设法控制围护桩（墙）嵌入部分的位移，着重加固坑底部位。采取的防治措施包括：

1）回填反压土。

2）增加桩、锚数量。

3）增设坑内降水设备降低地下水，条件许可时可在坑外降水。

4）进行坑底加固，如采用注浆、高压喷射注浆等提高被动区抗力。

5）坑底土方随挖随浇垫层，对基坑挖土合理分段；每段土方开挖到坑底后及时浇筑垫层。

6）加厚垫层、采用配筋垫层或设置坑底支撑。

7）如支护结构位移较大可采用增设大直径桩、锚进行加固。

（2）基坑底部大幅度变形防治措施

1）监测每道加劲桩内力和围护墙变形情况，一旦发现变形速率及变形值增大，应立即停止开挖，并根据变形的部位和原因采取加强、加密加劲桩、施加预应力和其他相应的有效措施。

2）监测基坑隆起变形情况，及时按需要抽取承压水，防止基坑底部隆起。

3）雨期施工做好截水排水措施，做好土坡封闭，防止地表水深入开挖坑内并及时排出基坑内积水。

4）严格按照设计分层、对称、均衡开挖，限时开挖土方。

5）认真做好基坑降水和地基加固施工，开挖前检查质量；如满足不了设计和规范要求，应重新加固直至达到要求，严禁带隐患开挖施工。

6.4.10　支撑施工事故的应急措施

（1）围护结构出现渗漏水现象

由于围护体结构的特殊性，在基坑土方开挖过程中，单幅墙体连接处，接缝渗水的处理要事先组织防水堵漏班组，随土方开挖的深入随时进行封堵、导流，以防基坑开挖深度的增加，因渗漏而造成基坑外部水土流失，直接造成坑外周边建筑物、地下管线、道路的变形加剧。因此务必引起高度重视，必须对围护体渗漏水进行随挖随封堵，确保开挖后基坑无明水渗漏。具体方法有采取接缝打凿清理后，用双快水泥堵漏剂结合导流管进行封堵。

围护体系出现较大渗漏水时，尽量采用正面封堵的形式堵漏；必要时可经过专家论证后，提出方案：在不影响周围环境的情况下，利用基坑内填塞和基坑外速凝、双液、低压注浆方法补漏水点。如果渗漏点位于开挖面以下，以管涌形式出现，则在坑底注浆和基坑外注浆结合的方式修补渗漏点，并且加厚该部位的垫层。

（2）围护结构和支撑的受力与变形速率变化过大

由于基坑内土方开挖，造成基坑内支撑应力增大，使基坑围护结构和支撑的受力与变形速率变化突然增大，基坑出现险情。对此情况，一是放慢挖土施工进度；二是根据位移量的大小采取注浆，坑内回填、坑外卸载等措施进行坑内加固，确保基坑安全。

6.4.11　挖土施工引发险情时应急措施

当挖土施工引发下列险情时，应针对不同的险情，采取相应的应急措施，相应措施方法见前述应急处置方法：

1）基坑环境监测数值（围护）水平位移、变形，当日内有一项或多项发生突变时。
2）结构柱弯曲变形。
3）混凝土支撑经碾压变形。
4）围护桩位移偏大。
5）周围建筑物及周边地表不均匀沉降及塌陷。
6）围护墙体背后土体隆起导致另一侧土体不均匀沉降。
7）基坑土体开挖后引起变化速率加大，回弹变形过大。
8）发生流砂和管涌。
9）基坑周围建筑物和管线出现不均匀沉降。

6.4.12　周边建筑物出现险情时的应急措施

深基坑工程引起邻近地面道路、建（构）筑物开裂及倾斜事故时，应根据具体情况采取下列处置措施：

1）立即停止基坑开挖，回填反压。
2）增设锚杆或支撑。
3）采取回灌、降水等措施调整降深。
4）在周边建筑物基础周围采用注浆加固土体。
5）制定建筑物的纠偏方案并组织实施。
6）情况紧急时应及时撤离、疏散人员。

6.4.13　邻近管线、管道事故应急措施

在开工前的环境调查时，应了解周边地下各种管线及阀门的正确位置和管线主管单位及通信方式，一旦地下管线发生破裂，产生喷水、喷气、漏电等状况时，必须立即关闭阀门，以防事态进一步扩大。如果不知道地下各种管线和阀门的位置，应立即向消防和水、电、气等管线主管单位报警，及早采取措施，防止事故进一步扩大。

施工过程中出现施工引起邻近地下管线破裂，应采取下列应急措施：

1）立即关闭危险管道阀门，采取措施防止产生火灾、爆炸、冲刷、渗流破坏等安全事故。
2）停止基坑开挖，回填反压、基坑侧壁卸载。
3）及时加固、修复或更换破裂管线。

具体包括：

① 施工中因操作不当造成现况上水管道破裂、电缆破坏、通信管道等而出现险情时，施工人员必须及时报告给项目经理部的主管经理。项目经理部的主管领导必须立即报告公司主管经理，及时到场指挥、组织排险。项目经理必须根据实际情况立即组织制定应急响

应措施，立即组织抢险队按预定分工到场，实施应急响应措施。

② 施工中因操作不当造成燃气管道或其他设施发生火灾事故或爆炸事故时，必须及时报告给项目经理部的主管经理。项目经理部的主管经理必须立即报告公司主管经理，及时到场指挥、组织排险。项目经理必须根据实际情况立即按应急响应措施执行，并拨打 119 电话向消防队报告火警，讲清火灾发生所处地区位置和具体地点、燃烧介质、火势规模、电话联系人等，同时派人到路口等待、领路，在与消防队联系的同时，项目经理部主管经理立即组织抢险队按预定分工到场抢险，组织扑救，实施应急响应措施，控制火灾的蔓延而殃及其他设施。火情发生时，必须及时切断电源，并按预定的分工实施灭火，项目部领导小组及时疏散人员、物资、机械设备，尽最大努力减少生命财产损失和环境污染等。

③ 出现事故后项目经理部立即通知有关管线（网）主管部门到场抢修；若有人员受伤等必须及时通知医疗单位到场救护人员或组织对伤员的输送救治。

④ 项目经理部应设专人保护现场，协助有关线（网）主管部门进行抢修，并协同交通部门疏导交通，在抢险中为抢修部门提供必要的人力、物资支援，协助维护现场秩序。

在事故得到控制以后，则由水、电、气等管线主管单位负责加固、修复或更换破裂管线等工作，基坑施工单位做好配合工作。

6.4.14　采取的其他管理措施

1）围护结构强度达不到现场实际要求，导致基坑位移大大超过设计要求时，第一时间通知业主、设计、监理单位，经四方商讨后，由设计院出具补救方案。

2）暴风雨天气到来之前，首先对塔吊进行安全检查，如不符合安全标准，则立即进行抢修、加固；对大体积堆放土体用土工布进行覆盖，防止土体塌方；准备多台大功率水泵，及时抽空基坑内的水。

3）紧急事故发生后，项目经理部应会同责任部门查找、分析事故原因，24 小时以内写出《紧急事故处理报告》，并备案，针对导致发生事故的原因，采取纠正措施，经主管领导审批后予以实施，

4）项目经理部按其职责分工，对责任部门采取处理情况和实施效果进行监督、检查，并验证实施效果。

5）现场恢复

充分辨识恢复过程中存在的危险，当安全隐患彻底清除，方可恢复正常工作状态。

6）预案管理与评审改进

施工单位对应急预案至少进行一次评审，针对施工的变化及预案中暴露的缺陷，不断更新完善和改进应急预案。

第7章 基坑工程应急抢险案例分析

根据应急抢险的事故原因，本章选取典型基坑案例（以广州案例为主）进行分析，并提供相应的应急抢险措施。

7.1 整体失稳案例（一）

（1）工程概况

海珠城广场基坑周长约 340m，原设计地下室 4 层，基坑开挖深度为 17m。该基坑东侧为江南大道，江南大道下为广州地铁二号线，二号线隧道结构边缘与本基坑东侧支护结构距离为 5.7m；基坑西侧、北侧邻近河涌，北面河涌范围为 22m 宽的渠箱；基坑南侧东部距离海员宾馆 20m，海员宾馆楼高 7 层，采用 ϕ340 锤击灌注桩基础；基坑南侧两部距离隔山一号楼 20m，楼高 7 层，基础也采用 ϕ340 锤击灌注桩。基坑南侧土钉墙支护部分地质条件见图 7-1。

该工程地质情况从上至下依次为：填土层，厚 0.7～3.6m；淤泥质土层，层厚 0.5～2.9m；细砂层，个别孔揭露，层厚 0.5～1.3m；强风化泥岩，顶面埋深为 2.8～5.7m，层厚 0.3m；中风化泥岩，埋深 3.6～7.2m，层厚 1.5～16.7m；微风化岩，埋深 6.0～20.2m，层厚 1.8～12.84m。

（2）基坑支护设计

东侧（紧邻地铁）采用密排人工挖孔桩（ϕ1200@1500）加三道钢管斜支撑（标高−5.8m/−11.4m/−16m），第一、二道用 5 根钢管斜撑，第三道改为 3 根钢管斜撑；南侧采用加强型土钉墙加二道预应力锚索（标高−3.9m/−5.9m）；西侧（紧邻马涌）采用"吊脚"密排人工挖孔桩（桩长 10m 未嵌固）加二道预应力锚索（标高−4m/−8m）。北侧（紧邻马涌渠箱箱底标高−7.12m）采用加强型土钉墙，一道预应力锚索（标高−4.8m）。基坑支护设计的平面布置图及南侧土钉墙支护剖面见图 7-2、图 7-3。

该基坑在 2002 年 10 月 31 日开始施工，2003 年 7 月施工至设计深度 15.3m，后由于上部结构重新调整，地下室从原设计 4 层改为 5 层，地下室开挖深度从原设计的 15.3m 增至 19.6m。由于地下室周边地梁高为 0.7m。因此，实际基坑开挖深度为 20.3m，比原设计挖孔桩桩底深 0.3m。

新的基坑设计方案确定后，2004 年 11 月重新开始从地下 4 层基坑底往地下 5 层施工，2005 年 7 月 21 日上午，基坑南侧东部桩加钢支撑部分最大位移约为 40mm，其中从 7 月 20 日至 7 月 21 日一天增大 18mm，基坑南侧中部喷锚支护部分，最大位移约为 150mm。

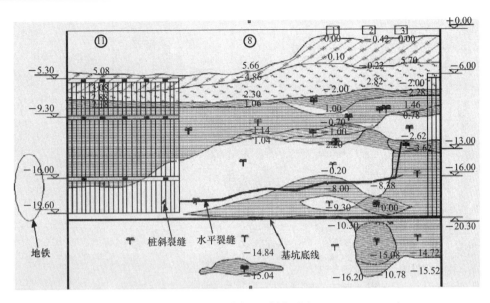

图 7-1　南侧地质剖面图

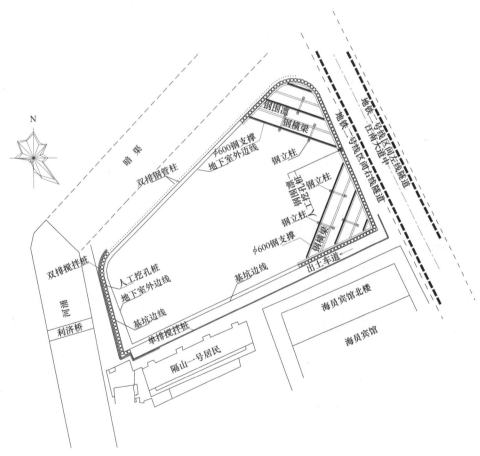

图 7-2　基坑支护平面图

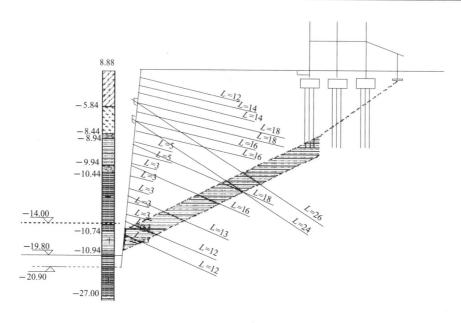

图 7-3　支护结构及滑动面示意图

（3）事故过程

根据现场了解，事故前三天有如表 7-1 所记录的征兆：

事故前征兆表　　　　　　　　　　　　　　　　　　　　　表 7-1

7 月 19 日		突变 9mm，口头通知有关方，依例 3d 后再测时交书面报告
7 月 20 日		海员宾馆配电房墙斜裂缝迅速发展
7月21日	9：30	海员宾馆报告：电房墙斜裂缝 21 日晨突增 1cm 多，二楼有水管掉下，电房门打不开，外墙与地面突裂 18mm，平行坑边约 20m 长；未反映西段变化
	11：30	坑顶 25t 汽车吊车、勾机、16m³ 泥头车撤离
	11：40	坑底斜撑处倒数第 4～5 桩底出现斜裂缝，往外错动 10mm，离坑底约 1.5m；南侧喷锚面出现通长水平裂缝，离坑底东约 1.5m 西约 3.5m 高；继续反压土；钢构件抖动厉害，工字钢腰梁下掉土，钢管支撑开始往下掉
	12：10	出现"啪"声响，索片射出，有人说"锚索坏了"，"啪"声间隔为 1～2min，后加快；二台挖掘机司机迅速向北侧撤离，撤离之际，轰然一声基坑垮塌
	12：27	基坑垮塌。前后约 1～2min，从第一声响到垮塌约 10min

图 7-4 是事发当日下午拍的事故现场全貌，图中左上方海员宾馆外墙框架仍在，但东侧已出现贴面砖 45°斜向爆裂，晚上 12 时左右外墙框架垮塌。

图 7-4　基坑坍塌全景（图上方为南向）

南侧东端钢斜支撑全部脱落，未倒支护桩像大门一样被推开，桩后岩体呈直立状；南侧西端破坏的腰梁呈弧形，所见锚头变化不大，－4 层结构顶板处（约－16m）见喷锚面爆裂呈水平向大裂缝并迅速呈 90°向上发展直达地表，延伸到坑顶平房裂塌处。

2005 年 7 月 21 日 12 时左右，在广州海珠区江南大道南珠城海广场深基坑发生滑坡，导致 3 人死亡，4 人受伤，地铁二号线停运近一天，7 层的海员宾馆倒塌，多加商铺失火被焚，一栋 7 层居民楼受损，三栋居民被迫转移，上面是事故照片。

（4）事故原因分析

东侧（紧邻地铁）采用密排人工挖孔桩（$\phi1.2@1.5m$）加三道钢管斜支撑（－5.8m/－11.4m/－16m），第 1、2 道用 5 根钢管斜撑，第 3 道抽掉 2 根改为 3 根钢管斜撑（图中粗线条所示）。

南侧采用加强型土钉墙，二道预应力锚索（－3.9m/－5.9m）。

西侧（紧邻马涌）采用"吊脚"密排人工挖孔桩（桩长 10m 未嵌固）加二道预应力锚索（－4m/－8m）。

北侧（紧邻马涌渠箱箱底标高－7.12m）采用加强型土钉墙，一道预应力锚索（－4.8m）。

故此，基坑施工有两个阶段：

第一阶段——2002 年 11 月到 2003 年 6 月，开挖到－16m 停工；

第二阶段——2004 年 11 月到 2005 年 7 月 21 日，开挖到－20.3m，正在西段进行地下室结构施工时基坑垮塌。

两个阶段之间停工 1 年 5 个月。图 7-5 是整个施工过程的坑顶位移示意图。

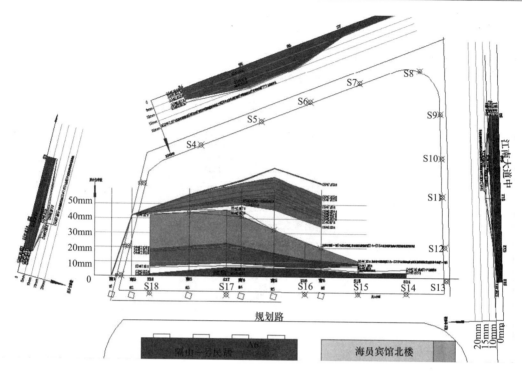

图 7-5　坑顶位移曲线示意图

坑顶位移变形曲线有以下特征：

1）开挖到-16m 后的 1 年 5 个月（近横轴深色部分）

① 除南侧西段有缓慢位移外（白色部分），其余各侧变形甚微，曲线平稳，位移量在 5mm 范围，可以认为基坑基本稳定。

② 钢支撑范围变形甚微，在 5mm 左右变化。

③ 西侧邻马涌段桩锚支护，变形甚微，亦在 5mm 左右。

2）第二施工阶段

① 南侧变化明显，变形曲线凸显复杂，变形幅度、速率远远超过其他各侧。

② 总体看，桩撑、桩锚支护变形小，土钉墙支护变形大。

3）随着施工从西向东进行，细看南侧变形曲线（图 7-6）有以下特征：

① 自 03 年 6 月开挖到-16m 后，如上所述，到 04 年 11 月 8 日停工 1 年 5 个月的期间，曲线有缓慢变化，总体比较均匀，位移增量在 5mm 左右，基坑基本稳定。

② 自 04 年 11 月进入第二施工阶段，从-16m 由西向东继续往下开挖时，南侧土钉墙范围变形曲线出现二个"喇叭型"变化：

a. 图左（西）侧 2004 年 11 月 9 日～12 月 24 日近 2 个月变形，已超过以往两年变形的一倍以上，且 12 月 24～2005 年 1 月 2 日元旦前后加大爆破力度时影响明显，变形突变 26mm，曲线上抬出现第一个"喇叭型"。

b. 图右（东）侧随元旦前后加大爆破力度时变形影响明显外，2005 年 3 月 3 日又出现 15mm 突变，曲线上抬出现第二个"喇叭型"。

③ 在两个"喇叭型"之后，曲线发展稳定了下来。但位移最大在基坑跨中的"南5"点。

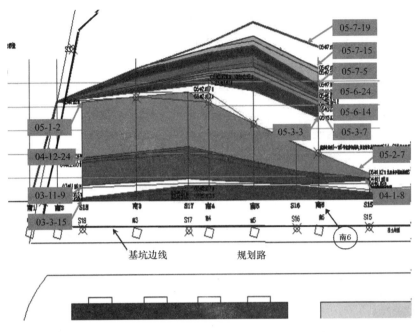

图 7-6　南侧位移变化发展图

这二个"喇叭型"以及随后曲线出现的稳定，是由于发现变形突变征兆后，有关各方按"动态设计信息化施工"原则作了加固处理。加固处理采取坡顶卸土、注浆，坡体增加四排锚索等综合处理措施。（图 7-7 腰梁以下粗线条即为增加的四排锚索及土钉）之后，曲线一直处于稳定，出现了 2005 年 3 月 7 日～5 月 13 日的稳定期。但施工尚未结束，开挖仍在向东进行。

④ 6 月 14 日之后，第二个"喇叭型"曲线再度明显上抬。

6 月 14 日之后，监测数据开始发生异常变化，曲线右段在沉寂了一段时间后，又开始上抬。

再细看变形较大位置附近"南 6"点的位移在这段关键时间的发展变化。（表 1）"南 6"点从 05 年 2 月 28 日起至 7 月 19 日（事故发生前 3 天），计 141 天的位移发展变化如表 7-2、图 7-7 所示。

"南 6"点位移表　　　　　　　　　　表 7-2

日期	位移（mm）	增量（mm）	间隔日	变形速率（mm/d）	阶段
2/28/2005	0	0	0		A
3/3	15	15	3	5	
3/7	20	5	4	1.25	
3/10	20	0	67	0	B
5/13	20	0			
6/14	24	4	32	0.125	C

续表

日期	位移（mm）	增量（mm）	间隔日	变形速率（mm/d）	阶段
6/24	26	2	10	0.2	
7/5	29	3	11	0.273	
7/15	36	7	10	0.7	D
7/19	45	9	4	2.25	
7/21	事故发生				

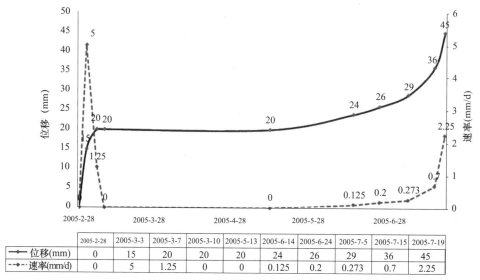

	2005-2-28	2005-3-3	2005-3-7	2005-3-10	2005-5-13	2005-6-14	2005-6-24	2005-7-5	2005-7-15	2005-7-19
位移(mm)	0	15	20	20	20	24	26	29	36	45
速率(mm/d)	0	5	1.25	0	0	0.125	0.2	0.273	0.7	2.25

图 7-7 "南 6"位移、速率示意图

在这 141 天的位移发展变化中，可分为四个变形阶段：

A 阶段（2.28～3.7 日 7 天）——变形较大阶段，平均速率前 3 天突增到 5.00mm/d 后 4 天下降到 1.25mm/d；

B 阶段（3.7～5.13 日 67 天）——变形稳定阶段，平均速率下降到 0 mm/d；

C 阶段（5.13～7.5 日 53 天）——变形缓慢上升段，平均速率增加到 0.125、0.200、0.273 mm/d；

D 阶段（7.5～7.19 日 14 天）——变形突增段，平均速率由 0.273 mm/d 增加到 0.700、2.250mm/d。

如前所述，A 阶段突变之后采取了加固措施，使基坑回归到稳定状态，并赢得了 B 阶段两个多月时间的稳定期。但好景不长，C 阶段及之后位移变形扶摇直上：

⑤ 13 日到 6.14 日 32 天增加了 4mm，平均速率由 0 上升到 0.125mm/d。

⑥ 14 日到 6.24 日 10 天增加了 2mm，平均速率由 0.125 上升到 0.200mm/d。

⑦ 再过 11 天增加了 3mm，平均速率增加到 0.273 mm/d，速率增加 1.37 倍。

⑧ 再过 10 天到 7.15 日又增加了 7mm，平均速率增加到 0.700 mm/d，速率突增

2.56 倍。

⑨ 到 7.19 日仅过了 4 天增加了 9mm，平均速率增加到 2.250 mm/d，速率突增 3.21 倍。

这是一连串的危险信号。

监测方发现变形突变 9mm 即感不妙，迅速口头向业主方报告了这微小的 9mm 变形，但直到两天后基坑垮塌，相关方并没有采取任何措施。既没有认真地对待这 9mm 的变形，也没有认真地系统地分析近两个多月来，尤其是近一个月来的这一系列突变的情形。

项目现场并无人察觉危险正在一步步逼近，白白流失了两个多月的宝贵时间；也疏漏了 7 月 19 日这个最后的警示日子——甚至没有及时组织人员撤离——终于导致"7.21"基坑垮塌、人员伤亡的重大事故。

需要指出的是，我们从相应位置的沉降观测数据曲线，也明显看到这种"喇叭型"现象（图 7-8）。事发两天前"南 6"点沉降突增 14mm 达 70mm，离基坑近 20m 的住宅楼、海员宾馆（均为桩基础）沉降突增 5mm 沉降达 17～26mm。（曲线的发展态势可参见图7-8）。

C、D 阶段基坑力学动态的"脉搏"跳动如此明显加速，如果能及时捕捉这些征兆，回答"正在发生什么，将会发生什么"这两个问题，灾难还会发生吗？

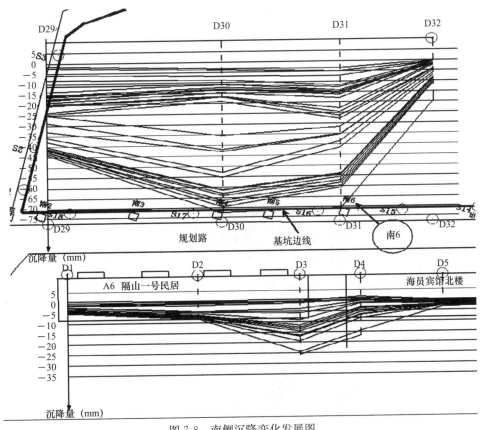

图 7-8　南侧沉降变化发展图

（5）基坑垮塌的内在根源

图 7-6 是事发当日下午拍的事故现场全貌，图左上方海员宾馆外墙框架仍在，但东侧已出现贴面砖 45°斜向爆裂，晚上 12 时左右外墙框架垮塌。

基坑位于广州江南大道与江南西路十字路口的西南角，基坑周长约 330m，基坑开挖深度为 20.3m（包括地基梁），垮塌侧为南向，基坑东侧（图左）距地铁二号线隧道结构边线为 5.7~6.6m（隧道结构底埋深约 20m 与坑底标高接近）；南侧距 7 层海员宾馆（左边大楼锤击灌注桩基础）和 7 层住宅楼（右边大楼锤击灌注桩基础）约 16~20m；西侧（图右）距马涌约 4~6m；北侧紧贴基坑边为马涌渠箱部分。

1）事故现场有下列明显特点：

① 南侧破坏，其余各侧无明显变化，滑坡体基本对称。

② 南侧东端（图左上方）钢斜支撑全部脱落，未倒支护桩像大门一样被推开，桩后岩体呈直立状（图 7-9）。

③ 南侧西端（图右上方）破坏的腰梁呈弧形，所见锚头变化不大，锚索下可见破碎岩块；负 4 层结构顶板处（约−16m）的喷锚面爆裂呈水平向大裂缝（图 7-10），并迅速呈 90°向上发展直达地表，延伸到坑顶平房裂塌处；滑裂面上可见破碎岩块。竖向剪断处恰好在 2 号~3 号钻孔之间的中微风化界面附近。

④ 坡体前端位置近基坑中心，可明显看见整体下滑尚直立的破碎岩块（图 7-11）。直立岩块东端（左向）近桩撑支护与土钉墙支护结合部（图 7-12）。

⑤ 东侧（图左）支护桩"吊脚"（即无嵌固），钢管斜支撑全部脱落但未失稳。

⑥ 西侧（图右）原吊脚桩支护锚索无变化，未见马涌水渗漏。

⑦ 宾馆与住宅楼外框架基桩局部破坏，两楼之间最严重，道路下方脱空，管线拉断，当晚 12 时左右宾馆外框架垮塌。

⑧ 住宅楼南墙外临时搭建房天然地基下沉开裂，与主体分离。

图 7-9 南侧东段支护桩被推开

图 7-10　南侧西段-4 层结构顶板处（约－16m）滑裂面大裂缝

图 7-11　滑坡体前端可见直立破碎岩体

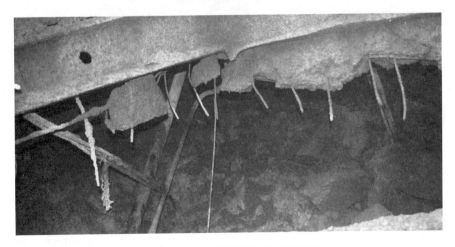

图 7-12　西侧喷锚面下可见破碎岩块

2）这就向我们提出了问题：

① 为何基坑南北侧均 6~7m 深的位置见岩，支护结构相似，均为加强型土钉墙，南侧二道预应力锚索而北侧一道预应力锚索，但变形发展隽异，最终南侧破坏而北侧稳定。

② 第一施工阶段开挖到 −16m 时基坑各侧基本稳定，第二阶段继续下挖时，东、西、北侧基本稳定，唯南侧变形不止，复杂多变；（垮塌后东、西、北侧变形仍然甚微）。

值得一提的是，东侧 6m 外为运行中的地铁，钢支撑退出工作，支护桩已无嵌固紧贴坑边，20.3m 的直立深坑没有垮塌，变形甚微，乃地铁不幸中之大幸。

3）有人称岩土工程是门艺术，又比喻工程经验丰富的岩土工程师为"老中医"，是基于他们的思维方式有某种相似性。中医有说法"有诸内必形诸外，有诸外必根诸内"，也即是说，各种内在的变化，一定会在事物的外表有所反映，外表的异常来源于内在的区别。"7.21"事故的位移变形发展变化曲线，有如基坑力学动态的"脉搏"，我们应该随"脉搏"去探求其内在的根源，以回答上述问题。

① 基坑场地的地层特点及其特殊性

场地地质有下列特点：

a. 根据钻探资料，场地第四纪覆盖层薄，6~7m 深的位置见岩，诸多钻孔揭露岩层软硬层交替出现，近马涌侧更甚，表示近马涌侧风化更强烈。

b. "南侧地质剖面图"可见（图 7-13），−13~−16m 之间有一大块相对完整的微风化岩体，上下有明显的中强风化软弱层面；西段稍复杂，−13m 处有一层强风化软弱夹层，其上又出现一层相对完整的微风化岩体，2 号、3 号钻孔 −13~−16m 之间微风化岩体有过渡带（正是喷锚面竖向裂缝位置处），总体上西段明显破碎。

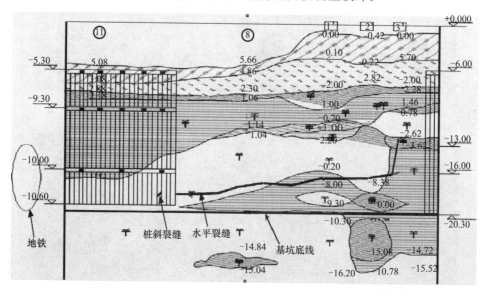

图 7-13　南侧地质剖面图

c. "遥感基岩分布图"可见（图 7-14），本场地位于珠江向斜南翼，岩性为白垩系三水组泥质粉砂岩，泥钙质胶结，岩层走向与基坑东西向基本平行，倾向北西，倾角 20°~35°，开挖期间实测倾角 25°。

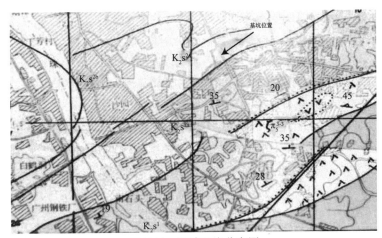

图 7-14　遥感基岩分布图

场地④西南约 1km 有条平移断层，断距近 1000m，发生过剧烈的构造运动（出现燕山期花岗岩侵入），平移断层带来扭转，附近岩层构造裂隙发育；马涌穿过场地，地下水丰富，岩体强烈风化。

本场地的特殊性就在于岩性差，泥质粉砂岩，泥钙质胶结，遇水易软化；近马涌，具备良好的水文条件；在平移断层附近，构造裂隙发育；基坑南侧倾向不利，倾角大。诸多钻孔揭露岩层软硬层交替出现，近马涌侧更甚，这正是以上特殊性的体现。

② 裂缝位置与岩层界面吻合

施工开挖期间证实一13m 有中、强风化明显界面，裂隙发育，岩体破碎，爆破施工过程中发现局部界面有泥浆缓缓流出；—16～—19.6m 岩层不稳定。

在第二阶段施工开挖过程中，反复出现超过—16m 线即变形加大，回填到—16m 又回复稳定的现象。显然与—16m 中微风化层面有关：超过—16m 后其上的微风化完整岩体迎空面加大，易沿其下软弱层面滑动。

现场施工人员在事发当日上午垮塌前几个小时，看见一条西高（约 3.5m）东低（约 1.5m）横贯喷锚面的大裂缝，可伸入拳头，其位置正好在—16～—19.8m 之间的中微风化层面附近，与微风化完整岩体西高东低吻合（图 7-13）。图中—16m 处横贯喷锚面大裂缝的剩余部分即是实证。图中还可见到喷锚面在此处竖向剪断，基坑未垮到端头，大裂缝向上了。这可能与 2 号、3 号孔之间有岩体过渡的节理裂隙风化面有关；且西段最先加固，经受过长时间考验，效果较好，图中可看到第一个"喇叭型"之后变形一直稳定。

③ 事故前三天征兆证实不同支护结合部先失稳

从事故前三条的征兆可以得出以下判断：

a. 7 月 19 日监测发现突变 9mm 后，变形速度继续加快，地面严重沉降，外墙与地面严重分离，宾馆桩基础下沉，墙斜裂缝突增，而住宅楼西段无显著变化。尽管西段地层明显破碎，最先失稳不在西段。

b. 7 月 21 日上午地面沉降更趋严重，支护桩近坑底发现斜裂缝，喷锚面出现通长水平裂缝，钢构件抖动剧烈，支撑往下掉，锚索失稳。说明基坑在桩撑支护与土钉墙支护结合部开始失稳，再向东向西发展。

c. 锚索失稳由东向西发展，出现"多米诺骨牌"效应。

综观基坑整体变形发展曲线可以发现，桩撑范围变形小，土钉墙范围变形大，这是合理的。第二个"喇叭型"曲线发展中，141 天的时间变形 45mm 加上以往变形，在不同刚度支撑结合部的桩撑支护是不可能接受的，必然使这二种不同刚度的支护之间进行应力调整，其结果必然使刚度大的钢管支撑压力迅速增加，不堪重负，这与事发前现场钢管支撑抖动剧烈、腰梁下掉土、支撑下部桩出现斜裂缝情况相符。

事故后进行的数值反演分析亦发现，当考虑 25°倾角及软弱夹层时，入岩后的第三道支撑（−16m）无论是结构荷载模型计算还是地层模型计算的支撑力，均已超过了钢管本身的承载力，即使不计入荷载分项系数 1.25 及基坑重要性系数 1.1，第三道支撑均会屈服失稳。当支撑本身已无富余承载力可言时，加上支护不同刚度应力调整，钢管应力加码，再加上当时地面施工设备的超载，支撑抖动剧烈，失稳下掉也是合理的。

如果从垮塌范围剖面示意图中，在−16～−19.6m 的范围内以 25°倾角为假定滑动面（图 7-3）其滑弧顶影响线恰恰到住宅楼墙外临建房范围，现场坡顶最后的裂缝正在这个位置，也证实存在这个滑动面。

④ 南侧垮塌的内在根源

根据基岩遥感图、现场开挖对岩层产状的实测以及事故现场破坏特征，结合监测位移曲线发展变化过程，可以判断南侧是岩体顺层滑动破坏，而且是−16m 以上基本完整的微风化岩体沿着其下的层面滑动，绝不是第四纪覆盖层的坍塌。

之所以在南侧发生，在于场地基岩产状走向基本与基坑平行，南侧是顺坡，北侧是逆坡，东、西侧与走向正交，不存在岩坡；南侧顺坡且岩体裂隙发育风化强烈，加上存在软弱结构面等不利因素相互交集，是造成本次基坑垮塌的内在根源。其余各侧一直稳定，在于它们处于比较稳定的构造上。

（6）事故经验总结

1）设计、施工安全性报告控制：初步设计阶段施工单位应制定深基坑设计、施工安全性报告。安全性报告应通过专家评审。

2）支护结构和土体加固工程施工安全质量控制：地下连续墙、SMW 工法、钢或混凝土支撑等基坑支护结构和土体加固施工中涉及安全性能的重要工序的施工质量应满足法规标准和设计要求。

3）安全管理人员监管：作业时，施工单位专职安全生产管理人员应在现场进行管理。

4）基坑临边防护：基坑四周、操作平台等临边处应设置防护栏杆，应牢固可靠。

5）立体交叉作业控制：当应用土代模浇筑混凝土支撑，支撑下的土方开挖后，施工单位应及时清除支撑下黏结的土石。上下层立体交叉作业时，应设置隔离设施。

6）施工进度控制：施工单位报送的进度计划应满足基坑安全性要求。

（7）深基坑事故防范经验

1）对深基坑工程特点应有深刻的认识，基坑工程时空效应强，环境效应明显，挖土顺序、挖土速度和支撑速度对基坑围护体系受力和稳定性具有很大影响。

施工应严格按经评审的施工组织设计进行，应及时安装支撑（钢支撑），及时分段分块浇筑垫层和底板，严禁超挖。深基坑围护结构设计应方便施工，施工应有合理工期。

2）基坑工程不确定因素多，应实施信息化施工。

监测点设置应符合规范和设计要求。监测单位应认识科学测试，及时如实报告各项监测数据。项目各方要重视基坑的监测工作，通过监测施工过程中的土体位移、围护结构内力等指标的变化，及时发现隐患，采取相应的补救措施，确保基坑安全。

3）有多道内支撑的基坑围护体系应加强支撑体系整体稳定性。考虑到基坑工程施工中，第一道支撑可能产生拉应力，建议第一道支撑采用钢筋混凝土支撑。

对钢支撑体系应改进钢支撑节点连接型式，加强节点构造措施，确保连接节点满足强度及刚度要求。施工过程中应合理施加钢管支撑预应力。应明确钢支撑的质量检查及安装验收要求，加强对检查和验收工作的监督管理。

4）岩土工程稳定分析中，要合理选用分析方法。

抗剪强度指标的选用，与其测定方法、安全系数的确定要协调一致。在土工参数选用时应综合判断，并结合地区工程经验，合理选用。

作为施工方，在有条件的情况下应对设计进行适当的验算，在此基础上提出合理化建议，优化施工组织设计，确保深基坑的安全和实现效益最大化。

5）施工中应加强基坑工程风险管理，建立基坑工程风险管理制度，落实风险管理责任。

每个环节都要重视工程风险管理，要加强技术培训、安全教育和考核，严格执行基坑工程风险管理制度，确保基坑工程安全。

6）加密监测要求。①测点布置：监测基准点必须布置在基坑的影响范围以外的基础上，距离基坑边不得小于 3～5 倍的基坑开挖深度。②监测频率：可根据施工进程确定各项监测的时间间隔，在开挖期间对于边坡土体顶部的水平位移还有支护结构侧移必须每周监测的次数不少于一次；当开挖深度增大或监测结果变化速率较大时，应加密观测次数。当有事故征兆时，应连续监测。③监测时限：监测工作必须从基坑开挖之前进行，直至完成地下室结构施工至 ±0.00 和基坑与地下室外墙之间的空隙回填，但对于基坑工程影响范围内的建（构）筑物、道路、地下管线的变形监测应适当延长。④监测报警值：支护形式为桩锚支护时，基坑支护结构水平位移报警值为 25mm，控制值为 30mm，周围地面沉降变形报警值为 25mm，控制值 35mm；支护形式为放坡时，基坑支护结构水平位移报警为 25mm，控制值为 35mm。

7）明确应急抢险原则，强调抢险施工不应引起次生灾害或加剧险情。①以人为本，安全第一。把保障公众的生命安全和身体健康、最大程度地预防和减少突发事件造成的人员伤亡作为首要任务②统一领导，分级负责。在党中央、国务院的统一领导下，各级党委、政府负责做好本区域的应急管理工作。③预防为主，防救结合。贯彻落实预防为主，预防与应急相结合的原则。④快速反应，协同应对。加强应急队伍建设，加强区域合作和部门合作，建立协调联动机制，形成统一指挥、反应灵敏的应急管理快速应对机制。⑤社会动员，全民参与。发挥政府的主导作用，发挥企事业单位、社区和志愿者队伍的作用，依靠公众力量，形成应对突发事件的合力。⑥依靠科学，依法规范。采用先进的救援装备和技术，充分发挥专家作用，实行科学民主决策，增强应急救援能力。

8）满足抢险启动和消除险情的条件要求。

（8）结论

1）"721" 基坑坍塌事故发生在基坑南侧的根源在于岩层的产状，以及岩性及构造的特殊性；南侧处于较不利的倾向上。对于深大的基坑，要考虑构造，判断岩层产状的影响。当岩层倾角较大，倾向不利，岩体破碎及存在软弱结构面时，极有可能沿结构面失稳，应进行岩层稳定性验算，尤其是喷锚支护基坑。

2）对于深大的基坑，必须设深层位移监测项目，并严格按照规范要求项目进行严密监测，本工程未进行深层位移监测（测斜）、锚索拉力以及钢管支撑轴力监测数据，这是个缺陷。

3）"吊脚桩" 对基坑而言，当岩体稳定时是可以应用的。"721" 基坑坍塌事故的关键不是 "吊脚桩"，而是南侧喷锚支护部位整体失稳。

4）不管基坑支护采取何种形式，也不管地质条件及周边环境如何复杂，了解基坑力学动态最直观的方法，就是基坑开挖过程中的各种监测，基坑的稳定性总能从位移的发展变化中体现出来，监测是基坑安全不可或缺的环节。

5）对 "超期服役" 的基坑应进行安全监测，必要时进行加固。

7.2 整体失稳案例（二）

（1）事故概况

2008 年 11 月 15 日下午 3 时 15 分，正在施工的杭州地铁湘湖站北 2 基坑现场发生大面积坍塌事故，造成 21 人死亡，24 人受伤（截至 2009 年 9 月已先后出院），直接经济损失 4961 万元。

经调查，事故直接原因是施工单位违规施工、冒险作业、基坑严重超挖；支撑体系存在严重缺陷且钢管支撑架设不及时；垫层未及时浇筑。监测单位施工监测系统失效，施工单位没有采取有效补救措施。

（2）杭州地铁深基坑事故工程简介

杭州地铁事故基坑（图 7-15），长 107.8m，宽 21m，开挖深度 15.7~16.3m。设计采用 800mm 厚地下连续墙结合四道（端头井范围局部五道）ϕ609 钢管支撑的围护方案。地下连续墙深度分别为 31.5~34.5m。基坑西侧紧临大道，交通繁忙，重载车辆多，道路下有较多市政管线（包括上下水、污水、雨水、煤气、电力、电信等管道）穿过，东侧有一河道。

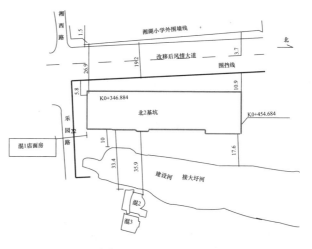

图 7-15 基坑平面图

基坑土方开挖共分为 6 个施工段，总体由北向南组织施工至事故发生前，第 1 施工段完成底板混凝土施工，第 2 施工段完成底板垫层混凝土施工，第 3 施工段完成土方开挖及全部钢支撑施工，第 4 施工段完成土方开挖及 3 道钢支撑施工、开始安装第 4 道钢支撑，第 5、6 施工段已完成 3 道钢支撑施工、正开挖至基底的第 5 层土方同时，第 1 施工段木工、钢筋工正在作业；第 3 施工段杂工进行基坑基底清理，技术人员安装接地铜条；第 4 施工段正在安装支撑、施加预应力，第 5、6 施工段坑内 2 台挖机正在进行第 5 层土方开挖。

首先西侧中部地下连续墙横向断裂并倒塌，倒塌长度约 75m，墙体横向断裂处最大位移约 7.5m，东侧地下连续墙也产生严重位移，最大位移约 3.5m。由于大量淤泥涌入坑内，风情大道随后出现塌陷，最大深度约 6.5m。地面塌陷导致地下污水等管道破裂、河水倒灌造成基坑和地面塌陷处进水，基坑内最大水深约 9m。见图 7-16。

图 7-16　事故现场图片（一）

（3）原因分析

根据勘查结果对基坑土体破坏滑动面及地下连续墙破坏模式进行了分析：

① 西侧地下连续墙静力触探试验表明，在绝对标高 −8～−10m 处（近基坑底部），q_c 值为 0.20MPa（q_c 仅为原状土的 30% 左右），土体受到严重扰动，接近重塑土强度，证明土体产生侧向流变，存在明显的滑动面。

② 西侧地下连续墙墙底（相应标高 −27.0m 左右），C1 孔静探 q_c 值约为 0.6MPa（q_c 为原状土的 70% 左右），土体有较大的扰动，但没有产生明显的侧向流变，主要是地下连续墙底部产生过大位移而所致。

1）勘察方的主要问题

不符合规范要求

① 基坑采取原状土样及相应主要力学试验指标较少，不能完全反映基坑土性的真实情况。

② 勘察单位未考虑薄壁取土器对基坑设计参数的影响，以及未根据当地软土特点综合判断选用推荐土体力学参数。

③ 勘察报告推荐的直剪固结快剪指标 c、ϕ 值采用平均值，未按规范要求采用标准值，指标偏高。

④ 勘察报告提供的④2 层的比例系数 m 值（$m = 2500 \text{kN/m}^4$）与类似工程经验值差异显著。

2）设计方出现的问题

设计单位未能根据当地软土特点综合判断、合理选用基坑围护设计参数，力学参数选用偏高降低了基坑围护结构体系的安全储备。

设计中考虑地面超载 20kPa 较小。基坑西侧为一大道，对汽车动荷载考虑不足。根据实际情况，重载土方车及混凝土泵车对地面超载宜取 30kPa，与设计方案 20kPa 相比，挖土至坑底时第三道支撑的轴力、地下连续墙的最大弯矩及剪力均增加约 4%～5%，也降低了一定的安全储备。

设计单位考虑不周，经验欠缺

① 设计图纸中未提供钢管支撑与地下连续墙的连接节点详图及钢管节点连接大样，也没有提出相应的施工安装技术要求。没有提出对钢管支撑与地连墙预埋件焊接要求。

② 同意取消施工图中的基坑坑底以下 3m 深土体抽条加固措施，降低了基坑围护结构体系的安全储备。经计算，采取坑底抽条加固措施后，地下墙的最大弯矩降低 20% 左右，第三道支撑轴力降低 14% 左右，地下墙的最大剪力降低 13% 左右，由于在坑底形成了一道暗撑，抗倾覆安全系数大大提高。

③ 从地质剖面和地下连续墙分布图中可以看出，对于本工程事故诱发段的地下连续墙插入深度略显不足，对于本工程，应考虑墙底的落底问题。

④ 设计提出的监测内容相对于规范少了 3 项必测内容。

3）施工方面的主要问题

① 土方开挖

土方开挖未按照设计工况进行，存在严重超挖现象。特别是最后两层土方（第四层、第五层）同时开挖，垂直方向超挖约 3m，开挖到基底后水平方向多达 26m 范围未架设第四道钢支撑，第三和第四施工段开挖土方到基底后约有 43m 未浇筑混凝土垫层。土方超挖导致地下连续墙侧向变形、墙身弯矩和支撑轴力增大。

② 支撑设计不合理

与设计工况相比，如第三道支撑施加完成后，在没有设置第四道支撑的情况下，直接挖土至坑底，第三道支撑的轴力增长约 43%，作用在围护体上的最大弯矩增加约 48%，最大剪力增加约 38%；超过截面抗弯承载力设计值 1463kN。支撑设计结果见表 7-3，破坏形态见图 7-17。

基坑支撑设计结果表　　　　　　　　　　　　　　　　　　　表 7-3

计算土层参数	情况类型	最大变形 (mm)	第一道支撑力 (kN)	第二道支撑力 (kN)	第三道支撑力 (kN)	第四道支撑力 (kN)	最大负弯矩 (kN·m)	最大正弯矩 (kN·m)	最大剪力 (kN)	抗倾覆	坑底隆起	墙底承载力
固结快剪值	不超挖	25.4	120.5	628.9	743.3	703.7	−803.6	1186.4	596.3	1.48	1.83	2.33
	超挖	34	120.5	563.7	1064.3 (1.43)		−978.4	1750.9 (1.48)	820.7 (1.38)	1.38	1.69	2.33

图 7-17　支撑结构破坏形态

③ 钢支撑与地下连续墙预埋件未进行有效连接

钢管支撑与地连墙预埋件没有焊接,直接搁置在钢牛腿上,这样容易使支撑钢管在偶发冲击荷载或地下连续墙异常变形情况下丧失支撑功能。见图 7-18。

4) 监测问题

① 监测数据不全

电脑中的原始数据被人为删除,通过对监测人员使用的电脑进行的数据恢复,发现以下 3 个问题。

a. 2008 年 10 月 9 日开始有路面沉降监测点 11 个,至 11 月 15 日发生事故前最大沉降 316mm,监测报表没有相应的记录。

图 7-18 事故现场图片（二）

b. 11 月 1 日 49 号（北端头井东侧地连墙）测斜管 18m 深处最大位移达 43.7mm，与监测报表不符。

c. 2008 年 11 月 13 日 CX45 号测斜管最大变形数据达 65mm，超过报警值（40mm），与监测报表不符。

通过以上可以发现，电脑中的数据与报表中的数据不一致，实际变形已超设计报警值而未报警，可以认为监测方有伪造数据或对内对外两套数据的可能性。

② 监测内容不符（表 7-4）

各个监测项目的要求及内容

表 7-4

监测项目	规范要求	设计方案	施工监测方案	实际监测内容
周围建筑物沉降和倾斜（地表沉降）	√	√	√	√（地表沉降）
周围地下管线位移	√	×	×	×
土体侧向变形	√	×	×	×
墙顶水平位移	√	√	√	√
墙顶沉降	√	√	√	√
支撑轴力	√	√	√	√
地下水位	√	√	√	√
立柱沉降	√	×	×	×
孔隙水压力	△	×	×	×
墙体变形	△	√	√	√
墙体土压力	△	×	×	×
坑底隆起	△	√	×	×

5）其他问题

① 专项方案审批管理混乱，未严格按设计及规范要求监理。

② 监理未按规定程序验收，违反监理规范。

③ 发现存在严重质量安全隐患，而未采取进一步措施予以控制。

经调查结果显示：

由于在该工程基坑土方开挖过程中，基坑超挖，钢管支撑架设不及时，垫层未及时浇筑，钢支撑体系存在薄弱环节等因素，引起局部范围地下连续墙产生过大侧向位移，造成支撑轴力过大及严重偏心。同时基坑监测失效，隐瞒报警数值，未采取有效补救措施。以上直接因素致使部分钢管支撑失稳，钢管支撑体系整体破坏，基坑两侧地下连续墙向坑内产生严重位移，其中西侧中部墙体横向断裂并倒塌，风情大道塌陷。

7.3　整体失稳案例（三）

（1）事故情况

2004 年 4 月 20 日新加坡时间 3：30 分，新加坡地铁循环线 Nicoll 大道正在施工的基坑突然倒塌。这次事故造成 4 名工人死亡，3 人受伤；塌方吞下两台建筑起重机。使有六车道的 Nicoll 大道受到严重破坏，无法使用。事故现场留下了一个宽 150mm，长 100mm，深 30m 的塌陷区，扭曲的钢梁、破碎的混凝土板一片狼藉。事故造成地铁循环路线的工期拖延，计划 2010 年才可以完成，车站转移约 100m 以外，造成巨大经济损失。事故照片如图 7-19～图 7-21 所示：

（2）工程简介

该工程属于新加坡地铁循环线，此段地铁线路采用明挖，用地下连续墙和内支撑支护。该场地的地基土为新加坡海洋黏土，属于软黏土。其分布是西北较浅而东南深，基坑开挖深度 30～40m 之间，对部分软土进行了分层水泥喷浆加固。

图 7-19　事故图片（一）

图 7-20　事故图片（二）

图 7-21　事故图片（三）

（3）分析结果

事故现场的软黏土抗剪强度低，基坑开挖较深，以及支护设计和基坑施工的缺陷是事故的主要原因。最大的侧向土和墙位移发生在东半部开挖倒塌前。最大位移的位置大约在海洋黏土最深的地方，靠近开挖的东端-三维土体剖面变化对最大位移有很大的影响。

南墙的最大位移大于北墙，和地面位移倾斜计的量测结果一致；在倒塌前，南墙弯曲变形大大超过北墙。沿着南墙，连接器主要是拉力变形，每个连接器的变形很大，从1.5mm 到 2.5mm。在倒塌时南墙接点脱落。

墙接点的抗拉性能弱，缺少横撑系统来重分配支撑杆力，并抵抗南墙的侧向拉力，所有这些都导致了墙的倒塌。

局部区域曾经喷浆，但这不能独立加固。在任何情况下，参数研究显示喷浆的作用在倒塌初始阶段并没有支撑杆和墙接点的作用大。

（4）结论意见

事故发生后，最后四人受到刑事指控。组织了调查委员会对事故的责任进行了调查，同时也责成有关大学和技术部门对事故的原因进行了分析。陆地交通局委托新加坡国立大学用三维分析研究倒塌事件的机理和过程。

7.4　支护结构破坏案例

（1）工程概况

广州某基坑工程项目，北邻市政 12 m 宽道路，东面和南面邻民房，西接中国人民解放军驻地宿舍楼，总建筑面积 46450 m^2。地上主楼 15 层，副楼 5 层；主楼地下两层，负二层，负一层层高各为 6.0 m。基坑开挖深度约为 12.10～13.00 m。基坑支护桩边距离地室侧壁边 1.50～2.20 m。

东西两侧的基坑支护采用钻孔灌注桩＋钢筋混凝土楼盖做内支撑的支护方案，南北两侧的基坑支护采用钻孔灌注桩＋预应力锚索的支护方案；止水及支护桩间挡土采用喷射挂网细石混凝土方案。整个围护体系设置了深层水平位移、支撑轴力、水位、沉降及围护桩内弯矩等的监测手段进行监测。见图 7-22。

（2）事故发生经过和监理应对措施

2014 年 5 月 29 日开始开挖 2 区土方，5 月 30 日监理巡查发现基坑边西侧混凝土地面起鼓和基坑西侧围墙有裂缝，监理部发出安全隐患整改通知，要求立即在围墙上设置监测点监测围墙变形，得到了施工单位的落实。

6 月 19 日晚上 11 点接第三方监测单位通知 WY14 位移达到 29.3mm 接近报警值（30mm），6 月 20 日早上 9:00 监理单位总监会同施工单位、设计项目负责人到现场提出对基坑上部卸荷以及立即浇筑底板垫层防止超挖还有采用在基坑底设反压土的措施，监理部将处理措施报建设单位和设计单位。上午 10:00 施工单位开始浇筑底板垫层和拆除基坑上部围墙，没有开挖的部位停止施工并设置高 4 m、顶宽 2 m 的反压土。监理单位和施工单位编制抢险方案，监理部和施工单位安排人员 24 小时值班。

6 月 22 日早上 9 点 WY14 位移 3.5mm 累计位移达到 37.5mm，经监理单位、建设单位与部队协调，施工单位进入军区大院对地面裂缝进行灌浆，修剪靠近基坑的大树和拆除基坑西侧临时设施，并设置安全围挡和警告牌。

6 月 24 日上午 9 点 WY14 位移 4.9mm 累计 43.2mm，监理单位发出监理快报报告给建设主管部门，同时发出停工通知。总监将情况汇报给深基坑施工方案评审专家组组长，并同业主、设计和施工单位召开应对会议，形成监理会议纪要。当天下午深基坑施工方案评审专家到现场与业主、设计、监理、施工单位制定了加大反压土体和对 8—8 剖面阳角设置两道钢支撑的抢险方案，施工单位通宵实施。6 月 25 日～7 月 2 日 WY14 号点位移处于摆动状态，位移开始稳定，WY14 累计位移 48.1mm。

（3）事故原因分析

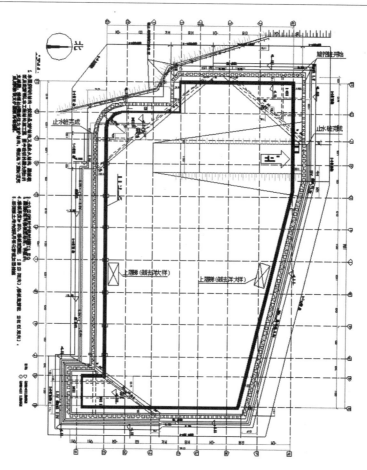

图 7-22　基坑支护平面图与西侧围墙位置关系图

1）设计方案选择，由于地形原因基坑西段形成了阳角，而冠梁在阳角部位有高差没有形成一个受力整体。

2）土性参数选择错误，由于西侧属于军事管理区，地质勘查报告中没有该部位的土性参数和地面高度。因此设计按粉质黏土选取内摩擦角和黏聚力，后查明该部位属于军事管理区的堆土场，基坑西侧 8—8 剖面地面高度比估计值高出 2.5m 并且有其他构筑物。经复核设计数据后得出选用数据失误是导致基坑事故的主要原因。

3）施工原因，由于西侧属于军事管理区无法及时疏导西侧绿化带的地表水，导致地表水下渗加大了边坡水压力。

（4）支护加固方案

1）采用已浇筑的底板作为钢支撑底座，并对基坑阳角设置 2 道支撑。

2）9—9 剖面增加 9 条锚索。

3）采用局部逆作法，先施工负一层板再开挖反压土。

4）8—8 剖面在基坑背面增设混凝土板连接不同标高的冠梁，使冠梁整体受力。

（5）经验总结

1）基坑周边一定要做好排水设施，防止地表水下渗提高地下水位增加水压力；

2）现场监理一定要第一时间掌握监测数据，对危险源及时处理，避免事故发展；

3）施工企业的技术负责人应当到工地现场复核危险性较大的分部分项工程的验收结果，并签名确认，安全监督机构的安全监督员应到工地现场检查确认，并书面签署确认意见。

4）处理基坑险情时应考虑后期施工可行性，因本工程没有桩基础无法及时设置内撑，只好采用了最不经济的回填反压方式。

5）监理部及时检查完善监理资料。

7.5　基坑位移过大案例

（1）工程概况

广州市某地下车库，位于广州市增城新塘镇，设两层地下室，框剪结构，工程桩为摩擦端承型人工挖孔灌注桩，桩端持力层为强风化花岗岩。基坑周长约为560m，建筑±0.00 高程相当于绝对高程 10.20m，施工时现场地面为相对标高−0.50m，地下室底板垫层底为−9.25m，基坑挖深8.75m。基坑东侧紧靠小区 15m 宽的主干道，其下埋有整个小区的电缆、电信及排水管道等，主干道外侧为已施工完成的高层住宅（设一层地下室，深度约为 4.5m，基础为预应力管桩基础）；北侧距

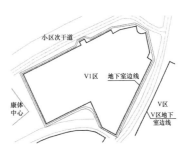

图 7-23　基坑平面示意图

离基坑边约 8m 为小区次干道；西侧为小区内的一层康体中心，天然基础；南侧为规划绿地，作为施工临时用地。基坑平面示意图如图 7-23 所示。

（2）地质概况

1）工程地质

根据岩土工程勘察报告，岩土层自上而下划分为第四系地层（Q）及燕山期花岗岩，简述如下：

① 人工填土层（Q_4^{ml}）：土质不均匀，呈黄褐色，稍湿，结构松散，为新近回填土，厚度 0.80～2.50 m。

② 粉质黏土：黄色、硬塑，土质较均匀，韧性较好，干强度较高，厚度为 1.10～10.30 m。

③ 残积砂质黏性土（Q^{el}）：灰黄色，硬塑一坚硬，成分以长石风化的黏、粉粒为主，含石英颗粒和云母碎片，场区内普遍分布，厚度 1.40～17.80m。

④ 燕山期侵入岩：场地基岩为花岗岩，中粗粒结构，块状构造，成分为长石、石英，少量的云母及角闪石等暗色矿物，分为全风化、强风化两个岩带。典型地质剖面如图 7-24 所示。

2）水文地质

地下水主要为地表水、强风化花岗岩的风化带网状裂隙承压水及中风化花岗岩中的构造裂隙微承压水，强风化花岗岩富水性和透水性较弱，属弱透水层，裂隙发育带具有一定水量。

中风化花岗岩的富水性不均匀，在构造裂隙密集地段富水性较好。水位埋深在 1.0～2.8m 之间。

根据水质分析结果：地下水对混凝土结构具有中等腐蚀性，对钢筋混凝土结构中的钢筋在干湿交替和长期浸水条件下均无腐蚀性。

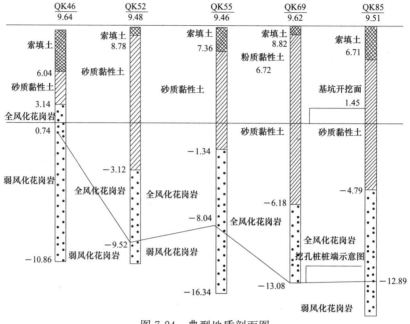

图 7-24　典型地质剖面图

（3）支护设计

1）基坑特点

① 地质资料显示，场地内无软土层及透水土层，场地地质为典型的花岗岩残积层，基坑开挖及人工挖孔桩施工过程中，遇水易软化崩解。

② 基坑周边有位置，局部采用放坡开挖。

③ 基坑东侧，建筑基坑侧壁安全等级为一级，需要予以重点保护，其余各侧为二级。

④ 地下水位设计高程，基坑外侧取自然地面以下 -1.0 m，基坑内侧取开挖面以下 1.0m。

2）基坑支护设计

① 根据地质报告，土层参数选取如表 7-5 所示。

基坑支护选用土层参数表　　　　　　　　　　　　　　　表 7-5

土名及状态	γ（kN·m^{-3}）	c（kPa）	ϕ（°）	q_{sk}（kPa）
人工填土（松散）	18.5	8.0	8.0	18
粉质黏土（可塑-硬塑）	18.8	18.0	17.0	35
砂质黏性土（硬塑-坚硬）	18.3	20.0	22.0	45
全风化岩（坚硬）	20.0	28.0	22.0	60
强风化花岗岩	21.0	60.0	25.0	100

② 地下水主要为上层滞水和岩层裂隙水，无透水层，不设止水帷幕，在开挖面上设泄水孔排水，坑内设集水井和排水沟，集水明排。

③ 利用基坑周边位置，放坡开挖约 2 m，并往下垂直开挖，支护方案采用超前钢管桩结合加强型的喷锚网支护。主要支护结构设计参数如下：

a. 超前钢管桩，成孔直径 $\phi150$，内置 $\phi114\times3$ 钢管，孔内灌注水灰比为 0.5 的纯水泥浆，钢管桩间距 1.3m，桩长 9m。

b. 土层锚杆采用全长注浆，孔径 $\phi130$，杆材为 HRB335 级钢筋，直径为 $20\sim28$mm，M30 的水泥砂浆灌注。

c. 预应力锚索，孔径由 150，杆材 $3\times7\phi5$ 钢绞线，M30 的水泥砂浆灌注。

d. 坡面挂网由 8@200×200，喷射 C20 混凝土 100 厚。基坑东侧支护剖面如图 7-25 所示，采用理正深基坑支护软件计算，整个基坑开挖过程中，基坑内部稳定安全系数最小值为 1.353，达到相关规范的安全要求。

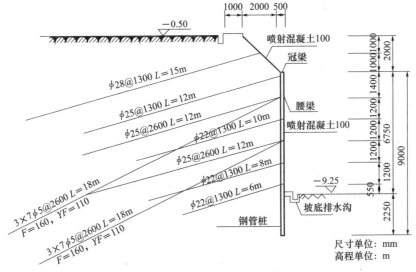

图 7-25　基坑东侧支护剖面图

3）基坑监测方案

为保证基坑本身的安全稳定，以及基坑周边建（构）筑物的安全，尤其是东侧靠近小区主干道一侧地下管线和已有建筑物的安全，对本基坑施工过程进行监测，以达到信息化的目的。

① 监测项目：基坑顶面沉降和位移、支护结构深层位移、锚杆（索）轴力和变形、周边道路沉降及地下水位等。

② 监测频率：土方开挖及地下室底板施工过程中 2 天一次。地下室底板施工完毕后 3 天一次，遇到异常情况加密监测频率。

③ 监测预警值：基坑东侧支护虽大水平位移≤40mm，其余各侧≤50mm；周边道路及基坑顶部的沉降≤40mm；地下水位降深不得超过 2000mm，每天发展不得超过 500mm。

（4）施工过程及事故分析

2009 年 7 月开始进行基坑工程施工，2009 年 10 月 8 日，基坑东侧开挖至地下室底板垫层底,人工挖孔桩施工至 8～13m,人工挖孔桩终孔尚差 2～3m。此时该处基坑累计位移约为 3 5～40cm,基坑的变形已经接近预警值,与设计方案控制变形值基本吻合。

由于本工程中风化花岗岩埋藏较深,结构设计将强风化花岗岩作为人工挖孔桩桩端持力层,人工挖孔桩按摩擦端承桩考虑。2009 年 10 月 8 日之后,现场接连遭遇几场暴雨,花岗岩残积层遇水软化崩解,现场难以辨别持力层是否到达设计要求,且桩底难以按照设计扩孔至 0.3m。另外,人工挖孔桩桩孔内地下水较多,挖桩施工速度缓慢。鉴于以上情况,结构设计修改人工挖孔桩方案,减小桩底扩大头的尺寸至 0.1m,但加长人工挖孔桩至 12～18m。至 2009 年 11 月 12 日,此处基坑的最大累计位移达到 6 cm,远超过变形预警值。是什么原因导致基坑位移远超预警值呢,分析原因如下:

1)从基坑开挖至 2009 年 10 月 8 日,由于人工挖孔桩桩孔较浅,基坑变形基本上没有影响。2 后随着人工挖孔桩桩孔进步加深,桩孔内不停的抽水,单桩施工周期过长,导致基坑变形加大。

2)挖孔桩施工过程中,花岗岩残积层遇水软化崩解,部分桩底涌土明显。

3)连续的暴雨导致地表水滞留,加大了摹坑侧壁的土压力。

(5)加固方案及加固效果

2009 年 11 月 12 日,相关各方开会,认为本基坑存在重大安全隐患,需要进行加固处理。加固方案为存喷锚面上另加设两道预应力锚索,以保证基坑本身的稳定以及周边建(构)筑物的安全,如图 7-26 所示。加固方案实施的同时,加强基坑变形监测,监测频率改为 1 天 2 次,遇到异常情况通知相关各方紧急处理;坑顶部严禁车辆行人通行;加快人工挖孔桩的施工速度。

2009 年 12 月 1 日,广州市建筑科技委专家组到工地现场巡查,认为基坑基本上已度过了危险期,要求加强基坑监测,加快地下室的施工速度。监测点 J8 深层位移图如图 7-26 所示。

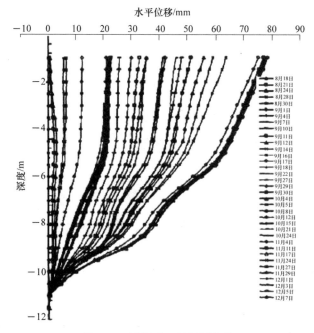

图 7-26　测斜孔 8 的深层位移

　　由图 7-27 可知，2009 年 11 月 27 日之后，基坑变形在约 7.8cm 处收敛。截至笔者完成本文时，本工程正在进行地下室施工，基坑变形稳定，再没有出现任何险情。

　　（6）结论

　　1）基坑支护应根据周边不同的地质条件和建（构）物状况，选取不同的支护设计方案。本工程重点需要控制基坑周边的变形及建（构）筑物的安全，采用钢管桩结合复合土钉墙支护方案。

　　2）花岗岩残积层遇水易软化崩解，力学参数急剧降低，可能造成基坑安全系数降低，使基坑产生安全隐患。

　　3）在花岗岩残积层区域，人孔挖孔桩施工时，可能出现桩底涌土现象，尤其是靠近基坑侧壁的人工挖孔桩施工时，可能会导致基坑变形的增大，在设计施工过程中应予以足够的重视。

　　4）基坑工程受到地质情况、周边状况、天气状况以及工程桩施工的影响，在设计、施工及监测等过程中，应采用动态设计、信息化施工。本基坑支护结构虽然产生的位移过大，但由于正确分析了事故的原因，并根据监测结果及时进行了加固处理（图 7-27），基坑最终没有出现大的问题。

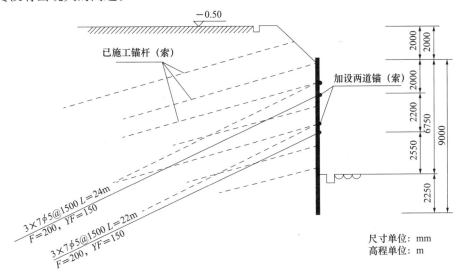

图 7-27　锚索补强

7.6　基坑隆起案例

　　在软土地区，高强度支护结构对应的墙后深层土体水平位移呈竖向型，低强度支护结构对应的深层土体水平位移呈抛物线型。

　　（1）案例概述

　　广州地铁某车站呈东西布局，车站东端为地铁折返端，西端为大盾构接受段，车站为三层式换乘站，采用明挖顺做法施工，车站全长 393.7m，标准段宽为 32.8m，基坑开挖深度为 28.81（大盾构吊出端）～24.3m（地铁折返端）。车站围护结构采用主体围护结构采用 1000mm 厚地下连续墙加内支撑方案，连续墙在施工前提前采取三轴搅拌桩 $\phi 850$ @650 进行槽壁加固，连续墙进入强风化花岗岩，连续墙深度约为 40 m，接头形式为 H 型钢接头；端头盾构井及标准段基坑竖向设五道混凝土支撑，折返线段基坑竖向设三道混凝土支撑加两道钢支撑，基底采用 $\phi 850$ @650 三轴搅拌桩格构式土体加固，加固深度 $3 \sim 7m$。

（2）基坑底部隆起的原因分析

根据案例中基坑施工段的地质情况和钢支撑架设实际情况分析其底部隆起的原因如下：

1）地质情况，该段底板底标高为 -17.063，根据地质详细勘察报告中的 MDNYZ3-NK-47 号柱状图显示该段底板以下地质情况如下：<2-1A>海陆交互相沉积淤泥质土层 0.5m；<2-3>淤泥质砂层 1.5m；<2-4>海陆交互相沉积粉质黏土层 8.7m；<5H-2>残积砂质黏性土 4.9m；<9H>微风化混合花岗岩 2.1m；经分析，得知本段底板位于<2-1B>海陆交互相沉积淤泥质土层，尤其是 W132（17 段底板）变形较大段存在地质突变淤泥层厚度达 11m。

原土壤的应力场受到破坏，卸荷后基坑底部要回弹。可能是基坑隆起原因之一。

2）基坑底部加固和换填，虽然设计已经考虑到淤泥层较厚，在对基坑底部以下 3 m 进行三轴搅拌桩进行基底加固，但是根据现场实际施工情况来看，基底加固深度设计考虑不周，因为基坑土方开挖后难免有超挖的情况发生，随便挖一下就去掉 $40 \sim 50cm$，那么原来的基底加固就只有 2.7m。另外设计又对基底进行换填，换填深度为 60cm，换填时多少还是会有超挖情况，等于只有 2 m 左右的加固高度。也可能是在进行基底三轴搅拌桩施工时没有按照设计的参数进行基底加固及加固不到位。

3）钢支撑架设不及时，按照设计要求折返线第一、第二、第三层为混凝土支撑，第四、第五层用钢支撑架设。现场实际情况是从第四层基坑土方开挖时，刚开始钢围檩架设还跟得上，主要是开始没有按照设计要求采用 C45 型的钢围檩进行架设，到后面分包单位的钢支撑迟迟不到位，直接影响架设速度。导致钢支撑到后面基本就架设不到位。暴露时间过长，由于坑外土体压力大于坑内，引起向坑内方向挤压的作用，使坑内土体产生回弹，也可能导致隆起变形原因之一。

4）基坑超挖，按照设计要求以及规范要求是不允许超挖的，设计及规范要求允许超过 40cm 方便进行架设钢支撑施工，钢支撑架设完成后在进行后续土方开挖。但实际情况是，施工单位考虑到进度和效益，以为现场有三道混凝土支撑作为保障，从而就加快土方开挖速度。基坑现场靠近两侧有 1m 左右宽没有超挖，中间就超挖更多有 2 m 左右，严重超挖没有引起现场管理人员的足够重视，土方超挖对基坑乃至基坑支护有直接影响，在基坑支护不到位的情况下，超挖会增加土的剪应力增加，因为土粒间的内摩擦和黏聚会一旦剪应力增加，会失去平衡。

5）基坑积水，基坑开挖前设计考虑到淤泥层厚水位高，在围护墙施工完成后进行基坑降水，但在实际施工过程中由于前期基坑降水不及时，和淤泥层厚基坑降水作用不是特别明显。土方开挖时有时对基坑降水井保护不周到，导致有的基坑降水井破坏，破坏后没有及时进行修复，导致降水达不到预期效果。另外基坑开挖是从基坑东端头开始，按照设计要求折返线从西到东有 0.2% 放坡要求，近期雨水较多，基坑底部机器设备来回的碾压，导致基坑底部扰动过大，导致基坑抽排积水不及时，也可能是引起的基坑底部隆起。

6）思想认识情况，本工程地下连续墙深度为 42 m 左右，而基坑底部深约 24 m，基本上地下连续墙有接近二分之一都埋深底部，而且上面还有三道混凝土支撑梁，片面的认为超挖和钢支撑架设不及时没有多大关系。从而导致 19、18 与 17 段连续有三块底板有隆起现象，都没有引起足够重视，片面的认为只要把第 19 块底板混凝土浇筑完成后靠底板混凝土自身的重量阻止隆起的加大。从而导致基坑隆起变形加大。

（3）基坑底部隆起技术处理措施

根据基坑底部隆起的原因分析，经研究决定，采取如下措施：

1）首先在隆起部位最大处底板垫层下面加设两根钢支撑在本工程中基坑隆起的位置，为了及时有效遏制墙体继续变形引起隆起增大，迅速组织挖掘机在该位置的基坑垫层底部挖出两条沟槽，临时装配两条 ϕ609 壁厚 16mm 钢管支撑，吊放至沟槽内并加压形成对撑，然后进行加力至 33MPa，作为永久性埋深。迅速有效的控制了隆起的进一步增大。

2）其次在垫层底部做暗梁

为了进一步加强控制基坑底部隆起并确保基坑绝对安全，在钢支撑旁挖出 400mm×500mm 的槽沟，绑扎一条 400mm×500mm 钢筋笼的暗梁，并浇筑 C40 早强混凝土，同时在 17 段上部用混凝土将钢支撑围檩周边回填密实进一步加强对底部的对撑。第二天通过监测数据及现场观察发现变形量仍旧较大，随后又在第五道支撑下方加设一道钢支撑，并对墙体变形实时监测，监测数据显示连续墙变形速率由 5月 7 日的 1.0mm/d 左右恢复至 -0.2mm/d 的正常数据。至此基底隆起得到了切实有效的控制。

3）后续施工预防措施

① 合理组织开挖施工，基坑严格按照施工方案进行分层、分段开挖，做到随挖随撑，严禁超挖。开挖剩余 30～50cm 时由人工进行清除底部，避免机械设备破坏原状态土。

② 开挖到设计标高时，及时进行浇筑垫层并进行底板钢筋绑扎施工和混凝土浇筑，加快对底板的封底，以免基坑暴露时间过长。

③ 做好坑内抽排水工作，有积水时及时抽排，杜绝坑内大量积水。

④ 后续基坑底部每隔 3～4m，进行埋深 400mm×500mm 钢筋笼制作的暗梁，确保后面基坑再次出现基坑底部隆起现象。

（4）结语

随着城市的迅速发展，深基坑施工会越来越多的被广泛应用，在基坑开挖过程中，由于开挖过程中改变了原土体的应力，或者由于超挖和支撑架设不及时等原因，都会引起周边地层的变化，严重时会引起支护结构的变形破坏、基坑周边地表沉降、导致基坑失稳和基底隆起等现象。所以在基坑开挖过程中一定要谨慎施工，对于细小环节要及时处理，才能确保基坑整体安全。

7.7　涌水流砂案例

（1）工程概况

该基坑设计开挖深度为 7.40m，周长 227.4m。南侧建筑物距离基坑边 3.7m，北侧建筑物距离基坑边 4.3m，东侧建筑物距离基坑边 5.6m，均为低层旧天然基础砖混结构民居，西侧为施工场地；周边无地下管线。

工程地质水文情况，根据地质资料揭示，场地内不良的地层主要为：

1）淤泥、淤泥质土层：深灰色，饱和，软塑，局部含少量中砂，顶面埋深 1.50～3.60m，厚度 0.50～3.70m，平均 1.28m；

2）粉、细砂层：灰、灰白、灰黄色，饱和，松散，分选性差，局部夹粉土，顶面埋深 1.60～6.00m，厚度 0.60～3.30m，平均 1.26m；

3）中粗砂层：灰、灰白、黄色，饱和，稍密，局部底部呈中密状，分选性差，局部含砾，局部夹薄层砾砂，顶面埋深 3.30～7.20m，厚度 1.40～5.20m，标贯击数 $N=$ 9.5～20.0 击。

另外，距离基坑西南侧约 200m 有一条河涌通过，场地地下水的补给主要来源于大气降水及砂层侧向迳流（或渗流）补给。

（2）基坑支护设计

上部 1.5m 采用 1:1 放坡，留设 3m 宽平台，下部采用 ϕ800@1000 钻孔灌注桩加一道预应力锚索作为支护结构，东、南、西侧采用单排 ϕ550@350 搅拌桩止水帷幕（下部搭接单管旋喷桩帷幕），北侧采用桩间三管旋喷桩止水。基坑支护设计的平面布置图、典型支护剖面及止水大样如图 7-28～图 7-30 所示。

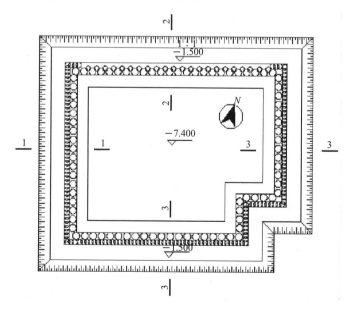

图 7-28　基坑支护布置平面图

（3）事故情况及事故处理措施

1）事故情况

该基坑开挖过程中东、南、西侧多次多点发生桩间渗漏水情况，施工单位及时堵漏，未发生较大量水土流失，未造成较大险情。2007 年 2 月 26 日下午 15 时基坑西北角开挖至 −7m 左右时北侧坑壁开始出现较大涌水涌砂，基坑顶部放坡平台地面上出现直径约 2m 的塌陷漏斗，施工单位及时在坑内回填土反压，控制住险情进一步发展，沿基坑边地面未见明显裂缝，北侧房屋未见明显沉降倾斜。

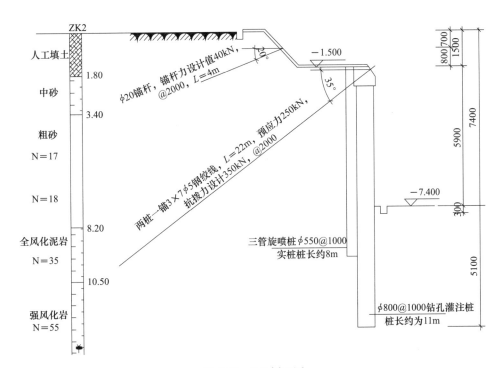

图 7-29　2-2 剖面图

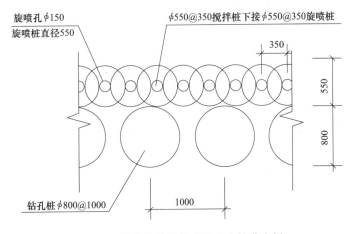

图 7-30　搅拌桩搭接旋喷桩止水帷幕大样

2）抢险处理措施

事故发生后，施工单位用坑内未运走泥土在漏水口回填反压，暂时控制住险情进一步发展。后来仔细查看坑顶地面和该侧建筑物情况，依据监测数据，确认坑顶地面无明显裂缝，建筑物无明显沉降、倾斜后，要求用碎石回填坑顶塌陷漏斗，又查看坑壁漏水处，发现虽然已堵塞漏水口且用泥土反压漏水处，但漏水量仍然不小，水质浑浊，含有泥沙，认为仍存在较多量水土流失，且漏出的水冲走反压土，潜在危险仍未消除，要求立即在反压土上面堆填沙包，形成反滤层，以置换回填土，以求在未能完全止水的情况下，确保坑外土、砂不流失，保护基坑侧壁安全。

3）后续处理措施

在用砂袋反压后，进一步查明漏水点的位置，确认用丝棉、破布堵塞密实后，在支护桩上植筋，挂网喷射混凝土，要求掺加速凝剂，以快速形成面层强度。然后在漏水点上方桩顶距离 1～1.5m 外引孔，双液注浆止水，水玻璃浓度为 40%～50%，与水泥浆量比 1：1，要求 30s 内速凝，避免孔下流水将浆液带走。注浆止水后用钻机在坑顶与北侧房屋间的地面开孔，查明地面硬化层下是否存在泥砂流失后的空洞，若有应及时打开回填砂石，必要时应注浆，以确保锚索抗拔力和北侧房屋的安全。

（4）事故原因分析

广州地区地质条件上软下硬，岩层埋深较浅，比较适合采用锚杆支护，此为有利条件，但由于上部存在较厚砂层，且地下水与珠江、河涌等存在水力联系，成流动性，不利于基坑的止水。该事故为常见的桩间止水失败事故，下面主要从设计和施工两个方面分析事故原因。

1）设计因素

① 旋喷桩定位参数设计有误。如图 7-31 所示，旋喷桩与支护桩间无搭接长度，导致基坑底部桩间渗漏水严重。桩心距：690mm；搭接长度为 −15mm < 0。

实际施工时，搅拌桩与支护桩的距离将更大，不管是先施工钻孔桩再施工搅拌桩还是先施工搅拌桩再施工支护桩，止水搅拌桩客观上都不可能与支护钻孔桩紧贴，开挖时桩间砂土坍落，造成止水桩直接承担水土压力，因而搅拌桩首先折断漏水漏砂。

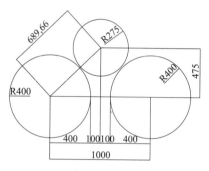

图 7-31 桩间旋喷桩止水大样图

这也是目前支护设计中常见的误区。本工程中后续的旋喷桩布设在支护桩间且保证有一定搭接是保证止水效果的较好的定位。

② 旋喷桩施工参数不明确。设计明确采用桩间三管旋喷桩止水，但只给出水泥浆液压力值，未给出水压力设计值和空气压力设计值，施工单位无法根据该场地实际地质情况控制水压力和空气压力值，带有很大随意性，最直接后果可能导致止水桩无法达到设计直径，无搭接长度或搭接长度不足就无法保证止水效果。

③ 砂层与岩面交界处未明确采取加强止水措施。根据实际漏水口的深度，可以基本判断该较大漏水处位于砂层和岩面交界处。设计单位未能清醒地认识到该处为本工程的薄

弱点，它决定着本工程的止水成败。

④ 未考虑本场地砂层普遍分布且与附近河涌甚至珠江水存在水力联系、地下水位跟河水潮汐变化的特点。地下水成流动性，带走水泥浆，导致无法凝固成桩，止水就更无从谈起。

2）施工因素

① 施工单位施工纪录上仅纪录水泥浆压力值，可以判定实际施工的是单管旋喷桩，将设计的三管旋喷桩擅自改为单管旋喷桩，止水桩直径无法保证。

② 在标贯击数较高深埋砂层中，止水桩垂直度控制无专门措施，尤其是止水桩施工后未进行止水桩成桩质量的抽芯检测，在存在流动水的砂层中，这点尤其重要。

③ 下部旋喷桩和上部搅拌桩搭接长度无明确的控制措施，砂层与岩面交界处未采取针对性的工艺措施。

（5）事故总结

该基坑深度较浅，岩层埋深不大，按理采用桩锚＋桩间止水的支护型式是经济合理的也是常见的方案，但实施中仍出现了事故，值得吸取教训，其中有几点是值得注意的：

1）设计单位掉以轻心，缺乏对该场地不利水文地质总体分布情况的整体把握和分析，未能认清楚该场地实施基坑工程的难点和关键点——止水和重点——支护桩与止水桩的搭接、岩面与砂层交界处的止水等决定该基坑工程止水成败的控制性环节。该场地应重视分析砂层的连通情况，重视分析其地下水的补给来源及其与周边河涌、暗沟等的水力联系，并充分考虑珠江潮汐对止水桩成桩质量的影响，采取相应的止水措施或加强止水的施工工艺措施，确保止水效果。

2）施工单位应清醒认识到该场地桩间施工止水桩的重点和难点，在此基础上，制定相应控制性环节的应对措施和必要的加强工艺措施，严格控制止水桩施工的水泥掺合量、提升速度、喷浆压力、添加剂、搅拌桩和旋喷桩的搭接长度等施工参数以及垂直度控制、岩面和砂层交界处的施工工艺，同时尽可能清除影响旋喷桩直径的地下建筑垃圾。更不能随意更改止水桩类型。

3）存在流动性地下水的场地使用桩间止水型式，止水桩成桩质量的检测时必要的，甚至应进行坑内抽水试验检验止水效果，只有确保止水效果的前提下才能进行下一步开挖，否则砂层失水影响范围极远，轻则停工堵漏拖延工期造成不必要的损失，重则造成地面塌陷周边房屋沉裂管线损坏，酿成危害公共安全的事故。

4）严格遵守动态设计信息化施工的原则。在采用桩间止水型式时，因为各种场地和施工等的因素，不可能做到每条桩都止水可靠，当出现桩间渗漏水时应及时采取针对性堵漏措施，避免发生较大的水土流失，影响基坑及周边环境安全。

7.8　基坑渗漏水案例

某房地产项目位于广州市越秀区，场地北侧为东华西路，西侧邻近东和永胜西与 12 层住宅楼紧邻，西南侧为东濠涌高架桥，南侧为永安东街，东侧为规划路，临近 15 层建筑。

工程基坑占地面积 3634m²，总建筑面积 37461m²，其中地上 27181m²，地下室 10280m²。地下 3 层，深度 13.8m，地上由 a、b 两栋塔楼以及裙楼商铺组成，其中 a 栋为 31 层住宅楼，建筑总高度为 99.8m，b 栋为 20 层住宅楼，建筑总高度为 59.90m。其结构形式为钢筋混凝土框架剪力墙结构。

（1）事故概况

广州越秀区某居民楼东北角墙体 10 日凌晨出现开裂险情。事故是由于某基坑围护结构下部漏水，造成地质条件变化、水土流失、地基下沉所致。现建设、房管部门按照专家组意见开展房屋监测及基坑抢险工作，经采取抢险措施，基坑渗漏情况已得到控制，房屋未发现有进一步的沉降和位移。

（2）专家意见

1）第一次专家意见

① 坑外房子下沉、开裂，主要是由于围护结构下部漏水，造成坑内管涌，使坑外沙土流失，水管漏水，加大坑外塌孔进一步发展。

② 目前应急措施：建议坑内覆土反压，首先对已漏水桩缝进行旋喷处理，待管涌止住后，坑外重新加做止水围幕，检测止水帷幕确达目的后才能坑内复工。

③ 今后施工过程中，要加强支护结构原周边地坪，管线及建（构）筑物的坑侧，保证周边环境安全。

④ 要加强对开裂房子的观察，严防次生病害的发生。

2）第二次专家意见

① 进行加固设计前，首先应探明原房屋的基础形状，并对上部结构进行可靠性的监控、调查。基础形状调查可在楼房的较安全位置开挖确定。

② 楼房出现险情是由于相邻基坑漏水，涌沙引起，楼房加固应在确保相邻基坑后续施工不在漏水，涌沙后才能进行。

③ 基础加固，用微型钢管桩，选型上是可行的。

④ 相邻基坑，在不继续加深的前提下，进行内撑施工，是可行的。

3）第三次专家意见

基坑工程开挖面积约 3812m²，周长 309m，开挖深度 13.65m。2015 年 7 月 24 日下午 232 井与 233 井支护桩之间漏涌水，当天晚上组织双液注浆止水处理，25 日 4 点堵水施工完成。从下午 4：30 开始漏水至下午 6：00 时，围墙外地面开裂，居民楼地面及局部墙面裂缝。地面出现两处地陷坑，面积分别为 2m² 和 8m²。从漏水开始，启动应急预案，由于水压较大，未立即止住水，到回填至第二定支撑内位置，涌水被压入。专家组听取了施工单位关于止水方案的汇报、监测单位监测结果汇报，并察看了 11 层居民房现场四周的情况。

4）经讨论，形成如下意见

① 基坑发生漏水后，立即进行反压土施工，随后进行坑边钻一排孔进行水泥浆和水玻璃双液注浆处理，止水方案可行且处理较及时，控制了涌水事故后果的扩大。

② 从基坑开挖以来，已两次两个地点发生渗漏水，说明桩涌止水效果不很理想，应

对基坑止水帷幕的效果进行全面检查。

③ 11 层居民楼桩基础型式及设计参数不详，应调查清楚。

④ 做好应急预案，预留足够数量的注浆设备及注浆材料保存在施工现场，一旦再发生漏水，立即投入使用。

⑤ 复核建筑物沉降观测点布置是否合理，建议在离地面一定高度的柱位增加沉降观测点，严密监测建筑物沉降，并加大力度对大楼内墙体和梁板裂缝进行观测，出现异常情况时及时报警处理。

⑥ 袖阀管注浆量应根据沉降观测结果而定，不能超量注浆造成地面隆起。

⑦ 已对未开挖到底的支护段，补做桩内旋喷桩止水。

⑧ 根据水位监测情况，布置地面回灌井，及时回灌补水。

⑨ 基坑内挖土时，应分小段、小厚度开挖，不能一次性将土方挖完，如果挖土过程中，再出现涌漏水点，立即回填反压，进行止水处理。

附表 基坑工程专家评审常见意见汇总

支护形式	常见意见
地下连续墙	① 嵌固深度应按长度和入岩双控或可优化 ② 槽段分槽、接头位置及构造、防水应明确 ③ 兼作主体承重结构时按耐久性验算遗漏，完善抗渗等级和检测要求并按主体结构要求 ④ 挡土侧配筋不够 ⑤ 深厚沙层段连续墙外侧接缝处宜增设止水措施时，止水桩的施工质量应有保障 ⑥ 地下室楼板兼作支撑时，楼板质量应有保障 ⑦ 地下连续墙与腰梁连接偏弱 ⑧ 应补充施工阶段监测方案 ⑨ 复核导墙实施期间的临时安全性 ⑩ 周边环境复杂，地质条件较差，建议减少槽段长度 ⑪ 补充不同连续墙厚度变化的构造大样
排桩	① 支护桩嵌固深度不合理或不明确 ② 支护桩与止水桩应密切紧贴 ③ 适当减少桩间距并加强桩间土防护措施 ④ 支护桩顶标高变化较大范围，加强冠梁连接 ⑤ 桩配筋（箍筋和主筋）不合理 ⑥ 补充完善腰梁与支护桩连接大样 ⑦ 加强支护桩后砂岩交界处的止水措施
内支撑	① 应补充拆、换撑的工况计算和措施 ② 支撑、腰梁、冠梁、截面及配筋不合理 ③ 支撑平面布置不合理 ④ 支护结构与主体结构平面或标高冲突 ⑤ 加强车道、通风口等楼板大开口范围的临时换撑设计 ⑥ 连梁、立柱大样缺失 ⑦ 加强立柱稳定性和抗沉降措施 ⑧ 支撑与冠梁、腰梁连接大样缺失 ⑨ 支撑体系及杆件的计算书缺失 ⑩ 建议补充整体空间计算复核支撑稳定性和截面设计 ⑪ 复核出土车道对立柱的影响 ⑫ 补充完善钢支撑节点设计 ⑬ 补充完善斜撑设置及拆撑的设计

续表

支护形式	常见意见
锚杆（索）	① 应查明周边环境，调整锚杆/锚索布置平面、倾角 ② 预应力、抗拔力设计值不合理 ③ 应避免涌水、涌砂和塌孔 ④ 锚杆/锚索长度不合理或未双控 ⑤ 应增设锚杆/锚索以加强支护 ⑥ 锁定值、位移控制值不合理 ⑦ 锚头、腰梁与主体结构冲突 ⑧ 轴力监测缺失 ⑨ 复核腰梁强度设计并加强锚索与腰梁的连接 ⑩ 建议对锚索进行基本试验后再复核调整锚索设计
喷锚、土钉墙支护	① 应加强支护以利变形控制 ② 应避免群锚效应及平面布置出现过多阳角 ③ 锚杆应加长 ④ 搅拌桩内应加插钢管 ⑤ 应补充避免涌水、涌砂措施 ⑥ 锚杆筋体材料宜调整
中心岛法	① 未考虑周边环境限制，锚索平面布置、倾角设定不合理或忽视群锚效应 ② 预应力值、抗拔力值不合理或与锚索规格不匹配 ③ 锚索长度不合理或未采取长度双控措施 ④ 未考虑防止塌孔、涌水、涌砂的具体措施 ⑤ 锚索提供的支锚刚度不足 ⑥ 缺失基本试验或锚索施工工艺要求 ⑦ 基坑侧壁位移控制值设定不合理 ⑧ 缺失锚索轴向力监测项目 ⑨ 未考虑软土层内锚索施工的具体措施 ⑩ 锚头、腰梁位置与主体结构构件位置冲突
紧邻基坑、双排桩	① 局部双排桩区段前后排桩之间的跨度较大，应按受拉构件复核桩的受力 ② 邻近地铁隧道区段可在双排桩顶外侧设置偏心压重，以有效控制该侧基坑变形 ③ 应补充双排桩冠梁与盖板连接大样 ④ 基坑北侧双排桩支护区段可采用盖板与支护桩连接处增加角板（牛腿结构）等措施以增加支护结构刚度，以利于控制基坑变形 ⑤ 应复核双排桩门式刚架的计算及其节点构造设计；双排桩门式刚架梁截面高度偏小，刚刚架梁配筋与计算配筋不符，应复核调整；双排桩区段位移计算值偏大，应复核 ⑥ 北侧双排桩冠梁或盖板宜留空洞形成栅格状 ⑦ 支护桩间距偏大，应采取有效措施防止桩间土体挤出 ⑧ 双排桩顶宜采用厚板连接，双排桩支护区段计算位移偏大，应减小后排桩间距，加大后排桩嵌固深度和前后排桩桩距，同时应加强桩顶连系梁设计 ⑨ 支护桩间距取1300mm偏大，应减小；支护桩内侧桩间应挂网喷射混凝土 ⑩ 基坑双排桩支护区段桩顶连梁宜改为盖板，以便施工，应考虑双排桩变形对基坑底工程桩的影响 ⑪ 双排桩门式刚架跨度偏小且计算参数取值欠合理，应复核

续表

支护形式	常见意见
岩溶地区	① 支护桩、工程桩（CFG）遇溶洞可能塌孔，应补充该工况下的应急预案 ② 场地砂层深厚，土洞、溶洞多，可能存在砂层与岩层中土洞、溶洞直接连通的情况，因此止水帷幕施工宜穿透全部砂层，并于止水帷幕闭合后对止水效果进行检验 ③ 应明确土洞、溶洞预处理的标准要求，并明确处理后的效果检测 ④ 场地砂层深厚且多与微风化灰岩相连，岩面起伏大，土洞、溶洞多，最大洞高达 17.2m，必须在施工前进一步查明土洞、溶洞分布状况，并细化预处理方案 ⑤ 地下连续墙需穿过深厚砂层和薄顶溶洞，墙深达 40m，并要承担重要的止水作用，因此槽段接头位置需考虑加强止水设计 ⑥ 有两层溶洞的区段，地下连续墙是否穿越应明确 ⑦ 勘察钻孔多未沿基坑边布置，因此各支护段所反映的岩溶条件与实际情况可能存在较大差异，需在施工支护桩前加强超前勘察进一步查明土、溶洞的发育情况，及时修改各桩孔的终桩深度及层位 ⑧ 明确成桩前及基坑开挖前需对已发现的土、溶洞进行注浆充填，控制成桩及基坑开挖前产生坍塌及涌水的风险，并补充土、溶洞注浆充填的方法及工艺要求 ⑨ 场区地质条件复杂，部分区段富水砂层下接灰岩，搅拌桩较难进入灰岩形成有效的截水帷幕，基坑开挖仍存在涌水风险，应加强砂层与灰岩面交界位置的止水措施 ⑩ 在桩撑支护区段，对已发现有浅层溶洞的区段宜采用先注浆充填后施工钻孔桩的工序，以利结孔桩施工安全 ⑪ 场区浅层溶（土）洞发育，支护结构施工前加强对浅层溶（土）洞的探查与注浆封堵工作，对基坑内已发现的浅层溶（土）洞应注浆封堵，避免出现岩溶突涌 ⑫ 应补充岩溶突水的应急处理预案 ⑬ 部分支护区段桩端处于土洞上部，不合理；应复核桩的嵌固深度及嵌固层位 ⑭ 对工程观察中已发现的土洞应先行注浆充填，避免支护桩施工时土洞坍塌；后期施工中所发现的土洞也应及时注浆充填；应明确注浆充填的工艺要求
边坡、基坑结合	① 应完善坡顶、坡脚及中间平台的排水系统 ② 应进一步完善总体区域地质构造和微观节理的分析，查明地层分布、断裂及潜在滑坡体，预测可能发生的地质灾害 ③ 应根据工程建设形成边坡的位置、高度、岩体结构、规模和特征等进行边坡稳定的定性和定量评估，并分区段进行场地边坡稳定性计算分析 ④ 永久性边坡锚杆所用钢筋的直径应不小于 28mm ⑤ 应充分考虑该场地花岗岩残积土遇水易软化且沿坡体向开挖面顺层倾斜的特点 ⑥ 应进一步查明地层分布及潜在滑坡体 ⑦ 应增设检修道，并加强边坡长期监测内容和监测点布置，永久边坡的锚杆（索）应采取严格的防腐、防锈措施，并做好锚头防腐蚀和封闭的设计和施工 ⑧ 应复核排水沟的排水量。场地的排水系统应按防山洪暴发标准进行设计。场地的排水系统应优先实施，以利于基坑安全 ⑨ 应复核邻近采空区的范围，并复核锚杆（索）锚固段长度能否满足设计承载力要求 ⑩ 建议调整总体布局，减少山体破坏程度，减小高边坡率，以节约长期维护费用。 ⑪ 应根据各侧支护结构面的组合特征相应调整锚杆和土钉的长度和倾角，对于向坑内倾斜的岩层和边坡坡体超载等结构面组合不利的支护区段应增设预应力锚索，永久边坡坡脚挡土墙应设泄水孔

续表

支护形式	常见意见
边坡、基坑结合	⑫ 局部区段建筑物与坡面之间的回填、美观等方面应按永久边坡的要求进行设计。部分放坡区段放坡高度较大，应进行分级放坡 ⑬ 应明确永久性边坡的排水系统设计，并采取可靠措施防止桩间水土流失，应对永久性边坡的监测提出具体要求，定期分析边坡的稳定性，并作好监测资料的归档工作 ⑭ 坡顶水沟应进行经常性疏浚检查，确保不漏水、溢水 ⑮ 永久性锚索伸出用地红线以外，对相邻地块的后续开发造成不利影响，应慎重考虑，相邻山体削坡及永久支护结构的施工应先于基坑支护工程完成 ⑯ 应采取有效措施避免雨水侵蚀遇水易软化崩解的全风化岩层。场地细砂岩内存在少量炭质页岩夹层，实际施工时应根据岩层节理面分布、夹层分布等现场地质条件及周边环境进行局部支护结构调整并确保安全 ⑰ 应补充临时边坡排洪设计并完善基坑排水设计；临时边坡应按规范要求设置马道平台；场地花岗岩残积土遇水易软化崩解，应采取坑底、坑顶土体表面硬化措施 ⑱ 应明确永久边坡支护区段与基坑支护区段的分界。应加强永久边坡支护区段的设计，永久边坡支护区段支护桩、冠梁、腰梁应加强，锚杆宜采用粗钢筋 ⑲ 应补充永久边坡支护区段的排水、监测、绿化设计。应明确基坑支护及其上接永久性边坡支护的施工顺序 ⑳ 应补充土地平整方案、坑顶及坑底排水设计、坡体孤石处理方案

参 考 文 献

[1] 张有桔，丁文其，王军，等．基于模糊数学方法的基坑工程评审方法研究［J］．地下空间与工程学报，2009，5（s2）：1681-1685.

[2] 郑建业．广州市基坑支护设计方案评审管理简介［J］．市政技术，2011，29（5）：137-140.

[3] 郑建业．广州市基坑支护设计方案评审报告结论研讨［J］．市政技术，2012，30（3）：160-161.

[4] 彭万仓．基坑工程的特点及其安全生产监督管理要点［C］首届中国中西部地区土木建筑学术年会．2011.

[5] 华燕．上海软土地区深基坑工程的环境影响因素分析［J］．中国市政工程，2011（4）：68-70.

[6] 何锡兴，周红波，姚浩．上海某深基坑工程风险识别与模糊评估［J］．岩土工程学报，2006，28（s1）：1912-1915.

[7] 郑建业．广州市基坑支护设计评审中锚索系统常见问题及评审管理研讨［J］．市政技术，2015，33（4）：120-122.

[8] 广州市建设科学技术委员会办公室，广州市建筑工程基坑支护设计技术评审要点［R］．

[9] 李栋．如何加强深基坑工程安全监督管理［J］．山西建筑，2016，42（32）.

[10] 李玉洁，王晓．房屋建筑深基坑开挖质量监督管理［J］．才智，2012（5）：30.

[11] 顾宝和．岩土工程典型案例述评［M］．2015：51-181.

[12] 黄俊光，林祖锴，李伟科，等．岩溶地区桩锚基坑支护动态设计［J］．建筑结构，2017（9）：94-97.

[13] 崔庆龙，沈水龙，吴怀娜，等．广州岩溶地区深基坑开挖对周围环境影响的研究［J］．岩土力学，2015（s1）：553-557.

[14] 曹云云．岩溶地区基坑涌水量数值模拟分析［D］．贵州大学，2016.

[15] 许岩剑．坑底软土对基坑整体稳定性及变形的影响［D］．南华大学，2011.

[16] 龙喜安．深厚软土地基条件下基坑围护结构设计优化方案［J］．路基工程，2015（2）：137-141.

[17] 彭华，吴志才．关于红层特点及分布规律的初步探讨［J］．中山大学学报（自然科学版），2003，42（5）：109-113.

[18] 胡建华，李静．广州"红层"地区地铁工程勘察应注意的问题［J］．西部探矿工程，2006，18（8）：13-14.

[19] 程强，寇小兵，黄绍槟，等．中国红层的分布及地质环境特征［J］．工程地质学

报，2004，12（1）：34-40.

[20] 孙成伟．花岗岩残积土工程特性及地铁深基坑设计技术研究［D］．中国地质大学，2014.

[21] 建筑基坑支护技术规程 JGJ 120—2012［S］，北京：中国建筑工业出版社，2012.

[22] 广东省标准．建筑基坑工程技术规程 DBJ/T 15—20—2016［S］．北京：中国城市出版社．2017.

[23] 广州地区建筑基坑支护技术规定 GJB 02—98［S］，广州市建设委员会，广州市建筑科学研究院，1998.

[24] 广州市建筑工程基坑支护设计技术评审要点，广州市建设科学技术委员会办公室，2012.12

[25] 住房和城乡建设部，危险性较大的分部分项工程安全管理规定，中华人民共和国住房和城乡建设部令第 37 号，2018.3.

[26] 住房和城乡建设部，住房城乡建设部办公厅关于实施《危险性较大的分部分项工程安全管理规定》有关问题的通知，建办质〔2018〕31 号，2018.5.

[27] 广州市建设委员会，广州市城乡建设委员会关于废止基坑支护工程设计审查有关规定的通知，2015.1.

[28] 深圳市住房和建设局，深圳市深基坑管理规定，深建规〔2018〕1 号，2018.5.

[29] 田美存．基坑支护设计常见问题及分析［J］．广东土木与建筑，2013（11）：24-27.

[30] 上官士青，秦骞．浅谈深基坑支护工程事故及预防［J］．安徽建筑，2009，16（4）：95-96.

[31] 王自力．深基坑工程事故分析与防治［M］．中国建筑工业出版社．2016.

[32] 龚晓南．地基处理手册-第 2 版［M］．中国建筑工业出版社，2000.

[33] 彭圣浩．建筑工程质量通病防治手册（第四版）［M］．中国建筑工业出版社，2014.

[34] 王自力，周同和．建筑深基坑工程施工安全技术规范理解与应用［J］．岩土力学，2015（7）：1958-1958.

[35] 中国土木工程学会土力学及岩土工程分会．深基坑支护技术指南［M］．中国建筑工业出版社，2012.

[36] 陈伟，吴裕锦，彭振斌．广州某基坑抢险监测及坍塌事故技术原因分析［J］．地下空间与工程学报，2006，2（6）：1034-1039.

[37] 徐宁．广州市岩土工程地质条件分区及基坑支护方案选型［D］．华南理工大学，2009.

[38] 郭建辉，靳方景．广州某基坑支护工程及事故处理［J］．岩土工程学报，2010（s1）：349-352.

[39] 杜宏森．案例分析基坑底部隆起的原因及措施［J］．建筑工程技术与设计，2016（21）．

[40] 广州市住房和城乡建设委员会广州市民用建筑绿色设计专项审查要点 2017.

[41] 方引晴，朱宗明，姜素婷．广州地区基坑支护结构的现状和展望土木工程与高新技术——中国土木工程学会第十届年会论文集，2012.11：251-255.

[42] 文东平，王岭．广州地区基坑支护形式简述．山西建筑，2007.07（09）：113-114.

[43] 吴庆令．南京地区基坑开挖的变形预警研究［D］．南京航空航天大学，2006.

[44] 杨传宽．深基坑变形监控与信息化施工研究［D］．河南理工大学，2010.

[45] 冯苏箭．广州地铁某区间明挖段基坑信息化监测及变形预测［D］．广州大学，2016.

[46] 刘国辉．深基坑动态设计及信息化施工技术研究［D］．中南大学，2005.

[47] 袁程．深基坑工程过程控制和预警研究［D］．东南大学，2004.